知ってる?

ジョアン・ベイカー
和田純夫［監訳］
西田美緒子［翻訳］

人生に必要な
物理

50 Physics IDEAS You really need to know

近代科学社

読者の皆さまへ

小社の出版物をご愛読くださいまして、まことに有り難うございます。おかげさまで、(株)近代科学社は1959年の創立以来、2009年をもって50周年を迎えることができました。これも、ひとえに皆さまの温かいご支援の賜物と存じ、衷心より御礼申し上げます。この機に小社では、全出版物に対してUD(ユニバーサル・デザイン)を基本コンセプトに掲げ、そのユーザビリティ性の追究を徹底してまいる所存でおります。本書を通じまして何かお気づきの事柄がございましたら、ぜひ以下の「お問合せ先」までご一報くださいますようお願いいたします。

お問合せ先：*reader@kindaikagaku.co.jp*

50 Physics Ideas You Really Need to Know
by Joanne Baker

物理学の世界へようこそ

この本の企画を友人に話すと、物理について「本当に知ってほしい」のは、第一に、物理は難しいということだと笑い飛ばされました。それでも、私たちはみんな、毎日の暮らしで物理を使っているのです。鏡を見たりメガネをかけたりするときには、光学の物理を使います。目覚まし時計をかけるときには時間を追い、地図を見るときには幾何学空間を進みます。携帯電話は目に見えない電磁気の糸で、頭上をグルグルまわっている衛星とつながっています。ただし、物理学は技術だけのものではありません。物理がなければ月も虹も、ダイヤモンドもなかったでしょう。体の中で動脈を流れている血液さえも、物理の法則に従っています。物理は、私たちの身のまわりの科学です。

現代物理学は驚きでいっぱいです。量子物理学は、「物がある」という概念そのものに疑問を投げかけて、世界をひっくりかえしました。宇宙論は、宇宙とはいったいなんだろうと問いかけます。宇宙はどうやって生まれ、なぜ私たちは今ここにいるのでしょうか？ 私たちの宇宙だけが特別なのか、それとも当然の成り行きなのでしょうか？ また物理学者は原子の中にも目を凝らし、これまで隠れていた素粒子のぼんやりした世界を明らかにしました。何よりも、硬いマホガニーのテーブルさえ、ほとんどが空っぽの空間でできていて、テーブルを作り上げている原子は核力の足場で支えられています。物理学は哲学から生まれましたが、私たちの日常の経験では理解できない、予想外の新しい世界観をもたらすことによって、ある意味では再び哲学に戻りつつあるとも言えます。

それでも、物理学は想像した考えをただ集めただけのものではありません。事実と実験に根差しています。科学的な研究によって、物理学の法則はつねにアップグレードされています。コンピュータのソフトウェアでバグが修正され、新しいモジュールが追加されるのと同じです。証拠が示されれば、考え方が大きく変わることもあります。ただし、新しい考えをみんなが受け入れるには時間がかかります。地球が太陽をまわっているというコペルニクスの考えが広く受け入れられるには1世代以上の年月が必要でした。その後、世の中のペースは着実に速まり、量子物理学と相対性理論は10年足らずで物理学に組み込まれました。こうして最も有名な物理学の法則でさえ、いつも吟味され続けています。

この本では、重力や光やエネルギーといったごく基本的な概念から、量子論、カオス、暗黒エネルギーという最新のアイデアまで、物理の世界を駆け足で旅します。楽しい旅行ガイドブックを読んだときのように、この本を読んで、もっと詳しく知りたいと感じていただければ、こんなに嬉しいことはありません。物理学はただ科学の基礎というだけではなく——奇想天外な楽しみでもあるのです。

目次

量子の謎

＊本書では、よりわかりやすく正確な内容にするために、
訳および構成を一部変更しております（編集部）

人生に必要な
物理

50 Physics IDEAS You really need to know

運動する物体

CHAPTER 01 マッハの原理

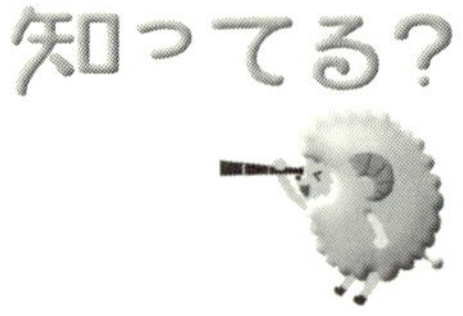

動いているのは、どっち？

メリーゴーラウンドに乗ってグルグルまわっている
子どもは、はるか彼方の星によって、外に向かって
引かれている――これが、「遠い宇宙の質量が地上の慣性に
影響を与えている」というマッハの原理です。身近にある
物が動いたり回転したりする様子には、遠くの物体が
重力を通して影響を与えているということです。
でもそれは、なぜなのでしょうか？
そして、何かが動いているか動いていないかは、
どうすれば判断できるのでしょうか？

timeline

B.C.335年頃
アリストテレスが物体は力の作用によって動くと主張

1640
ガリレオが慣性の法則を定式化

賢人の言葉

絶対空間は、外部の
どんな事物とも関係のないそれ自体の本質をもち、
つねに均質であり、動かない。
——アイザック・ニュートン、1687年

駅に停車している電車に乗って窓の外を見ていると、隣のホームの電車が動きだしたという経験はありますか？ そんなときには、自分の乗っている電車が発車したのか、それとも隣の電車が到着したのか、一瞬わからなくなることがあります。どちらの電車が動いているか、確認できる方法はあるのでしょうか？

オーストリアの哲学者で物理学者のエルンスト・マッハは、19世紀にこの問題に取り組みました。そのころマッハは、イギリスの偉大な科学者アイザック・ニュートンと同じ分野の研究を進めていましたが、ニュートンはマッハと違い、空間を絶対的な存在とみなしていました。ニュートンの空間にはグラフ用紙のようにきちんとした座標があり、ニュートンはすべての運動を、そのマス目に対する動きとしてとらえていたのです。ところがマッハはそれに反論し、マス目ではなく他の物体との関係で判断したときにのみ、運動は意味をもつと主張しました。他の何かとの相対的な関係がなければ、動いているというのはどんな意味をもつというのか——こう考えたマッハは、ニュートンのライバルだった先駆者、ドイツのゴットフリート・ライプニッツの考え方に影響を受ける一方、相対的な運動のみが意味をもつとした点で、アルバート・アインシュタインの先駆者だったと言えます。マッハは、空間のマス目など無意味だと論じました。ボールの転がり方に影響を与えるものがあるとすれば、それは重力だけだ——月の上

1687
ニュートンがバケツの実験を発表

1893
マッハが『力学史』を出版

1905
アインシュタインが特殊相対性理論を発表

ではボールの質量にかかる重力が地球上より弱くて引っ張る力が小さいから、ボールの転がり方は変わるだろう——宇宙のあらゆる物体の間で、相互に重力がかかっているので、それぞれの物体は引き合う力を通して互いの存在を感じている——だから最終的に運動は空間自体の特性によって決まるのではなく、物質の配分である質量によって決まるはずだ——マッハは、このように考えました。

質量と重さは違う

質量とは、なんでしょうか？ ある物体にどれだけの物質が含まれているかを示す尺度が、質量です。金属の塊の質量は、そこに入っている原子すべての質量の合計に等しくなります。質量は、重さとは少し違います。重さは、ある質量を下に向かって引いている重力を示す尺度で、月は地球より小さいので重力も小さく、宇宙飛行士の体重(重さ) は地球にいるときより月にいるときのほうが軽くなります。それでも宇宙飛行士の質量は変わりません——宇宙飛行士に含まれている原子の数が変化したわけではありません。

物体の動かしにくさの指標——慣性

慣性(慣性の英語inertiaは、ラテン語で「怠惰」を意味する語に由来しています) は、質量にとてもよく似ていますが、力を加えて何かを動かすのがどれだけ難しいかを表しています。慣性が大きい物体は、移動に抵抗する力が大きいと言えます。宇宙空間でも、質量が大きい物体の移動には大きい力が必要になります。もしも巨大な岩石の小惑星が、地球と衝突する軌道をたどって飛んでいるなら、小惑星を押して軌道をずらし、衝突を回避するには、膨大な力が必要になります。核爆発で大きい力を一気にかけるか、もっと小さい力を長期間にわたってかけるかは、どちらでもかまいません。小惑星より慣性の小さい小型の宇宙船ならば、小さいジェットエンジンだけで自在に操縦することができます。

イタリアの天文学者ガリレオ・ガリレイは17世紀に、「物体に力を加えなければ、その運動の状態は変化しない」という、慣性の法則を提唱しました。物体が動いているならば、同じ速度、同じ方向に動き続けます。物体が止まっているならば、そのまま止まり続けます。やがてニュートンがこの考え方に磨きをかけて、運動の第1法則としました（9ページを参照）。

ニュートンのバケツ

ニュートンは重力も体系化しています。まず、質量のあるものは互いに引き合っていることに気づきました。リンゴの実は地球の質量によって引かれ、枝から地面に落ちます。同じように地球もリンゴの質量によって引かれています。それでも、地球全体がリンゴのほうに動く距離はあまりにも小さいので、ほとんど測ることができません。

ニュートンはさらに、距離が遠くなるにつれて重力の影響が急激に弱まることを立証しました。もし私たちが空中高く浮かんでいれば、身体に受ける地球の重力は、地上にいるときよりもずっと弱くなります。ただしそれでもまだ、地球の弱い重力を感じ続けることになります。遠くなればなるほどますます弱くなるとはいえ、重力はいつまでも運動に影響を与えます。実際には、宇宙にあるあらゆる物体が重力によってかすかに引き合っていて、それらが私たちの動きに微妙に影響していると考えることができます。

ニュートンは物体と運動の間の関係を、水を入れたバケツを回転させる実験によって理解しようとしました。水を入れたバケツの持ち手にロープをつけ、ロープをグルグル何度もねじってから手をはなすと、バケツは回転を始めます。手をはなした直後、バケツが回転を始めた時点では、バケツがまわっても水は動かず、水面は平らなままです。その後、バケツにつられて水も回転を始めると、水面がふちに近くなるほど盛り上がって、水がバケツから逃れようとします。ただしバケツの壁が閉じ込める力をもっているので、水がこぼれることはありません。ニュートンはこの実験から、水の回転は絶対空間の固定した座標系のなかでマス目を基準に考えるときのみ、理解できると論じました。水面にくぼみができて力が加わっているのが見えるので、バケツを見るだけで、それが回転しているかどうかがわかるとしました。

数世紀後、その主張に異議を唱えたのはマッハです。もし水の入ったバケツが、宇宙で唯一の存在だったらどうでしょう。回転していたのがバケツだったと、どうしてわかるでしょうか？　バケツに対して、水のほうが回転していたとも言えるのではないでしょうか？　これを理解するには、宇宙の中に、バケツといっしょに別の物体を置くしか方法はありません。それは部屋の壁でも、はるか彼方の恒星でもかまいません。そうすれば、その物体を基準に、たしかにバケツは回転していることになります。でも、動かない部屋の枠組みや動かない恒星がないなら、どうして回転しているのがバケツや水だと言えるでしょうか。私たちが地上から、弧を描いて空を動いていく太陽や星を見ているときにも、同じことが言えます。回転しているのは星でしょうか、それとも地球のほうでしょうか？　どうすればわかるのでしょう？

マッハとライプニッツによれば、運動を理解するには外部に基準となる物体が必要になります。だから概念としての慣性は、たったひとつの物体しかない宇宙では意味をもちません。宇宙から恒星をすべて取り除いてしまったら、地球が回転しているのかどうかを判断できなくなります。恒星があるからこそ、私たちがそれらに対して相対的に回転していることがわかるのです。

マッハの理論が明らかにした相対運動と絶対運動の考え方は、そ

人物紹介　**エルンスト・マッハ（1838～1916）**

オーストリアの物理学者エルンスト・マッハは、マッハの原理だけでなく、光学と音響学、知覚の生理学、科学哲学の分野でも知られており、とりわけ超音速の研究は有名だ。1877年には、音速を超える速度で動く推進体（ジェット機など）がどのようにして航跡に似た衝撃波を生じるかを説明した論文を発表し、広く影響を与えた。超音速ジェット機が飛ぶときに衝撃音（ソニックブーム）が発生する原因は、空気中を伝わるこの衝撃波だ。音速に対する推進体の速さの比を、現在ではマッハ数と呼んでいる。マッハ２は、音速の２倍を表す。

れ以降、たくさんの物理学者たちにひらめきをもたらしました。なかでも最もよく知られているのはアインシュタインです(「マッハの原理」という名前をつけたのは、実際にはアインシュタインでした)。アインシュタインは、すべての運動が相対的だという考えをもとに、特殊相対性理論と一般相対性理論を組み立てました。さらに、回転と加速では余分な力を生みださなければならず、その力はどこからもってくるのかという、マッハの概念では未解決だった問題のひとつも解決しました。アインシュタインは、もし宇宙にあるすべてのものが地球に対して相対的に回転しているならば、私たちには本当は小さい力がかかっているはずで、その力が、この地球に一定の動きを与えることを示しました(下記和田先生のちょっと一言参照)。

空間の本質はなんなのかという疑問は、1000年以上にわたって科学者たちを悩ませ続けてきました。現代の素粒子物理学者たちは、空間というものを、素粒子が絶えまなく作られたり壊されたりしながら煮えたぎっている大釜のようなものだととらえています。質量も、慣性も、力も、運動も、結局のところは沸騰する量子スープの姿なのかもしれません。

和田先生のちょっと一言

アインシュタインはマッハの考え方に大きな影響を受けたが、彼の一般相対性理論はマッハの原理に合致する場合もしない場合もある。たとえば何かが回転しているということが、周囲の物質とは無関係に決まる場合もある。

まとめの一言

物体が動いているかどうかは何かと比較してはじめてわかる

CHAPTER 02 ニュートンの運動の法則

運動する物体 知ってる?

投げ上げたボールは、どう動く?

アイザック・ニュートンは歴史上でも指折りの
著名な科学者で、数々のアイデアを提唱したと同時に、
大きな影響を与えた人物です。ニュートンの功績としては、微
積分を考案したこと、重力の存在を明らかにしたこと、
また*白色光の構成を解明したことなどがあげられます。
ニュートンの3つの運動の法則から、ゴルフボールが
曲線を描いて飛ぶ理由も、車がカーブを曲がるとき、
体が片側に傾いてしまう理由も、野球のバットで
ボールを打つと手に衝撃を感じる理由もわかります。

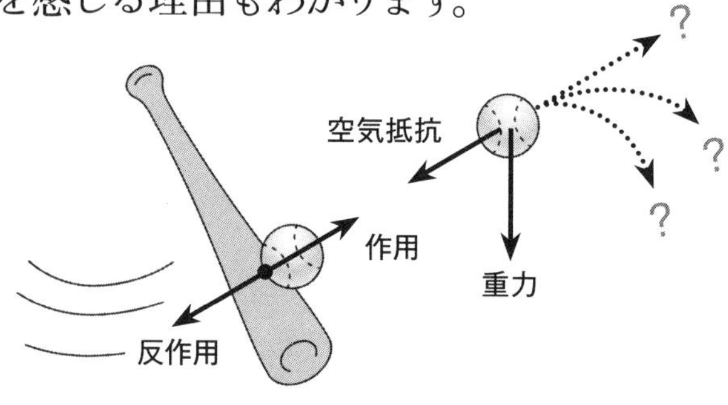

＊白色光—— 80ページを参照

timeline

B.C.350年頃
アリストテレスが『自然学』で、運動は
継続的な変化によって起こると主張

1640
ガリレオが
慣性の法則を定式化

ニュートンの時代には、まだオートバイは発明されていませんでしたが、スタントライダーはなぜオートバイで垂直の壁をグルグルまわれるのか、オリンピックの自転車競技ではなぜ急傾斜したトラックを自転車が倒れずに走れるのかを、「ニュートンの運動の3法則」が説明してくれます。

17世紀に生きたニュートンは、科学の世界で最も傑出した知性の持ち主のひとりとされています。私たちが暮らす世界で、一見すると何より単純なことのように見えながら深い意味をもついくつかの事柄を理解できるようになったのは、ニュートンの飽くなき探究心のおかげです。たとえば、ボールを投げると、きれいな曲線を描きながら落ちてくるのはなぜでしょう。物はどうして上に昇っていかずに、下に落ちるのでしょう。惑星はどれも、太陽のまわりを離れずに巡っているのはなぜなのでしょう。

1660年代、ケンブリッジ大学のごく普通の学生だったニュートンは、独学で数学の有名な書物を読むようになりました。そうした勉強を通して、当時学んでいた法律より、物理の法則のほうに興味を引かれるようになっていきます。その後、ペストの大流行によって大学が長期にわたって閉鎖されたために故郷へ戻り、運動の3法則を考えだす第一歩を踏みだしました。

力が作用しないと物体はどう動く？——第1法則

ニュートンはガリレオの慣性の法則をもとにして、運動の第1法則を組み立てました。この法則は、力が作用しなければ物体は動かない、または速度を変えないことを明らかにしています。静止している物体は、力が加わらないかぎり、静止し続けます。ある一定の速度で動いている物体は、力が加わらないかぎり、同じ速度で動き続けます。たとえば押すなどの力が働くと、物体の速度を変化させる加

1687
ニュートンが
『プリンキピア』を出版

1905
アインシュタインが
特殊相対性理論を発表

法則メモ　**ニュートンの運動の法則**

運動の第1法則

物体は、速さや方向を変える力が加わらないかぎり、一定の速度でまっすぐ動き続けるか、静止したまま動かない

運動の第2法則

力(F)は、物体の質量(m)に反比例した加速度(a)を生む(F=ma)

運動の第3法則

力の作用はすべて、反対方向に同じ大きさの反作用を生む

速度が加わることになります。加速度とは、時間に伴う速度の変化のことです。

経験だけでは、これはなかなか実感できません。たとえばアイスホッケーでパックを思い切り打つと、氷の上を勢いよく滑っていくのに、やがて氷との摩擦によって勢いはだんだんに衰えてしまいます。摩擦が、パックを減速する力を生んでいるからです。しかし摩擦がない特殊な場所であれば、ニュートンの運動の第1法則を目にすることができます。それに最も近いのが宇宙です。ただし宇宙でも、重力のような力は働いています。それでもこの第1法則は、力と運動を理解するための、一番の基本となるものです。

力は物体を加速させる――第2法則

ニュートンの運動の第2法則は、力の大きさを、それが生みだす加速度と関連づけています。物体を加速させるのに必要な力は、その物体の質量に比例します。重い物体――つまり慣性が大きい物体――を加速させるには、軽い物体を加速させるより大きな力が必要です。止まっている自動車を1分間で時速100キロまで加速させるには、その自動車の質量に、単位時間あたりの速度の増加を掛けただけの力が要ります。

ニュートンの運動の第2法則を数式で書くと、F=maとなります。こ

れは、質量（m）に加速度（a）を掛けた値が力（F）に等しいことを表しています。この定義を逆にすると、運動の第2法則から、加速度は単位質量あたりの力に等しいことがわかります。加速度が一定ならば、単位質量あたりの力も変わりません。つまり、1キログラムの質量を動かすには、それが小さい物体の一部でも大きい物体の一部でも、同じだけの力が必要になります。これで、砲弾と羽を同時に落としたらどちらが先に地面に着くかと問う、ガリレオの想像上の実験を説明することができます。フワフワ落ちていく羽よりも、一直線に落ちる砲弾のほうが、先に地面に着く場面が思い浮かぶかもしれません。でもそれはただ、羽をフワリと浮かばせようとする空気抵抗があるせいにすぎません。もしも空気がなければ、どちらも同じ速さで落ち、同時に地面に着くはずです。どちらにも同じ大きさの重力が働いているので、並んで落下していきます。1971年、アポロ15号の宇宙飛行士たちは月に降りたち、落下の邪魔をする大気がない月面では、地質学者が使う重いハンマーと羽が同じ速さで落ちることを実証してみせました。

作用とそれに等しい反作用——第3法則

ニュートンの運動の第3法則は、物体に力を加えると、同じ大きさで方向が逆の反作用が生まれることを述べています。あらゆる作用には反作用が伴います。この反対方向の力は、反発として感じられます。ローラースケートをはいて、同じようにローラースケートをはいた人を押すと、相手を押した自分も後ろに滑っていきます。射撃手は、撃った瞬間にライフルの反動を肩に受けます。その反発力は、最初に相手を押した力、あるいは弾丸が発射された力に等しくなります。犯罪映画にはよく、銃撃された被害者が弾丸の力で後ろにのけぞったり、跳ねとばされたりする場面があります。でもこれは間違いです。力がそれほど大きいなら、撃ったほうも銃の反発によって、同じように後ろに跳ねとばされているはずだからです。地面を蹴ってジャンプするときには、地球を押してその反発力で飛び上がります。でも地球の質量は人の質量よりはるかに大きいので、地球はほとんど動きません。

ニュートンはこれら3つの法則と万有引力の法則によって、木の枝から落ちてくるドングリから大砲を飛びだす弾丸まで、事実上あらゆる物体の運動を説明できたことになります。これら3つの数式を武器

人物紹介 **アイザック・ニュートン（1643～1727）**

アイザック・ニュートンは、イギリスで「ナイト」の称号を与えられた最初の科学者だった。中等学校時代は「怠け者」で「怠慢」、ケンブリッジ大学では平凡で目立たない学生だったニュートンが突如として花開いたのは、ペストの流行で大学が閉鎖された1665年のことだ。このとき、故郷のリンカーンシャーに戻ると、数学、物理学、天文学に没頭し、微積分学の基本を考案した。運動の3法則の基礎と、万有引力の（逆二乗の）法則も導きだしている。こうして非凡な発想を一気に爆発させたニュートンは、1669年には弱冠27歳でケンブリッジ大学のルーカシアン数学教授に任命された。さらに光学に目を向けると、プリズムを用いて白色光は実は虹の七色がまじりあったものであることを発見し、それについてロバート・フックやクリスティアーン・ホイヘンスと有名な大論争を繰り広げた。ニュートンには代表的なふたつの著作、『自然哲学の数学的諸原理（プリンキピア）』と『光学』がある。後年は政治的な活動が目立つようになった。イングランド王のジェームズ2世が大学の人事権に干渉しようとしたときには、学問の自由を守り、1689年には国会議員になっている。一方では注目を浴びたいと願い、もう一方では引きこもって批判を避けたいと考えるつむじ曲がりな性格から、ニュートンは権力のある立場を利用して科学界のライバルたちと激しい争いを繰り広げ、世を去るまで論争を巻き起こし続けた。

和田先生のちょっと一言

ニュートンは若いころから勉強家であったが、ケンブリッジ大学に入学する前、家業の農業を継がされそうになったとき、ほとんどそれに身を入れなかった。それが周囲には怠け者という印象を与えていたようである。大学では目立たない学生だったかもしれないが、独学で新しい学問を吸収し自分の考え方を確立していったという記録が残っている。

として、彼は自信をもって高性能のオートバイにまたがり、垂直の壁の内部をグルグル回転するまでスピードアップすることができたはずです。もちろん、当時そんなものがあればの話です。ニュートンの法則は、どれだけ信頼できるのでしょうか？　第1法則は、オートバイとライダーは一定速度で同じ方向に走り続けようとすると言っています。オートバイを円を描いて走らせるには、第2法則に従って、壁の中に閉じ込めようとする力を加えて絶え間なく方向を変えてやる必要があります。この場合、車輪を通して壁からこの力が加わります。このとき必要となる力は、オートバイとライダーの重さを合計した質量に、加速度を掛けた値に等しくなります。この力は第3法則によって、車輪が壁を押す力の反発力として生じるものです。

今日でもニュートンの運動の法則さえ知っていれば、車が高速でカーブを曲がるときにかかる力を、そしてもちろんあってはならないことですが、勢いあまってカーブに突っ込んでしまうときにかかる力を、説明することができます。ニュートンの法則が当てはまらないのは、光速に近い速さで運動している物体や、質量が極端に小さい物体の場合です。こうした極限の世界は、アインシュタインの相対性理論と量子力学によって支配されています。

まとめの一言

投げる力、重力、空気抵抗がボールのゆくえを決める

CHAPTER 03 ケプラーの法則

天体の動きには幾何学的なパターンがある?

ヨハネス・ケプラーは、あらゆるものにパターンを見出そうとしました。空に輪を描く火星の動きに目をとめて、惑星の軌道を支配する3つの法則を発見し、惑星が楕円軌道を描いてまわること、また太陽から遠くにあるときほどゆっくりとまわっていることを示しました。ケプラーの法則は、天文学を変えるだけでなく、ニュートンの万有引力の法則へとつながる土台を築くことになります。

timeline

B.C.580年頃
ピタゴラスが惑星は完全で透明な球面上をまわっていると主張

150年頃
プトレマイオスが惑星の逆行の様子を観測し、惑星の動きは円運動の組合せであると主張

賢人の言葉

突然、その小さな豆粒、青くて美しい豆粒が、地球なのだという思いが湧き上がった。親指を立てて片目を閉じると、その惑星、地球は、親指のむこうにすっかり隠れてしまった。私は、自分が巨人のようには感じなかった。自分がとても、とても小さい存在に感じられた。

――ニール・アームストロング（1930年〜）

惑星が太陽のまわりを巡るとき、太陽に近い惑星のほうが遠い惑星よりも速く動いています。水星は、地球時間にしてわずか80日で太陽を一周します。もしも木星がそれと同じ速さでまわれば、地球時間の3年半で太陽をひと巡りするはずですが、実際には12年かかっています。こうして、それぞれの惑星が追い越したり追い越されたりしながらまわっているので、地球が他の惑星を追い越すときには、相手が後退しているように見えます。このような「逆行」の運動は、ケプラーの時代には最大の謎とされていました。ケプラーはこの謎を解き、そこから惑星の運動に関する3つの法則を導きました。

自然界には多角形のパターンが隠れている?

ドイツの数学者ヨハネス・ケプラーは、自然の中にパターンを探しだそうとしました。ケプラーが生きた16世紀の終わりから17世紀のはじめにかけての時代には、占星術が非常に重視され、物理科学としての天文学はまだ誕生したばかりでした。当時、自然の法則を明らかにするには、観察と並んで、宗教的、精神的な考え方も同じくらい大切だとされていました。宇宙の土台をなす構造は、完全な幾何学形状でできていると信じていた神秘論者のケプラーは、自然のなせる業には完璧な多角形が隠されていると推測し、そのパターンを見つけだすことに生涯をかけました。

ケプラーの研究が登場したのは、ポーランドの天文学者ニコラウス・コペルニクスが地動説を唱えてから1世紀後のことです。コペルニクスは、太陽が地球のまわりをまわっているという概念をくつがえし、宇宙の中心にあるのは太陽で、地球が太陽のまわりをまわっていると主張しました。それ以前は、太陽と星々が透明な球に乗って地球のまわりをまわっているとされていました。コペルニクスは、生きている間はその急進的な考え方を発表する勇気がなく、死の直前になってから本の出版を仲間にゆだねます。本の内容が、キリスト教の

1543
コペルニクスが
惑星は太陽のまわりを
巡っていると主張

1576
ティコ・ブラーエが
惑星の動きを
精密に観測

1609
ケプラーが
惑星は楕円軌道を描いて
動いていることを発見

1687
ニュートンが
万有引力の法則を使って
ケプラーの法則を説明

教義に反することを恐れたためでした。しかしコペルニクスは、宇宙の中心が地球ではないことを示唆したために、大きな波紋を巻き起こしていきます。その考えに従えば、人間が宇宙で最も重要ではないことになり、人間を中心的存在とみなす神によって選ばれた存在ではなくなってしまいます。

ケプラーはまず、惑星が円の軌道を描いて太陽のまわりを巡っているとするコペルニクスの考えを取り入れました。そして、惑星の軌道は入れ子になった一連の球を描き、それぞれの球の間隔はある数学的比率に従っていて、その比率は球の内部にすっぽりと入る立体形状の大きさから割り出せると想定しました。そこで、球の中におさまり、辺の数がだんだんに増えていく多角形を思い描きました。自然の法則は基本的な一定の比率に従っているという思想は、古代ギリシャで始まったものです。

惑星(planet)の語源は、ギリシャ語の「放浪者」という語です。地球から見ると、太陽系の他の惑星は、はるか彼方にある恒星にくらべてずっと近い場所にあるため、その動きはまるで空をさまよっているように感じられます。惑星は夜ごと、星々の間を縫って移動します。しかもその経路は時々後戻りし、後方にクルリと輪を描いてからまた進みます。このような惑星の逆行は、悪いことが起こる前触れだとされました。単純な円運動ではこの動きを説明できないため、天文学者たちは惑星の軌道に「周転円」をつけ加えていました(公転軌道上を、小さな円(周転円)を描いてまわりながら、巡っているとみなしました)。けれども周転円をいくつも組み合わせなければ、惑星の動きを完全に説明することはできませんでした。コペルニクスの太陽を中心とした宇宙でも、惑星の動きを説明するには多数の周転円が必要でした。

幾何学形状に基づく自らの構想を裏づけるために、惑星軌道を描こうとしたケプラーは、手に入るかぎりの最も正確なデータを利用しました。それは、ティコ・ブラーエが苦心して作り上げた、惑星の通った軌跡を表す複雑な表でした。ケプラーは表にずらりと並んだ数字に、3つの法則を示すパターンを見出したのです。

賢人の言葉

私たちはごく普通の星の小さな惑星に住む、進化したサルの一種にすぎない。しかし私たちは宇宙を理解できる。それゆえに、極めて特別な存在なのだ。

——スティーヴン・ホーキング、1989年

＊楕円については、『知ってる？ シリーズ 人生に必要な数学50』の22章「曲線」を参照

ケプラーは、それまで考えられていたような正円ではなく楕円だとみなせば、周転円など必要ないことを示しました*。しかしそれは皮肉にも、自然が完璧な形状（つまり円）に従っていないことを意味しました。ケプラーは軌道と軌跡をうまく説明できたことに狂喜する一方で、純粋な幾何学形状に関する自分の見方が誤っていたことがわかり、ショックを受けたに違いありません。

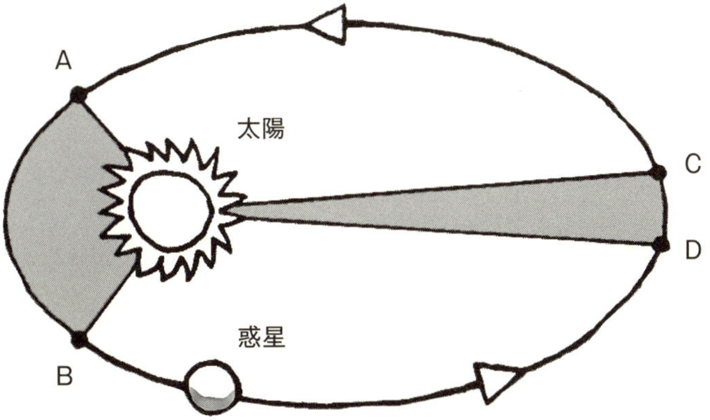

軌道を巡る速さにも法則がある

ケプラーは第1法則で、惑星は楕円の軌道を描いて巡り、その楕円にあるふたつの焦点のうち一方に、太陽があるとしています。

また第2法則では、惑星が軌道を巡る速さを説明しています。惑星が軌道に沿って移動するとき、等しい時間には等しい面積を描いて進むとしました。同じ時間だけ進んだ惑星の位置を示す2点（上の図のABまたはCD）と太陽とを結ぶ、2本の直線で挟まれたパイのような部分の面積が、いつも等しいということです。軌道は楕円なので、惑星が太陽に近いときに遠いときと同じ面積を描くには、長い距離を進む必要があります。つまり、惑星は太陽から遠いときより近いときのほうが速く進みます。ケプラーの第2法則は、惑星の動く速さを太陽までの距離と結びつけています。ケプラーはまだ気

づいていませんでしたが、この動きは、惑星を太陽に向けて引く重力によるものです。

ケプラーの第3法則はさらに一歩先に進み、太陽からの距離が異なる、大きさの違う楕円軌道では、公転周期がどのように長くなっていくかを説明しています。公転周期の2乗は、楕円軌道の*半長径の3乗に比例するというものです。楕円の軌道が長いほど、軌道をまわる時間は長くかかります。そして太陽から遠い軌道の惑星は、近い惑星よりもゆっくりと動いていることになります。火星が太陽のまわりを1周するのにかかる時間は、地球年に換算するとほぼ2年、土星は29年、海王星は165年となります。

*半長径
長径は楕円のふたつの焦点を結んで周内部にできる線分の長さ。半長径はその半分

これら3つの法則によって、ケプラーは太陽系にあるすべての惑星の軌道を説明することができました。ケプラーの法則は、何かのまわりを軌道を描いて巡る物体には、すべて等しく当てはまります。太陽系の内部にある彗星、小惑星、月だけでなく、別の恒星を巡る惑星も、地球のまわりをグルグルまわっている人工衛星も同じです。ケプラーはこれらの原理を幾何学的法則にうまく統一できましたが、その法則が成り立つ理由はわからず、自然の土台にある幾何学的なパターンによるものだと確信していました。これらの法則から万有引力の法則が導かれるまでには、ニュートンの登場を待たなければなりません。

法則メモ ケプラーの法則

第1法則
惑星は、太陽をひとつの焦点とする楕円軌道上を動く

第2法則
惑星が太陽の周囲をまわるとき、単位時間に描く面積はいつも等しい

第3法則
公転周期は楕円の大きさによって異なり、公転周期の2乗は軌道の半長径の3乗に比例する

賢人の言葉

「天を測りしわれ、今は闇を測る
心は天にあり、この身は地に眠る」
――ケプラーの墓碑銘、1630年

人物紹介　**ヨハネス・ケプラー（1571～1630）**

ヨハネス・ケプラーは子どものころから天文学に興味を抱き、10歳になる前から、日記に彗星や月食について書いていた。グラーツで教鞭をとっていたころ、宇宙学の理論を練りあげて『宇宙の神秘』で発表した。のちにプラハ郊外の天文台でティコ・ブラーエの助手として働き、1601年にはブラーエのあとを継いで、皇帝付き数学官となった。そこでケプラーは皇帝のために占星術の準備をしながら、ティコの残した天文学のデータを分析し、『新天文学』を出版して正円ではない軌道の理論と、惑星の運動に関する第1法則と第2法則とを発表した。1620年には、薬草治療を施していた母親が魔女として投獄され、ケプラーが裁判で弁護した末にようやく釈放されている。そのような状況でもケプラーは研究を続け、惑星の運動に関する第3法則を『世界の調和』で発表した。

まとめの一言

**太陽は楕円軌道の一焦点にあり
惑星はその軌道を巡る**

CHAPTER 04 ニュートンの万有引力の法則

知ってる?

リンゴはなぜ落ちる?

アイザック・ニュートンは、
砲弾や木から落ちる果物の運動を惑星の運動と結びつけたとき、天と地とをつなぐ飛躍的な偉業を成し遂げることができました。ニュートンの万有引力の法則は物理学の中でも最強の考え方のひとつで、この世界の物理的振る舞いの多くを説明しています。
ニュートンは、すべての物体は互いの重力によって引き合い、その力の強さは距離の2乗に反比例すると主張しました。

timeline

B.C.350年頃
アリストテレスが物体の落ちる理由を議論

1609
ケプラーが惑星の軌道に関する法則を発表

1640
ガリレオが慣性の法則を提唱

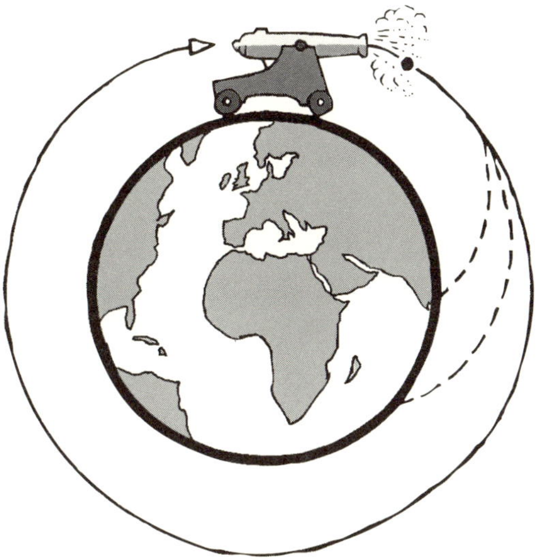

アイザック・ニュートンは、リンゴの実が木から落ちるのを見たとき、重力という考えがひらめいたと言われています。それが真実かどうかはわかりませんが、ニュートンはその想像力を地上の運動から天空の運動へと広げて、万有引力の法則を作り上げました（下記和田先生のちょっと一言参照）。

ニュートンは、物体はなんらかの力（8ページを参照）によって地面に引きつけられるのだと考えました。リンゴが木から落ちるとき、木がもっと高ければどうなるでしょう？　月に届くほど高ければどうなるでしょう？　なぜ月は、リンゴのように地上に落ちてこないのでしょうか？

引力がなければ月は宇宙に飛び去る

ニュートンの答えはまず、力、質量、加速度を結びつける運動の法則の中に見つかりました。大砲から飛びだした砲弾は、一定の距離を進んでから地上に落ちます。では、もっと速く発射した砲弾はどうなるでしょうか？　もっと遠くまで飛びます。それならもし、丸い地表の曲線が下に向かう位置まで飛ぶくらい速く発射したなら、砲弾はどこに落ちていくのでしょうか？　ニュートンはこのとき、砲弾は地球に引かれながらそのまま落ちていって、円の軌道を描くことに気づきま

和田先生のちょっと一言

リンゴの逸話はニュートン自身の執筆物の中にはないが、生前にニュートンと交流のあった4人の回想の中に、ニュートンの話として登場している。

1687
ニュートンが
『プリンキピア』を出版

1905
アインシュタインが
特殊相対性理論を発表

1915
アインシュタインが
一般相対性理論を発表

した。人工衛星は、いつも地球に引っ張られていますが、地面には落ちてきません。

オリンピックでハンマー投げをする選手が、かかとを中心にしてグルグルまわるとき、ハンマーが回転し続けるのはワイヤーを引く力があるからです。引く力がなければ、手を放した瞬間にハンマーはまっすぐ飛んでいってしまいます。ニュートンの砲弾も同じことで、中心に向かう力によって地球に結びつけられていなければ、発射されたまま宇宙に飛んでいってしまうでしょう。考えを先に進めていったニュートンは、月が空に浮いているのも、目に見えない引力の絆によって結ばれているからだと推測しました。引力がなければ、月も宇宙に飛んでいってしまうはずです。

重力は逆二乗の法則に従う

次にニュートンは、自分の予想を数値で表そうとしました。イギリスの科学者ロバート・フックとの手紙のやりとりの後、ニュートンは重力が逆二乗の法則に従うことを示します――重力の強さは、物体からの距離の二乗に反比例するということです。つまり、ある物体から2倍離れれば、重力は4分の1になります。太陽からの重力は、太陽−地球間の2倍の距離にある軌道を巡る惑星では、地球の4分の1に、3倍の距離にある軌道を巡る惑星では、地球の9分の1になります。

ニュートンの逆二乗の法則は、ヨハネス・ケプラーの3つの法則(14ページを参照)で説明されたすべての惑星の軌道を、ひとつの方程式で説明するものでした。ニュートンの法則は、惑星が太陽を巡る楕円の軌道を進むとき、太陽の近くでは遠くより速く進むことを予測したことになります。惑星が太陽に近づくとき、太陽から受ける重力の影響で、速度が上がるからです。速度を増しながら太陽に近づいた惑星は、再び太陽から遠ざかるにつれて、速度を落としていきます。こうしてニュートンは、それ以前にあったすべての研究を、ひとつの完全な理論にまとめ上げたのでした。

賢人の言葉

重力という習慣を、払いのけるのは難しい。
――テリー・プラチェット(イギリスのSF作家)、1630年

賢人の言葉

宇宙にあるすべての物体は、
その物体の中心線に沿って互いに引き合い、その力は各物体の
質量に比例し、物体の間の距離の2乗に反比例する。
——アイザック・ニュートン、1687年

万有引力の法則

ニュートンは、このようにしてまとめあげた理論を広く一般化し、それが宇宙のあらゆるものに当てはまると主張しました。どのような物体にも、その質量に応じた重力があり、遠ざかるにつれてその力は距離の2乗に反比例して弱まっていきます。だから、ふたつの物体はすべて、互いに引き合っています。ただし重力は弱いので、その効果が実際に見えるのは、太陽や地球や惑星のように非常に質量の大きい物体に限られます。

それでも詳しく調べてみれば、地表上の重力は場所によってわずかに異なることがわかるでしょう。質量の巨大な山脈や、密度の異なる岩が、周囲の重力を強めたり弱めたりすることがあるので、重力計を用いて地形を細かく記録していくと、地殻の構造を知ることができます。また考古学者も、わずかな重力の変化から埋もれた集落を見つけることがあります。最近では重力測定衛星を使い、地球の極地を覆う氷の量(の減少)を記録したり、大地震の後の地殻変動を検出したりしています。

17世紀、ニュートンは重力について考えたことすべてを、『プリンキ

潮の干満

ニュートンは『プリンキピア』で、地球上の海で潮の干満が起こる仕組みを説明している。海辺で潮の満ち干が起こるのは、硬い地球本体にくらべて流動的な海の水が、月(や太陽)の重力に引かれるためだ。このとき、月から近い側と遠い側には異なる重力がかかるので、月に近い面では月の引力が勝り、また遠い面では遠心力が勝るため海面が盛り上がる。こうして、12時間ごとに潮が満ちたり引いたりする。質量の大きい太陽の重力は、質量の小さい月の重力より強いが、月のほうが地球に近いので、潮汐を起こす効果は大きい。重力勾配(地球の近い側と遠い側にかかる重力の差)は、遠い太陽より近い月のほうが大きくなるからだ。満月と新月の日には地球と太陽と月が一直線に並ぶため、特に干満の差が大きく、「大潮」と呼ばれている。地球から見て太陽と月の位置がずれ、90度異なる日には干満の差が小さく、「小潮」と呼ばれている。

ピア(プリンキピア・マテマティカ)』という1冊の本にまとめました。1687年に出版された『プリンキピア』は今もなお、科学史上の画期的著作とみなされています。ニュートンの万有引力は、惑星と月だけでなく、砲弾や振り子からリンゴの実にいたるまで、あらゆる運動を説明することができました。そしてニュートンは、彗星の軌道、潮の干満、地軸のゆらぎを説明しました。こうした業績によってニュートンの名声は確固たるものとなり、古今を通じて、最も偉大な科学者のひとりに数えられるようになったのです。

ニュートンの万有引力の法則は数百年を経た今も変わることなく、物体の運動の基本を説明しています。しかし科学は立ち止まることを知りません。20世紀の科学者たちはその土台の上に成果を積み重ねてきました。中でもアインシュタインの一般相対性理論は注目に値します。ニュートンの万有引力の法則は、私たちの目に見えるほとんどの物体や、太陽系内でも太陽から遠く離れた、重力の比較的弱いところに広がった惑星、彗星、小惑星にはぴったり当てはまります。万有引力の法則は、未発見の惑星の軌道を予測できるほどの威力をもち、1846年には天王星より外側の予想された通りの軌道に、新惑星の海王星が発見されました。ただし、惑星の軌道を説明するのにニュートン力学を超える物理学が必要なこともあります。水星の場合がそうです。太陽、他の恒星、あるいはブラックホールの近くといった、重力が並外れて強い状況での物体の運動を説明するには、一般相対性理論(242ページを参照)が必要となります。

地表での重力加速度gは、
9.8メートル毎秒毎秒。

賢人の言葉

グローバル化に反論することは、万有引力の法則に反論するようなものだと言われている。
——コフィー・アナン(第7代国連事務総長 1938年～)

海王星の発見

海王星は、ニュートンの万有引力の法則の助けを借りて発見された。天文学者たちは19世紀初頭、天王星の軌道が単純な楕円ではなく、別の天体に影響されているような動きをすることに気づいた。ニュートンの法則に従ってさまざまな予測がなされた末、1846年には予想された位置の近くに新しい惑星が発見され、海神ネプチューンにちなんで海王星(Neptune)と命名された。イギリスとフランスの天文学者が発見者の名をめぐって争ったが、イギリスの学者ジョン・クーチ・アダムスとフランスの学者ユルバン・ルヴェリエの両者が発見者とされている。海王星の質量は地球の17倍で、硬い中心核のまわりと水素、ヘリウム、アンモニア、メタンからなる濃い大気が厚く覆った「巨大ガス惑星」だ。海王星の雲が青く見えるのは、メタンによるものだと言われている。海王星で吹いている風は太陽系の中で最も強く、時速2500キロメートル(風速690メートルあまり)に達する。

まとめの一言

リンゴは地球に引かれ、
地球はリンゴに引かれる

CHAPTER 05 エネルギー保存の法則

運動する物体

知ってる？

エネルギーはなくならない？

物を動かしたり変えたりする、
活動の源になる力がエネルギーです。
エネルギーはいろいろな姿をもち、高さや速さの変化、
空間を伝わる電磁波、熱を起こす原子の振動と
なって表れます。このように変身できる
エネルギーですが、その全体の量はつねに
保存されています。エネルギーは、
増やすことも、消し去ることもできません。

timeline

B.C.600 年頃
ミレトスのタレスが物質は
形を変えることを認識

1638
ガリレオが振り子での運動エネルギーと
位置エネルギーの交換に気づく

あらゆるものの原動力であるエネルギーは、誰にでも身近なものです。私たちが疲れているときはエネルギーが不足し、喜んで飛び跳ねているときはエネルギーにあふれています。でも、エネルギーとはいったいなんでしょうか? 私たちの体を動かしているエネルギーの源は化学物質の燃料で、分子を別の種類の分子に変える過程で生まれてきます。では、スキーヤーが斜面を滑り降りていくとき、また電球が光るときには、どんなエネルギーが働いているのでしょう? それらは本当に同じものでしょうか?

エネルギーはさまざまに姿を変えるので、簡単に定義することはできません。エネルギーとは何か、どう扱えばよいかを説明するのが専門の物理学者でさえ、いまだにそれが何かを本質的にはわかっていないのです。エネルギーとは、物質と空間の性質であり、燃料の一種、または作る、動かす、変えるといった潜在能力をもつ、封じ込められた原動力と表現することができます。古くギリシャ時代の自然哲学者たちは、物に生命を吹き込む力またはエッセンスという、エネルギーの漠然とした概念をもっており、この考え方が代々私たちに受けつがれてきました。

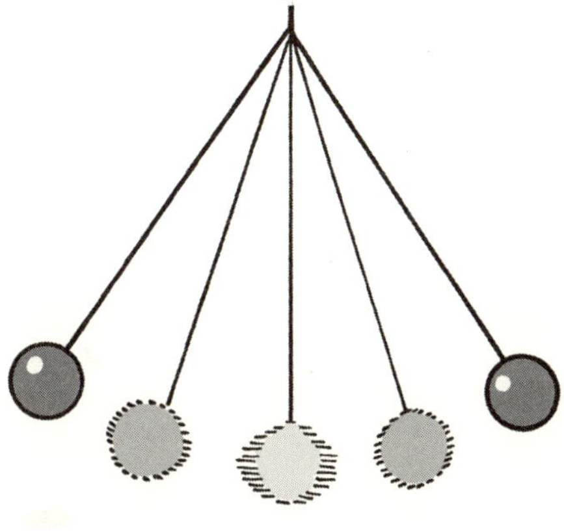

エネルギーは形を変える

エネルギーが形を変えることに最初に気づいたのは、ガリレオです。振り子が前へ後へと揺れるのをじっと見つめていたガリレオは、おもりが高さを前進運動に変え、次にその速さによって反対側の高い位置まで上ると、そこで再び高さを利用して落下し、運動を繰り返すのがわかりました。振り子のおもりは、揺れの一番高い位置では速さをもたずに止まり、一番低い点を通過するときに最も速く動きます。

1676
ライプニッツがエネルギー交換を数学的に定式化し、活力(vis viva)と命名

1807
ヤングがエネルギー(energy)という言葉を最初に使用

1905
アインシュタインが質量とエネルギーの等価性を主張

そこでガリレオは、エネルギーにはふたつの形があり、揺れるおもりはそれを交換しているのだと考えました。そのひとつは位置エネルギーで、重力に反して、物体を地上から上に持ち上げると増加します。質量の位置を高くするには位置エネルギーを加える必要があり、その物体が落ちるとエネルギーは解放されます。急な坂道を自転車で登ってみれば、重力に逆らうには大きなエネルギーが要ることがわかるでしょう。もうひとつのエネルギーは運動エネルギーで、速さを伴う運動のエネルギーです。振り子のおもりは、位置エネルギーの運動エネルギーへの変換、運動エネルギーの位置エネルギーへの変換を、何度も繰り返しています。自転車に乗ってできるだけ疲れないようにしたい人は、まったく同じ仕組みを利用できます。急な坂道を降りるとスピードが出るので、ペダルを踏まずに一番低い場所まで全速力で進み、そのスピードを利用して次の上り坂の途中まで突進できます。

公式メモ　エネルギーの公式

位置エネルギー（PE:potential energy）

数式で表すとPE＝mghで、質量（m）と重力加速度（g）と高さ（h）の積という意味だ。これは、力（ニュートンの第2法則から、F＝ma＝mg）と距離（h）との積に等しい。力がエネルギーを与えている。

運動エネルギー（KE:kinetic energy）

数式で表すと$KE=\frac{1}{2}mv^2$で、エネルギーの大きさは速度（v）の2乗に比例する。この速度まで加速するのに必要な力と移動距離の積として求められる。

エネルギーの多様な顔

エネルギーは多様な形態をとり、それぞれ違う方法で一時的に蓄えられます。縮んだバネはその中に弾性エネルギーをもち、いつでも好きなときに解放できます。熱エネルギーは、熱い物質の中で原子と分子の振動を増やします。火のついたコンロに乗せたフライパンが熱くなるのは、エネルギーの注入によってフライパンの原子の揺れが激しくなるからです。また、エネルギーは光や電波のように電磁波としても伝わり、蓄えられた化学エネルギーは、人間の消化器官で行われているように、化学反応によって解放されます。

アインシュタインは、質量そのものがエネルギーをもち、物質を変換することによってそれを解放できることを明らかにしました。つまり、質量とエネルギーは等価だとしました。これがアインシュタインの有名な式、$E=mc^2$で、質量の減少によって解放されるエネルギー(E)は、光速(c)の2乗に質量の減少分(m)を掛けて求められることを表しています(241ページを参照)。このエネルギーは、核爆発、または太陽にエネルギーをもたらしている核融合反応(200～211ページを参照)によって解放されます。光速の2乗という非常に大きい値(光は真空を1秒間におよそ30万キロメートルも進みます)を掛けるので、ほんの数個の原子核の反応だけでも、解放されるエネルギーは巨大なものになります。

私たちはエネルギーを家庭で消費したり、産業の動力として利用したりしています。エネルギーについて話すとき、発電によってエネルギーを発生させるという表現を使いますが、実際にはエネルギーの形態を変えているにすぎません。石炭や天然ガスがもつ化学エネルギーを熱に変えてタービンを回転させ、発電しているのです。もとになる石炭や天然ガスがもつ化学エネルギーも太陽によって蓄えられたもので、地球上で作動するすべてのものの根源には、太陽エネルギーがあります。地球のエネルギー供給量には限りがあると心配されていますが、太陽から取り出せるエネルギーは、うまく利用できさえすれば、私たちが必要としている量を上回っています。

エネルギーの総量は変わらない!

物理学の法則としてのエネルギーの保存は、家庭でのエネルギーの節約を説明しているのではありません。エネルギーの形は変わっても、エネルギーの総量は変化しないことを表しています。この概念は比較的新しく、数多くのエネルギー形態が個別に研究されたあとで登場しました。エネルギーという言葉は、19世紀の初頭に、イギリスの物理学者トマス・ヤングによってはじめて用いられたものです。それ以前には、振り子の数学を独自に編みだしたドイツの数学者で哲学者のゴットフリート・ライプニッツが、この生命力を活力(vis viva)と呼んでいました。

運動エネルギーが保存されないことには、誰もがすぐに気づきました。ボールもはずみ車も少しずつ動きが遅くなり、やがてまったく動かなくなります。けれども、大砲を発射すると金属の砲身が熱くなるように、速い運動では摩擦によって機械が熱を帯びることが多く、熱は解放されたエネルギーの行き先のひとつだと推測することができました。科学者たちは、作った機械に現れる形の異なったすべてのエネルギーを考慮に入れて、エネルギーはひとつの形から別の形へと姿を変えるのであり、消えたり生まれたりしないと主張するようになっていきました。

総量が保存されるものは他にもある

物理学での保存という考え方は、エネルギーに限ったものではありません。これと深く関係している別の概念に、運動量の保存と角運動量の保存のふたつがあります。運動量は、質量と速度を掛けたもので、動いている物体の速度を遅くするのがどれだけ難しいかを表しています。重い物が速く動いているときには運動量が大きく、進路を変えたり止めたりするのはとても難しくなります。そのため、時速60キロで走っているトラックの運動量は、同じ速さで走っている乗用車の運動量より大きく、何かにぶつかったときの被害も大きくなります。運動量には大きさがあるだけでなく、向きもあるので、特定の方向に働きます。ふたつの物体が衝突すると、運動量のやりとりが起こり、全体としては大きさも方向も保存されます。ビリヤードをしたことがある人は、この法則をうまく利用したはずです。2個のボールがぶつかると、一方からもう一方に運動が伝わり、運動量は保存されます。止まっているボールに動いているボールがぶつかった場合、両方のボールの最終的な行き先は、最初に動いていたボールの速さと方向を組み合わせたものになります。あらゆる方向に運動量が保存されることを考えに入れれば、2個のボールの速さと方向を予測することができます。

角運動量の保存も同じことです。1点を軸にして回転している物体の角運動量は、その物体の各部分の運動量に、回転軸からの距離を掛けたものになります。角運動量の保存は、フィギュアスケーターがクルクル回転するときの効果に用いられます。腕と足を伸ばすと回転速度は遅くなり、腕も足も身体にピタリとつければ速く回転します。回転半径が小さくなった分を、回転速度を上げて補う必要があるためです。回転椅子で試してみても同じ結果になるでしょう。

エネルギーと運動量の保存は、近代物理学でも基本原理とされています。これらの概念は、一般相対性理論や量子力学など、現代の学問分野にも欠かすことができません。

まとめの一言

エネルギーは増やすことも消すこともできない

CHAPTER 06 単振動

知ってる？

規則正しい“ゆらゆら”とは？

さまざまな振動が当てはまる単振動は、
振り子の揺れによく似ています。単振動は円運動とも
関連していて、振動する原子、電気回路、水の波、光波、
さらにゆらゆらと揺れる橋でも見ることができます。
単振動は予測可能で、安定していますが、
余分な力がほんのわずか加わっただけでも
安定を失い、大惨事を引き起こすこともあります。

timeline

1640
ガリレオが振り子時計を考案

1851
フーコーの振り子が地球の自転を証明

振動はどこにでもあります。バネの効いたベッドや椅子に急いで座って、何秒か弾みを感じたことはありませんか？ ギターの弦をはじいたり、電灯のひもを手探りで見つけて揺らしたり、スピーカーの甲高いハウリングを聞いたりした経験なら誰にでもあるでしょう。これらはすべて、振動の一種です。

単振動は、本来の位置から外れた物体が、自分自身を元の位置に戻そうとする復元力をどのように感じるかを説明します。本来の位置からずらされた物体は前後に揺れながら、少しずつ元の位置に落ち着いていきます。単振動を引き起こす復元力は、つねに物体のずれに反して働き、その大きさは、ずれた距離に比例します。だから、物体を遠くに引くほど、押し戻そうとする力は強くなります。ブランコに乗った子どもを思い浮かべると、よくわかるでしょう。本来の位置からずれた物体が元に戻ろうとして動くと、元に戻っても勢いで反対側まで振られます。しかし今度は逆に押し戻そうとする力を感じてやがて止まり、再び戻されます。こうして、前へ後ろへと規則的に揺れます。

振り子の動きも単振動

単振動を表現するには、円周上を一定速度で動いている物体を、真横から直線運動として見る方法もあります。子どもが乗ったブランコの椅子が、地上に落とした影を見ているようなものです。振り子のおもりのように、ブランコの椅子が揺れるにつれて影も揺れ、両端では遅くなってやがて止まり、中央では最も速くなる動きを繰り返します。振り子のおもりもブランコの椅子も、位置エネルギー（高さ）を運動エネルギー（速さ）と交換しているのです。

揺れている振り子のおもりは、単振動します。時間の経過を横軸にグラフを描くと、中央の起点からおもりまでの距離は34ページの図

1940
タコマナローズ橋が落下

2000
ロンドンのミレニアム・ブリッジ（愛称「ゆらゆら橋」）を共振による横揺れが原因で閉鎖

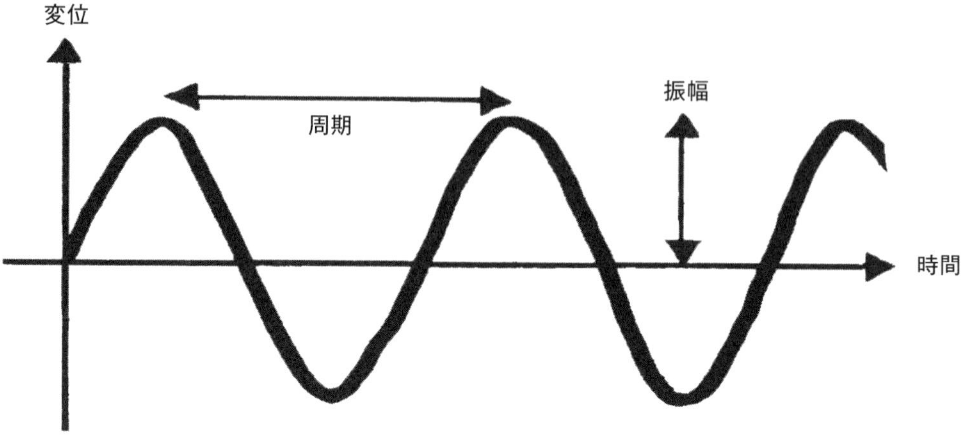

のような正弦波を描きます。この規則正しい波は、振り子の振動数をもった調和のとれた音とも言えます。おもりはまっすぐ下を向いた位置で止まっていたいわけですが、一方に押されると、重力が中央の位置に戻そうと引っ張って速さをつけ加えるので、揺れ続けることになります。

振り子から地球の自転がわかる!

振り子は地球の自転にも敏感です。地球が自転しているために、振り子の振動面はゆっくりと回転します。北極点の真上に下がっている振り子を想像してみましょう。そのおもりは、宇宙に対して固定した振動面で揺れています。その下にある地球は回転するので、地上の1点から振り子の揺れを観察していると、振動面が1日に360度回転するように見えます。振り子が赤道上に下がっているときには、振り子から見て地面は回転していないので、振動面の回転は見られません。その他の緯度では、位置によって1日に0度から360度の間で振動面が回転します。このように、振り子をじっと見つめているだけで、地球が自転しているという事実を証明することができます。

フランスの物理学者レオン・フーコーが、パリのパンテオンの天井から長さ70メートルもの巨大な振り子を吊り下げ、公開実験を行ったことはよく知られています。現在、世界中のたくさんの博物館で、大

賢人の言葉

（ビッグベンの）振り子にイギリスの旧ペニー硬貨を1枚付けると、1日に1秒の5分の2だけ時計が進む。ユーロ硬貨を使うとどうなるかは、まだわからない。
——スウェイツ・アンド・リード社
（ビッグベンを保守している会社）、2001年

きなフーコーの振り子を見ることができます。実験を成功させるには、おもりを滑らかに揺らし始め、振動面を一定にして、ねじれが生じないようにしなければなりません。伝統的なやり方は、おもりに糸をつけて横に引いておき、その糸をろうそくの火でゆっくり溶かして、やさしく切り離すものです。巨大な振り子を長時間にわたって揺らし続けるには、空気抵抗による揺れの消滅を補うために、モーターの力を借りることも多くなっています。

計時にも振り子が使われてきた

振り子で時間を計れることは10世紀からわかっていましたが、振り子が時計に広く利用され始めたのは、17世紀になってからです。振り子が揺れるのにかかる時間は、ひもの長さによって決まり、ひもが短いほど速く揺れます。ロンドンにあるビッグベンの振り子時計では、正確を期すために、重いおもりに旧1ペニー硬貨を加えて振り子の長さを調節しています。硬貨を加えることで、おもりの質量の中心の位置を変えられるので、振り子自体の長さを変えるよりも簡単に

グッド・バイブレーションズ

電気回路は、電流が行き来して流れると振り子の揺れのように振動し、電子音を発することができる。世界初の電子楽器のひとつに、「テルミン」がある。この楽器は、高音から低音へと急降下する不思議な音色をもち、ビーチボーイズが「グッド・バイブレーションズ」という曲で用いた。2本のアンテナでできたテルミンを演奏するには、楽器に触れず、ただ手を近づけてゆらゆら揺らすだけだ。一方の手で音の高さを、もう一方の手で音の大きさを調節し、それぞれの手が電気回路の一部になる。テルミンという名前は、これを発明したロシアの物理学者レオン・テルミンにちなんでいる。レオンは1919年に、ロシア政府のために動きを感知するセンサーを開発した。出来上がった楽器をレーニンの前で演奏すると、レーニンは大いに感激し、テルミンは1920年代にアメリカに広く紹介された。テルミンを商品化したのはロバート・ムーグで、ムーグはその後シンセサイザーを開発して、ポピュラー音楽に一大革命を巻き起こした。

精密な調整を行うことができるわけです。

単振動は、振り子に限らず、自然のいたるところで見られます。電気回路の振動電流から、水の波に見られる粒子の運動、さらに初期宇宙の原子の動きまで、自由な振動がある場所ならどこにでも単振動があります。

奇妙な振動現象——共振

単振動を出発点として、さらに別の力を加えれば、もっと複雑な振動も説明できます。モーターを利用してエネルギーを追加すると振動を強めることができ、エネルギーの一部を吸収して減らしてやれば振動を弱めることができます。たとえばチェロの弦を弓で規則正しく弾けば、振動は長いあいだ続きます。また、ピアノの弦にフェルトの塊を当ててエネルギーを吸収すると、音は弱まります。弓で弦を弾くような推進力によってもとの振動を強めるには、タイミングを調節する必要があります。しかし、このような「共振」も度が過ぎると、非常に奇妙な動きを見せ始めます。

こうした劇的な動きの変化が、アメリカ屈指の長い橋、ワシントン州にあるタコマナローズ橋の運命を決めました。タコマナローズ（海峡）にかかるこの吊り橋は、太いギターの弦のような動きをします——長さと太さに対応して、一定の振動数で簡単に振動するのです。エンジニアたちは、橋に固有の振動数を、風や動く車や波によって起こる自然界の振動数とはまったく違うものにしようと懸命に努力しました。けれどもエンジニアたちの準備が整わないうちに、運命の日はやってきました。

タコマナローズ橋（地元の人たちがつけた愛称は「馬乗りガーティー」）は、全長1.6キロで、重い鋼鉄製の橋桁とコンクリートでできています。ところが1940年11月のある日、あまりにも強い風が吹きつけたために、固有の振動数での揺れにねじれが加わり始め、橋は激しく揺れたあげくにちぎれて崩落してしまいました。さいわい死者はなく、ただ犬が1匹、車もろとも投げ出されて命を落としただけでした。その犬は恐怖のあまり、車から助けだそうとした人に噛みついたために、とり残されてしまったそうです。その後、エンジニアが橋を修理してねじれをなくしましたが、今でも時々、予期せぬ力によって大きく振動することがあります。

エネルギーが加わって強められた振動は、短時間のあいだに手がつけられない状態になって、不規則な動きを生じることがあります。そうなると大混乱に陥り、規則正しい予想可能な拍子を刻まなくなります。単振動は、基本的な安定した動作ですが、その安定性は簡単に崩れてしまうものでもあります。

まとめの一言

振り子のゆらゆらから地球の自転がわかる

CHAPTER 07 フックの法則

知ってる?

バンジージャンプの心得は?

さまざまな素材に力を加えると、どう変形するかを
説明するフックの法則は、もともと懐中時計に入っている
ぜんまいバネの伸びから導かれたものでした。
伸び縮みする素材(弾性材料)は、加えた力に比例して
伸びます。ロバート・フックは科学だけでなく、
建築の分野にも大きく貢献したので、名を残したのが
この法則ひとつだけというのは奇妙に感じられるほどです。
けれどもフックの法則は、その発見者と同じように
いろいろな分野に広がり、工学や建造物、さらに
材料科学にまで利用されています。

timeline

1660
フックが弾性の法則を発見

1773
ハリソンが経度の測定に成功して懸賞金を獲得

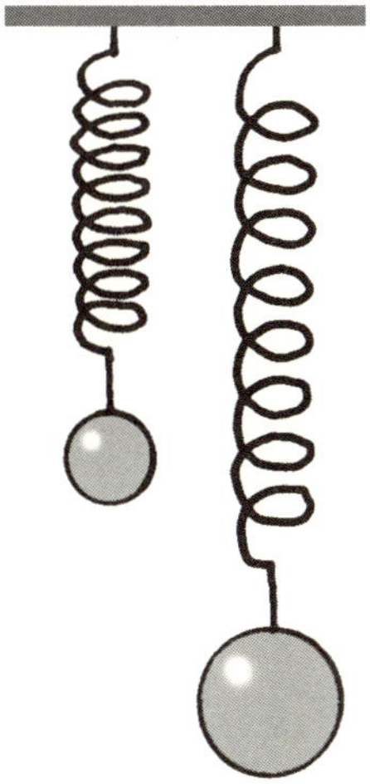

ぜんまい式腕時計で時間がわかるのは、ロバート・フックのおかげです。フックは17世紀に活躍したイギリスの博学者で、時計の[*1]ひげぜんまいや[*2]脱進機を発明しただけでなく、ベドラム（ロンドンのベスレム王立病院）を建て、生物学では細胞を表すセル（cell）の名づけ親にもなりました。フックには、数学者というより実験家という名のほうがふさわしいでしょう。ロンドンの王立協会で公開実験を企画し、数多くの器具を発明しました。また、バネを扱っているうちにフックの法則を発見し、バネが伸びる長さは引く力に比例することを明らかにしました。バネを2倍の力で引けば、2倍だけ伸びます。

伸び縮みする素材——弾性材料

フックの法則に当てはまる素材は「弾性」材料と呼ばれます。弾性材料というのは、伸びるだけでなく、力を取り除くと元の形に戻る、つまり伸び縮みするものです。輪ゴムや硬い線バネは、このような性質をもっています。それに対してチューインガムは、引っ張ると伸びても、引くのをやめたときには伸びたままになるので、これに該当しません。多くの材料は、適度な力の範囲内でのみ弾性をもっており、力を加えすぎると切れたり壊れたりしてしまいます。陶磁器や粘土などのように、硬すぎたり柔らかすぎたりして、弾性材料と呼べないものもあります。

フックの法則によれば、弾性材料をある長さだけ伸ばすには、ある特定の大きさの力が必要になります。必要となる力は、その材料の硬さ（これを弾性率と呼びます）によって決まります。硬い材料を伸ばすには強い力が必要です。弾性率が非常に高い材料には、ダイヤモンドや炭化ケイ素、タングステンなどの硬い物質があります。それより柔軟な物質には、アルミ合金や木などがあります。

材料が伸ばされた状態のとき、その材料には「ひずみ」が生じてい

＊1 ひげぜんまい

渦巻きばねの一種。薄い金属板を巻いて作られるもので、小形の機械時計などで使われる

＊2 脱進機

機械時計の部品のひとつ。歯車を断続的かつ一定のペースで回転させる役割をもつ

1979
イギリスのブリストルで世界初のバンジージャンプ

ると言います。この場合、ひずみは、「伸ばされたことで、全体に対して長さが増えた割合」と定義できます。（単位面積あたりに）加わる力は、応力と呼ばれます。弾性率は、ひずみに対する応力の割合として定義されます。鋼や炭素繊維、ガラスなども含む、数多くの材料は、（ひずみが小さい範囲で）弾性率は一定であり、フックの法則に従います。ビルを建てるときには、重い負荷がかかったときに構造が伸びたり曲がったりしないよう、建築家やエンジニアはこうした特性も考慮に入れます。

バンジージャンプに不可欠な法則

フックの法則はエンジニアだけのものではありません。毎年、何千人ものバックパッカーが、足に結んだゴムのロープを頼りに高所から飛び降りるというバンジージャンプに挑戦するとき、フックの法則のお世話になっています。フックの法則があるから、ジャンプする人の体重がかかったとき、ロープがどれだけ伸びるかを計算することができます。これを正しく計算して、必ず適切な長さのロープを使い、谷底めがけて真っ逆さまに飛び込んだ身体が谷底に衝突する前に跳ね返るようにしなければなりません。スポーツとしてのバンジージャンプを最初に始めたのは、1979年にブリストルのクリフトン吊り橋から飛んだ、命知らずのイギリス人たちでした。バヌアツ共和国の人々が勇気を試すために足首に植物のつるを巻きつけ、高い塔からジャンプする姿をテレビで見たのが、きっかけだったようです。何度逮捕されても、懲りずに橋からジャンプし続け、やがてそのアイデアが世界に広まって商業化されるようになりました。

フックの法則が安全な航海を実現

旅人たちは、また別の方法でフックの法則の助けを借り、正しい航路を進むことができます。北から南へと変化する緯度は、空に昇る

賢人の言葉

私がより遠くを見ることができたのだとしても、
それは巨人たちの肩の上に乗ったからです。
～フック宛ての（おそらく皮肉を込めた）手紙で～
――アイザック・ニュートン、1675年

和田先生のちょっと一言

（上の賢人の言葉で紹介されているニュートンの言葉には）フックが小男であったことに対する揶揄が含まれているとの解釈もあるが、この表現自体は当時の決まり文句であったらしい。

太陽や星の高さを観測すれば簡単に測れますが、東西に変化する経度を測るのは、それよりはるかに難しくなります。17世紀から18世紀初頭にかけ、船乗りたちは航海中に自分のいる位置を正確に知ることができなかったため、いつも命の危険にさらされていました。そこでイギリス政府は、経度を正確に測定する方法を編み出した者に、当時としては巨額の2万ポンドの懸賞金を与えることにしました。

地球上を東西に移動すると時差があるため、海の上の現地時刻(たとえば正午)を、すでにわかっている別の場所(たとえばロンドンのグリニッジ)の時刻と比較すれば、海の上でも経度がわかります。世界の時間はグリニッジで観測した時刻を基準にしたので、グリニッジの位置が経度0度とされ、今ではそこでの時刻をグリニッジ標準時と呼んでいます。これで万事うまくいくわけですが、大西洋の真ん中にいるとき、どうすればグリニッジの時刻がわかるのでしょうか?

今なら、ロンドンからニューヨークに飛行機で行くとき、ロンドンの時間に合わせた腕時計をもっていくことができます。けれども18世紀はじめには、そう簡単にはいきませんでした。時計の技術がそれほど進歩していなかったその時代、最も正確なのは振り子時計で、大きく揺れる船の上では使い物になりませんでした。そこでイギリスの時計職人ジョン・ハリソンは、振り子ではなく、振動するおもりをぜんまいバネにつけた、新しい装置を発明しました。ところが海で試験してみると、それでもまだ納得できる結果にはなりませんでした。バネを用いて時を刻む問題のひとつは、温度によってバネの伸び方が変わることにあります。熱帯から極地までを航海する船では、使い物にならなかったのです。

ハリソンは、まったく新しい解決方法をあみだしました。2種類の金属を張り合わせた、バイメタル板を時計に取り入れる方法です。真鍮と鋼のような2種類の金属は、熱が加わったときに伸びる率がそれぞれ異なっているので、ふたつを張り合わせた板は温度の変化に応じて曲がります。時計の機構に組み込んでおけば、この板が温度差を補正してくれます。ハリソンの新しい時計はクロノメーターと呼ばれ、賞金を勝ち取るとともに、経度の問題を解決しました。

ハリソンが実験に使った4つの時計はすべて、今ではロンドンのグリニッジ天文台にあります。最初の3つはとても大きく、入り組んだぜんまいの仕掛けがはっきりと見えます。美しい構造で、見るだけで楽しくなってきます。4つ目が懸賞金を獲得したデザインですが、ずっと小さくなっており、大き目の懐中時計といったところです。見た目の美しさという点では魅力が薄れていますが、正確さは増しています。クォーツ時計が登場するまで、船ではこれに類似した時計が長い間使用されていました。

ニュートンvs.フック

フックは数々の成功を収めたことから、ロンドンのレオナルド・ダ・ヴィンチと呼ばれてきました。科学革命の立役者として、天文学から生物学まで、さらには建築と、数多くの分野に貢献しています。アイザック・ニュートンと衝突したことはあまりにも有名で、これらふたりの科学者は互いに激しく憎み合いました。ニュートンは、光の色に関する自分の理論をフックが否定したことに腹を立て、重力の逆二乗の理論を最初に言い出したのがフックだとは生涯認めませんでした（下記和田先生のちょっと一言参照）。

フックにはこうした数々の実績があるにもかかわらず、あまりよく知られていないのは、意外に感じられます。肖像画は一枚も残されていません。このような創造力に富んだ人物にとっては、フックの法則でもまだ地味な経歴にすぎません。

和田先生のちょっと一言

ニュートンはペストの流行で故郷に戻っていた頃、すでに万有引力の逆二乗則に気づいていた。フックや、ロンドンにいたその他の何人かの学者もその当時、惑星に働いている力が逆二乗則を満たすことに気づいていたようである。惑星の軌道を円だと近似し、ケプラーの第3法則を使えば、逆二乗則は比較的簡単に導けたのである。その後、惑星の運動についてニュートンとフックは書簡を交わしているが、『プリンキピア』出版のときにそれに言及すべきだというフックの要求をニュートンは拒否した。

人物紹介　ロバート・フック（1635～1703）

ロバート・フックはイギリスのワイト島で、牧師補の息子として生まれた。オックスフォード大学のクライストチャーチ・カレッジで学び、物理学者であり化学者でもあったロバート・ボイルの助手となった。1660年にフックの（弾性の）法則を発見すると、まもなく王立協会の会合で実験を管理する主任に任命されている。その5年後に『ミクログラフィア』を出版したフックは、顕微鏡でのぞいたコルクの空洞の様子を修道士の小部屋に見立てて、セル（cell－細胞、小部屋）という言葉をはじめて使った。また1666年には、大火で焼失したロンドンの街の再建に力を尽くし、クリストファー・レンと協力して、グリニッジ王立天文台、大火記念塔、ベスレム王立病院（通称、ベドラム）の建設に関わった。1703年にロンドンで没し、ロンドンのビショップゲートに埋葬されたが、19世紀になって亡骸がロンドン北部に移され、今ではどこにあるかわかっていない。2006年2月に、長いあいだ行方不明になっていた王立協会会合でのフックの記録の複写が発見され、現在ではロンドンの王立協会に保管されている。

まとめの一言

バネは2倍の力で引けば
2倍伸びる

CHAPTER 08 理想気体の法則

高い山の上でジャガイモは煮えない?

気体では、圧力、体積、温度がすべて
結びついています。そして理想気体の法則は、
それらがどのように結びついているかを教えてくれます。
気体を熱すると膨張しようとします。圧縮すれば体積を
小さくできますが、圧力は高まります。飛行機に乗っているとき、
機外の温度がどれほど冷たいかを想像してふるえる旅行者や、
山に登るにつれて気温も気圧も低くなると予想する登山家は、
理想気体の法則をよく知っています。
チャールズ・ダーウィンも、アンデス山脈の高地で
野営したときジャガイモを煮ても柔らかくならず、
理想気体の法則をうらめしく思いました。

timeline

B.C.350年頃
アリストテレスが
「自然は真空を嫌う」と主張

1650
オットー・フォン・ゲーリケが
最初の真空ポンプを発明

1662
ボイルがボイルの法則を発表
(PV=一定)

賢人の言葉

真空では旗がなびかない
という事実に、希望に満ちた象徴的意味がある。
——アーサー・C・クラーク
（イギリスのSF作家 1917～2008年）

圧力鍋を使ったことがある人は、理想気体の法則を使って料理したことになります。圧力鍋は、どんな仕組みになっているのでしょうか？ 圧力鍋は、料理中に蒸気が逃げないように密封された鍋です。蒸気は外に逃げていかないので、水分が沸騰するにつれて蒸気がどんどん溜まっていき、内部の圧力は高まります。圧力が高まるにつれて水の沸点が上がるので、鍋の中にあるスープの温度は、通常の沸点である100℃より高くなることができます。そのために調理時間が短くて済み、食品の風味が損なわれません。

圧力、温度、体積には相関関係がある

理想気体の法則について最初に述べたのはフランスの物理学者エミール・クラペイロンで、19世紀に気体の圧力と温度と体積は相関関係をもっていることを明らかにしました。体積を縮めるか温度を上げると、圧力が増す、というものです。空気が入った箱を思い浮かべてみましょう。その箱の体積を2分の1にすると、中の圧力は2倍になります。最初の体積のままで、箱の温度（絶対温度）を2倍に上げても、やはり中の圧力は2倍になります。

クラペイロンは理想気体の法則を導くにあたって、それより前からあったロバート・ボイルの法則と、ジャック・シャルルおよびジョセフ・ルイ・ゲーリュサックの法則とを結びつけました。それまでに、アイルランドの物理学者ボイルは圧力と体積の関係を発見し、ともにフランスの学者であるシャルルとゲーリュサックは体積と温度の関係を発見していたのです。クラペイロンは「モル」という気体の量について考え、これら3つの量をつなぎ合わせました。1モルは、一定数の原子または分子を表す量で、その数はアボガドロ定数とも呼ばれ、約6×10^{23}（6の後に0が23個続いた値）です。この数字だけを見ると大量の原子のように思えますが、だいたい1本の鉛筆の黒鉛に入っている原子の数と同じです。1モルは、12グラムの原子の数と定義

1672
パパンが圧力鍋を発明

1802
シャルルとゲーリュサックがシャルルの法則とゲーリュサックの法則を発表（V/T＝一定）

1834
クラペイロンが理想気体の法則を考案

されています。アボガドロ定数と同じだけグレープフルーツがあれば、地球の体積全部を埋めることができます。

理想気体とは？

では、理想気体とはいったいなんでしょうか？ 簡単に言うと、理想気体は理想気体の法則に従う気体です。それは、構成している気体の分子が相互の距離にくらべて非常に小さく、しかも空間を飛びまわっていてもそれらの相互作用がないものとみなせる気体です。電荷のように、粒子を互いに引きつけ合う力もないものとします。

ネオン、アルゴン、キセノンなどの貴ガス（希ガス）は、個々の原子でできた理想気体として振る舞います。水素、窒素、酸素などの軽い分子は、ほぼ理想気体として振る舞いますが、ブタンなどの重い気体の分子になると、理想気体の振る舞いから遠くなります。

気体は密度がとても低く、その中にある分子は互いに結合されておらず、自由に動きまわっています。理想気体の分子は、スカッシュのコートに放された無数のゴムボールが、ボールどうし、または壁にぶつかって、跳ね返っているように動いています。気体に境界はありませんが、一定の体積を決める容器に入れることができます。その容器の大きさを縮めると、分子間の間隔は狭くなり、気体の法則に従って圧力と温度の両方が上昇します。

圧力の正体は分子が壁におよぼす力

理想気体の圧力は、分子が飛びまわるとき、容器の壁にぶつかる力から生まれます。ニュートンの運動の第3法則（10ページを参照）によれば、壁から跳ね返される分子は壁に対して反対方向の力を生みだします。壁との衝突には弾力性があるため、分子はエネルギーを失うことも、壁にとどまることもなく跳ね返りますが、容器に運動量を伝え、それが圧力として感じられることになります。運動量が容器を外に動かそうとしても、容器の強度が動きに抵抗するので、壁に働く力は釣り合います。

温度を上げると分子の速さが増すため、壁に加わる力はさらに大き

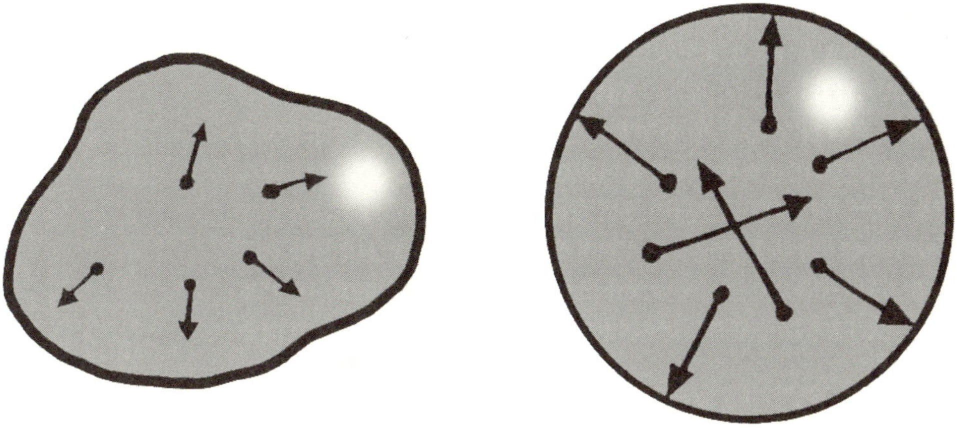

くなります。熱エネルギーが分子に伝わって、運動エネルギーが増えるので、分子はそれまでより速く飛びまわるようになります。それらが壁にぶつかると、より大きい運動量が伝わり、圧力が高まります。体積を小さくすると気体の密度が高くなるので、壁との衝突も多くなって、この場合も圧力が高まります。また温度も上がります。壁を動かして押し込むときに、それと衝突している分子の跳ね返りの速度が増すためです。

ただし実在の気体は、厳密には理想気体の法則に従いません。特に、大きい分子や複雑な分子をもつ気体では分子相互間に働く力が大きくなり、理想気体の場合より分子が集まって塊になる傾向が強くなります。このような凝縮力は分子を構成している原子の電荷によって生じ、気体にかかる圧力が高い場合や、非常に低温で分子の動きが遅いと生じやすくなります。事実、タンパク質や脂肪のような吸着性のある分子は、気体になることがありません。

高い山の上で役立つ圧力鍋

地球上で山に登ると、海抜0メートルの位置より気圧が低くなっていきます。高く登るほど、自分より上にある大気が減るためです。気圧とともに気温も下がっていくことに気づくでしょう。飛行機に乗って上空を飛んでいる間、外の気温は零下数十度になっています。これは理想気体の法則の現れです。

高度が高くなると、気圧が低くなるので、水は地上よりずっと低い温度で沸騰します。そのため、高い山の上では食べ物がよく煮えず、登山家は圧力鍋を利用することがあります。チャールズ・ダーウィンも、1835年にアンデス山脈を旅したとき、圧力鍋が手近にないことを嘆きました。ダーウィンは、17世紀後半にフランスの物理学者ドニ・パパンが発明した圧力鍋のことを知っていました。

ダーウィンは『ビーグル号航海記』で、次のように書いています。

私たちが泊まった場所では、大気圧が低いため、低地よりも低い温度で水が沸騰してしまった。パパンの圧力鍋とは逆の状態だ。沸騰した湯でジャガイモを何時間か煮続けたのに、固さはほとんど変わらなかった。鍋を一晩じゅう火にかけたままにし、翌朝もう一度沸騰させてみても、ジャガイモはやはり煮えなかった。同行のふたりが原因について話しているのが聞こえたので、ジャガイモが煮えていないのがわかった。彼らは単純な結論に達していた——「いまいましい鍋が[新品だったが]ジャガイモを煮る気にならなかったようだ」。

法則メモ　理想気体の法則

理想気体の法則は、PV=nRTと表すことができる

ここで、Pは圧力、Vは体積、Tは温度、nは気体のモル数(1モルの中には約6×10^{23}個——これをアボガドロ定数と呼ぶ——の原子が入っている)、そしてRは気体定数と呼ばれる定数。

「真空」はどこにある?

山の頂上からもっと上を目指して飛んでいき、大気の一番上に達することができたなら、そこはもう宇宙空間であり、圧力はほとんどゼロに近くなります。完全な真空とは、原子がまったく含まれていない空間のことです。しかし、この宇宙のどこにも、そのような場所はありません。太陽系の外でも原子はまばらに散らばっており、1立方センチに2、3個の水素原子が浮かんでいます。

古代ギリシャの哲学者、プラトンやアリストテレスは、「無」が存在するというのは論理の矛盾だとして、純粋な真空は存在し得ないと考えました。現代の量子力学の考え方も、何もない空間としての真空の概念を退け、真空はぎっしり詰まった仮想粒子が現れたり消えたりしている状態だとしています。宇宙論も、宇宙空間には暗黒エネルギーとして存在する負の圧力をもつものが満ち、宇宙の膨張を加速させていると主張しているのです。アリストテレスが言った通り本当に自然は真空を嫌っているように見えます。

まとめの一言

水の沸点は気圧で決まる

CHAPTER 09 熱力学の第2法則

熱はかってには動けない?

熱力学の第2法則は近代物理学の柱です。
この法則は、「熱は必ず高い物体から低い物体へと移動し、その逆は起こらない」と主張します。熱は無秩序の度合い、すなわちエントロピーと関係しており、この法則は、「孤立した系ではエントロピーは減少しない」と言い表すこともできます。熱力学の第2法則は、時間の経過、出来事の展開、さらに宇宙の究極の運命にも関係します。

timeline

1150
バースカラが
永久運動する車輪を提唱

1824
サディ・カルノーが
熱力学の基礎を築く

賢人の言葉

エントロピーの絶え間ない増大が
宇宙の基本法則であるように、より高度な構造化をめざして
エントロピーと闘うのが、人生の基本法則だ。
――バツラフ・ハベル（チェコの劇作家・初代大統領）、1977年

氷の入ったコップに熱いコーヒーを注ぐと、氷は熱くなって溶け、コーヒーは冷えます。なぜ温度が逆の方向に変化しないのか、考えたことはありますか？ コーヒーが氷から熱を吸収してもっと熱くなり、氷はもっと冷たくなってもいいはずです。私たちは経験から、そんなことは起こらないことを知っています。でも、それはぜでしょうか？

熱い物体と冷たい物体は、熱を交換して均一の温度になっていく傾向があることは、熱力学の第2法則が示しています。この法則は、全体として、熱が冷たい物体から熱い物体に流れることはないと言っています。

では、冷蔵庫はどのようにして成り立っているのでしょうか。生ぬるいオレンジジュースの温かさを別の物に移せないのだとしたら、どうやって冷やすことができるのでしょう。第2法則では、特別な状況でのみ、これが可能になります。冷蔵庫は物体を冷やす代わりに、大量の熱を発しています。冷蔵庫の裏側に手を当ててみれば、それがわかります。このように熱を放出しているので、冷蔵庫とその周囲のエネルギーの流れ全体を見てみれば、実際には熱力学の第2法則に反していません。

無秩序の程度――エントロピー

物理学では多くの場合、無秩序の程度を「エントロピー」として数量化します。エントロピーは、数多くの物が整然と並んでいるかどうかの尺度です。袋に入った生のスパゲッティは、硬いパスタがきちんとそろって束になっているので、エントロピーが小さいと言えます。そのスパゲッティを鍋で沸かした熱湯に入れてかきまぜると、バラバラになってもつれていき、無秩序になるので、エントロピーが増大します。同様に、おもちゃの兵隊がきちんと整列しているときはエントロピーが小さく、子どもが遊んで床に散らばっているときはエントロピーが増大しています。

1850
ルドルフ・クラウジウスが
エントロピーと第2法則を定義

1860
マクスウェルが分子ひとつずつ
を操作する魔物の存在を想定

2007
デビッド・リーが
魔物のマシンを作ったと主張

それが冷蔵庫とどう関係しているのでしょうか。別の見方で熱力学の第2法則を表すと、孤立した系ではエントロピーは増大することはあっても、減少はしない、となります。温度はエントロピーと直接関係し、冷えた物体ではエントロピーが小さくなります。冷えた物体では、温かい物体よりも原子が活発に動きまわりません。しかし、ある系を冷やしてエントロピーを減少させたとしても、その系を含む全体を考えた場合、正味ではエントロピーは増大しています。

冷蔵庫の場合、オレンジジュースを冷やすとそのエントロピーは減少しますが、代わりに冷蔵庫から熱い空気が発生します。実際には、この熱い空気のエントロピーの増大は、冷却によるエントロピーの減少を超えています(理想的な状況では全エントロピーの増減はゼロですが、現実にはそのようなことはありえません)。冷蔵庫とその周囲という系全体を考えれば、熱力学の第2法則が成り立ちます。第2法則は、「エントロピーは減少しない」ということなのです。

第2法則が厳密に成り立つのは、エネルギーの流入も流出もない、閉じた、孤立した系です。その内部ではエネルギーが保存されます。宇宙そのものも、その外には何も存在しないという意味で、明らかに孤立した系です。そのため宇宙全体ではエネルギーが保存され、エントロピーはつねに増大することになります。狭い範囲を見れば、冷却などによってエントロピーがわずかに減ることもあるかもしれませんが、冷蔵庫の場合と同じく、別の部分での熱の上昇によって相殺されているはずです。そしてそこではエントロピーが増大し、合計するとエントロピーの増大分のほうが大きくなっています。

エントロピーの増大は、どんなふうに見えるのでしょう。コップに入れた牛乳にチョコレートシロップを注ぐと、はじめはエントロピーが小さい状態です。牛乳とチョコレートが、白と茶色にくっきり分かれているのが見えます。これをスプーンでかきまわし無秩序を増してやると、分子がまじり合ってきます。最終的に無秩序が最大限に高まると、チョコレートシロップは牛乳と完全にまざり、全体が均一な薄いキャラメル色に変わります。

もう一度宇宙の話に戻って考えると、第2法則は同様に、時がたつ

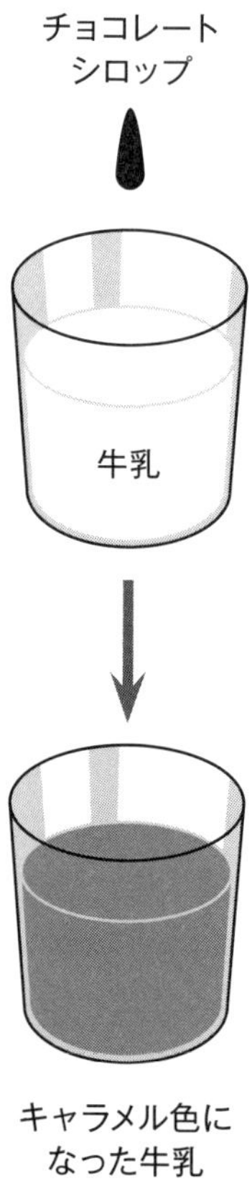

宇宙の色は地味？

天文学者は最近、宇宙にあるすべての星の光を足し合わせ、宇宙の色の平均値を計算している。その結果は、太陽光に含まれる黄色やピンクや水色ではなく、気の滅入るようなベージュだった。今後、数十億年がたつと、宇宙はどこまで行っても一様なベージュの広がりになるかもしれない。

につれて宇宙全体が少しずつ無秩序さを増すことを意味します。物質の塊はゆっくりと散らばって、やがて宇宙にその原子がまき散らされていきます。ですから、恒星や銀河の多彩なつづれ織りからスタートした宇宙の最終的な運命は、原子がまじり合った灰色の果てしない広がりです。宇宙がどんどん膨張していくと、銀河はバラバラになってその物質は希薄になり、さまざまな粒子の入ったスープが残るだけでしょう。宇宙が膨張し続けるものと仮定して、この最後の状態は「宇宙の熱死」と呼ばれています（下記和田先生のちょっと一言参照）。

永久機関は可能か？

熱エネルギーはエネルギーの一形態なので、仕事をすることができます。蒸気機関は熱をピストンやタービンの機械運動に変え、それが電気を生みだします。熱力学の多くは、19世紀に蒸気機関の応用から発達しました。はじめに物理学者が理論で導き出したものではありません。第2法則は、エントロピーは減少しないという法則ですが、一般にはエントロピーは増大します。理想的な完璧なエンジン

和田先生のちょっと一言

宇宙は、超高温超高密度の粒子のスープ状態（ビッグバン:266ページを参照）から始まり、次第に空間が膨張して冷えて天体が形成された。その過程のエントロピーの議論はかなり複雑だが、空間の膨張、及び天体形成における熱の発生などを考えると、宇宙の全エントロピーは増加している。宇宙の未来はまだよくわかっておらず（270ページを参照）、宇宙の熱死の真の姿については、まだはっきりしたことは言えない。ひとつの可能性は、天体がさらに結合してすべてブラックホールになり、そのブラックホールが蒸発して（253ページを参照）、宇宙空間には粒子の希薄なスープが残るというものである。

の場合にのみエントロピーは一定であり、そのときに機関の効率は最大になります。

永久に運動する機械（エネルギーを生みながら永久に動き続ける機関）、つまり永久機関という考え方は、中世から科学者たちの意欲をかきたててきました。エネルギー保存則（別名、熱力学第1法則）が彼らの夢をかなえさせませんでしたが、それがわかるまでの間、多くの科学者が思いつくかぎりの機械を提案しています。ロバート・ボイルは、空になってはまた自動的に水でいっぱいになるカップを想像し、またインドの数学者バースカラは、回転しながらスポークでおもりを落として自らの回転力を維持する車輪を提唱しました。詳しく調べてみると、どちらの機械も実際にはエネルギーを生みだしていません。また、特別の物質、つまり石油や石炭のような燃料を使わなくても、すべての物質は熱エネルギーをもっているので、それを利用していくらでも動く機関を考えようとした人もいます。しかし単に物質の熱エネルギーを仕事に変換するプロセスはエントロピーを減少させるので、熱力学第2法則によって、それも不可能であることがわかりました。そこでフランス科学アカデミーと米国特許庁は、永久機関の提案を受け付けることを禁じることにしました。永久機関は現在では、風変りな街角発明家の領域として残っています。

マクスウェルの魔物

第2法則を破ろうという最も議論を呼んだ試みのひとつは、1860年代にイギリスの物理学者ジェームズ・クラーク・マクスウェルが思考実験として提案したものです。気体が入ったふたつの箱を並べ、どちらも同じ温度にした場合を想像してください。箱と箱の間に小さい穴をあけ、気体の粒子が互いの箱を行き来できるようにします。もし一方の箱がもう一方の箱より温かくても、粒子の行き来によってやがて温度は均一になります。マクスウェルは、小さな魔物がいると想像し、その魔物が一方の箱で速く動く分子だけを捕まえて、もう一方の箱に移せる場合を考えました。こうすると、ひとつの箱に入っている分子の平均速度は高くなり、もうひとつの箱では低くなります。そこでマクスウェルは、熱を冷たい箱から熱い箱へと動かせると主張したのです。このプロセスは熱力学の第2法則と矛盾しないでしょうか？　正しい分子を選ぶことによって、熱を冷たい物体から熱い物体に移せるのでしょうか？

それ以来、マクスウェルの魔物の論理がなぜ通用しないかを説明しようと、物理学者たちは頭を悩ませました。多くは、粒子の速度を測って箱の間の扉を開け閉めするプロセスには仕事が必要でエネルギーを使うから、システム全体のエントロピーが減ることにはならないと論じました。「魔物の機械」に最も近づいたものがあるとすれば、それはエジンバラの物理学者デビッド・リーのナノスケール・マシンでしょう。リーが作成したマシンは本当に、速く動く粒子と遅く動く粒子を分離しましたが、そのためには外部の動力源が必要でした。外部エネルギーを使わずに粒子を動かせる機構はないため、現代の物理学者もまだ第2法則を破る方法を見つけられていません。今のところこの法則は、しっかりと成立し続けています。

法則メモ　**熱力学の法則を一言で言い表すなら……**

第1法則

絶対に勝てない（26ページの「エネルギー保存の法則」を参照）

第2法則

負けるしかない

第3法則

試合をやめることはできない（56ページの「絶対零度」を参照）

まとめの一言

すべては、エントロピーが増大する方向に変化する

CHAPTER 10 絶対零度

温度はどこまで下げられる？

絶対零度は、物質が冷えすぎて
その原子が動きを止める、想像上の限界点です。
これまで、自然界でも実験室でも、実際に絶対零度に
達したことはありません。それでも科学者たちは、
あと一歩というところまで近づいています。
絶対零度を達成するのは不可能
かもしれませんが、もし達成したとしても、
それを測定できる温度計はないので
確認することはできないでしょう。

timeline

1702
ギヨーム・アモントンが
絶対零度の概念を提唱

1777
ランバートが
絶対温度目盛を提唱

1802
ゲーリュサックが
絶対零度を−273℃と確認

賢人の言葉

アイスキャンディーを絶対零度にしておきたいから、
ぼくはほとんどのアメリカ人よりもいっぱいケルビンを使っている。
分子がまったく動かない状態じゃなくちゃ、デザートは美味しくないよ。
——チャック・クロスターマン（アメリカのジャーナリスト）、２００４年

何かの温度を測るというのは、それを構成している粒子がもつ平均エネルギーを記録することです。温度は、粒子がどれだけ素早く振動したり動きまわったりしているかを示しています。気体や液体の中では、分子はどんな方向にでも自由に動くことができ、互いにぶつかって跳ね返ったりしています。つまり、温度はこうして動いている粒子の平均速度を表すものです。固体の場合には原子が格子状の構造に固定され、電子の結合力によって相互に結びついています。熱が加わると原子はエネルギーを得て活発に動くようになり、プルプルするゼリーのように、それぞれの位置にとどまったままで忙しく揺れます。

物質を冷やすと原子の動きは鈍くなります。気体では原子の飛びまわる速度が落ち、固体では揺れ方が減ります。温度が下がるにつれて原子の動きも鈍ります。こうしてどんどん冷やし続ければ、いつかは原子が完全に動きを止めるだけの低温に達するはずです。このような仮想の温度を絶対零度と呼びます。

絶対零度を基準にすえる——ケルビン目盛

絶対零度という考え方は、18世紀に、温度とエネルギーのグラフをゼロまで延ばすことによって生まれたものです。エネルギーは温度とともに上昇するので、これらふたつの量の関係を表すグラフの線を低いほうに延ばしていけば、エネルギーがゼロになる温度を求めることができ、それは摂氏−273.15度、華氏−459.67度になります（次のページの図を参照）。

19世紀になると、ケルビン卿が絶対零度からはじまる新しい温度目盛を提唱しました。ケルビン卿の目盛は、実質的には摂氏温度の目盛をずらしたものになります。この場合、水が凍るのは摂氏0度（0℃）ではなく絶対温度273.15度（273.15ケルビン:K）、水が沸

1848
ケルビンが
ケルビン温度目盛を定義

1900
ケルビンが
「ふたつの暗雲」の講演

1930
実測により、絶対零度を
より正確に特定

1954
絶対零度を正式に
−273.15℃と定義

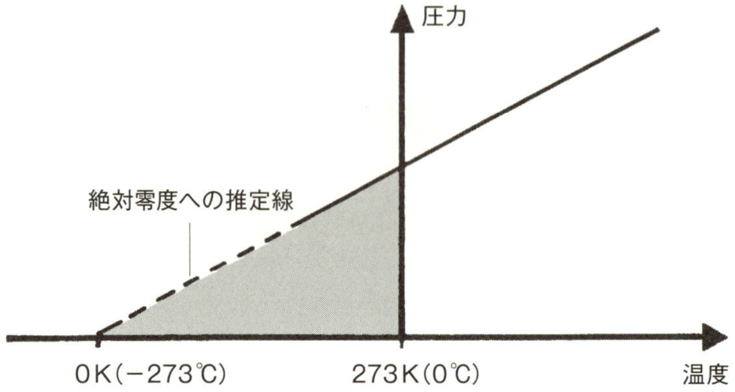

騰するのは100℃ではなく約373Kです。絶対温度計の目盛は水の三重点によって決定されています。これは(ある低圧力のもとで)液体の水と水蒸気と氷がすべて共存する温度であり、273.16K、つまり0.01℃です。現在では、ほとんどの科学者が絶対温度(ケルビン)を用いて温度を表しています。

宇宙で一番冷たい天体

絶対零度では、どれくらい冷たく感じるのでしょうか? 私たちは、気温が氷点下になるとき、雨が雪に変わるとき、外はどんな寒さかを知っています。息が白く見え、指先はかじかみます。もう十分に寒いと言えるでしょう。それでも北米の一部やシベリアでは冬になるとそれより10度か20度も下がり、南極では−70℃に達することもあります。地球の観測史上最低の自然の気温は−89℃(184K)で、1983年に南極のボストーク基地で観測されました。

高い山に登ったり、飛行機に乗って上空を飛んだりすると、気温は下がります。宇宙まで行けばもっと寒くなります。ところが、どんなに遠い宇宙の果てまで進み、できるだけ何もないところまで飛んでいったとしても、最も冷たい原子の温度はまだ絶対零度より2、3度高いままです。これまでに宇宙で見つかった一番冷たい環境は、ブーメラン星雲の中で、暗いガス雲がわずか絶対温度1度(1K)だということがわかりました。

ブーメラン星雲

Courtesy NASA, ESA, R. Sahai and J. Trauger (JetPropulsion Laboratory) and the WFPC2 Science Team

この星雲の外か、空っぽの宇宙空間では、温度はこれより穏やかな2.7Kです。このように生ぬるい温度になっているのは宇宙マイクロ波背景放射（電磁波）があるからで、ビッグバンの名残の熱とされ、宇宙全体に充満しています（277ページを参照）。これより低温になるためには、背景放射の温かさが遮断されて、原子が残りの熱を失う必要があります。そのため、宇宙には実際に絶対零度になっている場所があるとは考えられません。

実験室で作られた極低温

それより低い温度に達した記録が、実験室の中で一時的にならばあります。物理学者たちはほんの短時間だけでも絶対零度に近づく努力を続けてきました。そして宇宙空間よりもさらに絶対零度に近い温度を作ることに成功しています。

実験室ではさまざまな冷却用液体ガスが使われますが、その温度は絶対零度には達しません。窒素をどんどん冷やしていくと、77K

(－196℃) で液体になります。液体窒素はシリンダーに入れると簡単に持ち運べるので、病院では生体サンプルの保存に利用されて、不妊治療院での胚や精子の凍結保存に役立っているほか、最先端のエレクトロニクスでも使われています。カーネーションの花を液体窒素に浸けて冷やすと、凍ってもろくなり、床に落とすと陶器のように粉々に砕けてしまいます。

賢人の言葉

トムソンは、経歴の前半では誤ったことなどできないように思え、経歴の後半では正しいことなどできないように思えた。
――C・ワトソン（ケルビン卿の伝記作家）、1969年

人物紹介　ケルビン卿（1824～1907）

イギリスの物理学者ケルビン卿、本名ウィリアム・トムソンは、初の大西洋横断海底通信ケーブルの敷設に力を尽くしたことで最もよく知られているが、電気と熱に関するさまざまな問題を解決した人物だ。トムソンは600を超える論文を発表し、権威あるロンドン王立協会の会長に選出された。保守的な物理学者の立場を貫いたため、原子の存在を認めず、ダーウィンの進化論にも、それに伴う地球と太陽の年齢についての考え方にも反論し、数多くの論争で負け側につくことになった。トムソンはラーグスのケルビン男爵と名乗ったが、その名前はスコットランドの海岸沿いにある故郷の町ラーグスと、グラスゴー大学の近くを流れるケルビン川からとったものだ。1900年、ケルビン卿が王立研究所で講演し、「理論の美しさと明快さ」に「ふたつの暗雲」が影を落としていると述べたのは有名だ。それらの雲とは、黒体放射の理論が当時はまだ解き明かされていなかったことと、光を伝えるとされていた気体（エーテル）の観察に失敗していたことだった。このふたつの問題はやがて相対性理論と量子理論によって解明されていくが、トムソンはそれらに対して旧来のニュートン物理学で取り組んでいたのだった。

和田先生のちょっと一言

核エネルギーが知られていなかった時代にケルビンは、太陽はその構成物質が重力で収縮するときに発生するエネルギーによって輝いていると考えた。そして、太陽が輝いていられる時間は数千万年であると計算した。しかしそれは、地球の年齢は少なくとも数億年以上でなければならないという進化論者あるいは地質学者たちの主張とは矛盾していた。

液体ヘリウムはもっと低温で、4Kですが、それでもまだ絶対零度よりは上です。ヘリウム3とヘリウム4という2種類のヘリウムを使えば、数千分の1Kまで温度が下がります。

もっと先を目指す物理学者たちには、もっと巧みな技術が必要になります。1994年には、アメリカ・コロラド州ボルダーにあるNIST(アメリカ国立標準技術研究所)の科学者が、レーザーを用いてセシウム原子を10億分の700Kにまで冷やすことに成功しました。そしてその9年後にはマサチューセッツ工科大学で、10億分の0.5Kに達しています。

実際には、絶対零度は抽象的な概念にすぎません。実験室で作られたこともなければ、自然界で観測されたこともない温度です。科学者たちはその温度に近づこうとすればするほど、実際に到達するのは不可能であることを受け入れざるをえません。

なぜでしょうか? 第一に、測定に用いる温度計が絶対零度ではないので、その熱が伝わって絶対零度の達成を阻みます。第二に、そのような低エネルギー状態では超伝導や量子力学などの別の効果が介入し、原子の動きや状態に影響を与えてしまうため、温度の測定は困難です。絶対零度に達したかどうかを、確実に知る方法はありません。アメリカの作家ガートルード・スタインが言ったように、絶対零度に関しては、「そこに『そこ』はない」のです。

まとめの一言

摂氏−273.15度で
あらゆるものが動きを止める

CHAPTER 11 ブラウン運動

水中の微粒子はなぜギザギザに動く?

ブラウン運動とは、目に見えない水や気体の分子がぶつかって起こる、微粒子のぎくしゃくした動きのことです。植物学者のロバート・ブラウンが、顕微鏡の濡れたスライドガラスの上で花粉が破裂し、出てきた微粒子が震えるように動いているのを見てはじめて気づきましたが、その動きを数学的に説明したのはアルバート・アインシュタインでした。ブラウン運動の理論は、静止している空気や水の中で汚染物質が拡散していく様子を明らかにし、洪水から株式市場まで、たくさんのランダムな過程を説明します。その予測不能なプロセスはフラクタルにも関係します。

timeline

B.C.420年頃
デモクリトスが原子の存在を主張

1827
ブラウンが花粉の動きを観察してそのメカニズムを提案

19世紀のイギリスの植物学者ロバート・ブラウンは、顕微鏡をのぞいていたとき、花粉の微粒子が同じ場所にとどまらずに動きまわっていることに気づきました。一瞬、生きているのではないかと思ったほどです。もちろん花粉が生きているはずはなく、動かしていたのはブラウンがスライドガラスを覆うのに使っていた水でした。水の分子が動きながら、花粉の微粒子にぶつかっていたのです。花粉の微粒子はあちこちの向きに、時にはほんのわずかだけ、時にはかなり長く移動しながら、予測できない軌跡を描いてスライドガラスの上を少しずつ動いていきました。他の科学者たちはブラウンの発見について考えを巡らし、その名をとってブラウン運動と名づけました。

水中の微粒子が見せる「ランダムウォーク」

ブラウン運動は、花粉の微細な粒子に水の分子が衝突するたびに、小さく跳ね返ることによって起こります。私たちの目には見えませんが、水の分子は絶えず動きまわって互いにぶつかり合っているので、花粉の微粒子にもぶつかって、突き飛ばします。

花粉の微粒子の大きさは水の分子の数百倍もあるとはいえ、一度にたくさんの分子が、それぞれ思い思いの方向に動きながら微粒子に衝突するので、普通は微粒子をわずかに動かすだけの力のアンバランスが生まれます。これが何度も繰り返され、体当たりされ続ける微粒子は、酔っ払いの千鳥足を思わせるようなギザギザの道筋をたどって移動していきます。水の分子はランダムに衝突するため、微粒子はどの方向にでも跳ね返される可能性があり、微粒子の道筋を前もって予測することはできません。

ブラウン運動は、液体や気体の中を浮遊する、どんな微粒子にも当てはまります。煙の粒子のようにかなり大きい粒子でも、拡大鏡を通して見れば、空気中でこのように動いているのを観察できます。粒子

1905
アインシュタインがブラウン運動の背景となる数学を確定

1970年代
マンデルブローがフラクタルを定義

を突き飛ばす力の大きさは、分子の運動量に応じて決まります。そのため、液体や気体の分子が重いとき、または分子が速く動いているとき――たとえば流体が熱いとき――ほど、突き飛ばす力は大きくなります。

19世紀後半、ブラウン運動を説明する数学を追究する努力が続いていましたが、物理学者の注目を集めたのは、アインシュタインが1905年に書いた論文でした。アインシュタインは同じ年に、相対性理論およびノーベル賞の受賞理由になった光電効果の理論も発表しています。アインシュタインは、分子の運動に基づく熱の理論を借用して、ブラウンが観察した動きを正確に説明することに成功しました。ブラウン運動が、流体の中に分子が存在する証拠を提供しているのを知り、物理学者たちは原子の存在を受け入れざるを得なくなりました。20世紀はじめになっても、まだ原子の存在を疑問視する人々がいたのです。

粒子はブラウン運動だけでも拡散する

時間がたつにつれ、ブラウン運動によって粒子はかなりの距離を移動することもありますが、まったく妨げられていないかのように直線上を遠くまで移動することはありません。これは運動のランダムな性質のため、粒子が一方に進む可能性も、反対方向に戻る可能性も同じようにあるからです。そのため、微粒子の集まりを液体の一点に落とした場合、液体をかきまぜなくても、また液体に流れがなくても、粒子は拡散していきます。それぞれの粒子がギザギザを描きながら動きまわり、最初は一点に集まっていたものが散らばって雲を描くようになります。こうした拡散は、大気中に浮遊する汚染物質の粒子など、公害が発生源から広がる際に大きな役割を果たしています。風がまったくなくても、化学物質はブラウン運動だけで拡散していきます。

ブラウン運動に隠されたパターン

ブラウン運動をする粒子がたどる経路は、フラクタルの例です*。経路のうちの個々の部分は、どんな距離にも、どんな方向にもなり得

*フラクタルについては、『知ってる？ シリーズ 人生に必要な数学50』の25章「フラクタル」も参照

ブラウン運動の「ランダムウォーク」

ますが、全体としては一定のパターンが生まれます。このパターンの中には、想像できる限り最も微細なものから非常に大きいものまで、あらゆる尺度の構造が含まれています。これがフラクタルを明確に表す特徴です。

フラクタルは1970年代に、自己相似図形を数量化する方法として、フランスおよびアメリカの数学者ブノワ・マンデルブローによって定義されました。フラクタル(英語のfractalは、fractional dimensionの短縮形)は、どんな尺度でも基本的には同じに見えるパターンのことです。そのパターンの小さい部分を拡大して見ると、大きい尺度のものと見分けがつかず、見ただけでは倍率を判断することができません。このように一定の尺度をもたずに反復するパターンは、海岸線の入り組んだ凹凸、木の枝、シダの葉、大小の六角形でできた雪の結晶など、自然界のあちこちで見つかります。

フラクタルは、見る尺度によって長さや次元が変わることから生じます。ふたつの町の間の海岸線の長さを測る場合、たとえば海岸線上のある地点から別の地点まで30キロあると言うこともできますが、海岸線にあるひとつひとつの岩の凹凸も勘定に入れることにし、紐を岩に沿ってはわせながら町から町まで測れば、100キロの長さの紐が必要になるかもしれません。もっと細かく見て、海岸線にあるひとつひとつの砂粒の凹凸まで測れば、紐の長さは何百キロにもなるでしょう。つまりこの場合の絶対的な長さは、測定する尺度によって異なるのです。細かい凹凸を無視し、もう少し雑な測り方にすれば、いつもの30キロに戻ることができます。このような意味でフラクタルは、雲でも木でも山脈でも、何かの粗さを表していると言えます。海岸線の輪郭のようなフラクタル図形の多くは、一連のランダムな動きによって生みだすことができるので、ブラウン運動と結びついています。

ブラウン運動、すなわちランダムな運動の数学を使って、科学のさまざまな分野で役立つフラクタル図形を描くことができます。たとえば、コンピュータゲーム用に山、樹木、雲がある荒削りな仮想の風景を作り出したり、ロボットの移動を助ける空間マッピングプログラムで起伏の多い地形のモデリングに使ったりすることが可能です。また医師は、太い気管が細い気管支へと無数に枝分かれした構造をもつ肺など、人体の複雑な器官の構造を分析する場合の医学画像に利用しています。

ブラウン運動の考え方はまた、洪水や株式市場の変動のように、ランダムな出来事が数多く集まった結果として起こる未来の危険や出来事の予測にも役立っています。株式市場は、一群の微粒子のブラウン運動のように、価格がランダムに変化する一群の株式・債券がやり取りされる場として扱うことができます。さらに、製造や意思決定などで見られるその他の社会過程のモデリングにも、ブラウン運動が当てはまるものがあります。ブラウン運動のランダムな動きは幅広い影響力をもち、熱い紅茶のカップに入った小さな紅茶の葉がゆらゆらと踊るだけでなく、数多くの現象となって姿を現しています。

マンデルブロー集合

まとめの一言

水の中の微粒子は、たえず水分子と衝突している

CHAPTER 12 カオス理論

知ってる？

なぜ天気予報は数日先までしか当たらない？

カオス理論は、状況のわずかな変化が
のちに大きな問題を引き起こす可能性があることを
宣言しています。家を出るのが30秒だけ遅れたために、
バスに乗り遅れたら、偶然誰かに会って新しい仕事を紹介され、
人生の道筋が永久に変わってしまうかもしれません。
カオス理論が当てはまることで最もよく知られているのは天気で、
小さな風の渦が地球の裏側でハリケーンを
発生させるという、いわゆる「バタフライ効果」があります。
ただしカオスは無秩序というわけではなく、
カオスからも一定のパターンが生じます。

timeline

1898
アダマールがビリヤードの
カオスの振る舞いに注目

＊カオス理論については、『知ってる？ シリーズ 人生に必要な数学50』の26章「カオス」も参照

ブラジルの蝶の羽ばたきが、テキサスで竜巻を起こすことがある——カオス理論はそう言います。＊カオス理論は、いくつかの系（たとえば地球環境など）があるとき、最初の状況がどんなに似ていても大きく異なった振る舞いが生まれる可能性があると主張します。天気もそうした系のひとつです。一か所で気温か気圧に微細な揺れが起これば、その後の出来事の連鎖の結果として、どこか他の場所で大雨が降るかもしれません。

カオス（混沌）という呼び名は、ぴったりではないような気もします。カオスは、まったくの無秩序、予測不能、バラバラという意味の混沌ではありません。カオス系は確定的なもので、最初の状況を正確に知っていれば予測可能で、再生も可能です。単純な物理学によって、次々に起こる一連の出来事を説明することができ、それは何度やっても同じものになります。しかし異なる結果を引き起こす状況の違

バタフライ効果

わずかな変化がのちに大きな問題を引き起こす可能性があるという、カオスの軸をなす考え方は、よく「バタフライ効果」と呼ばれる。これは、生き物の羽ばたきが竜巻を起こすというローレンツの洞察からつけられた名前だ。この考え方は、特にタイムトラベルとの関連づけで映画やポップカルチャーに広く使われており、映画『バタフライ・エフェクト』や『ジュラシックパーク』もその例と言える。1946年に公開された映画『素晴らしき哉、人生！』では、主人公のジョージが天使から、彼が生まれてこなかったとしたら故郷の町がどんなにみじめになっていたかを見せられる。天使は彼に言う。「ジョージ、君は素晴らしい贈り物をもらった。もし君がいなかったら、世界はどうなっているかを見るチャンスをね」。そしてジョージは、自分がいたから人が溺れずにすんだこと、自分の人生はほんとうに素晴らしいことに気づくのだった。

1961
ローレンツが天気予報のモデルを作成

2005
海王星の月が、カオス的軌道を描いていることが判明

いはわずかで、測定できないほど小さいかもしれません。わずかな入力の違いがあれば、結果は枝分かれしていきます。こうした枝分かれのせいで、入力の値を正確に知らなければ、最終的に起こる振る舞いの不確定さは膨大なものになります。天気の場合、風の渦の温度が思っている値とほんの少し違っているだけで予想が大きくはずれ、暴風は起こらずににわか雨で終わったり、隣町で激しい竜巻が発生したりすることもあります。そのために天気予報では、未来の天候のモデル化に限界が生じます。地球を巡る衛星と地上の測候所がどんなにたくさんあって、大気の状態について大量のデータが集まってきたところで、気象予報士が予想できる天気はわずか数日先までにすぎません。それより先は、カオスのために不確定性が大きくなりすぎます。

カオスは小さなミスから見つかった

カオス理論は1960年代に、アメリカの数学者で気象学者でもあったエドワード・ローレンツによって大きく発展しました。ローレンツはコンピュータを使って天気をモデル化しているとき、入力する数字の端数処理を変えただけで、プログラムが生みだす天候パターンが大きく異なることに気づきます。ローレンツは計算を楽にするためにシミュレーションを細かく分けていたため、途中で数字をプリントアウトしてからそれをもう一度手作業で入力し、計算を再開しました。プリントアウトでは数字が小数点以下3桁に繰り上げられていたので、その数字を入力しましたが、コンピュータのメモリは小数点以下6桁の数字を用いていました。このようにシミュレーションの途中で0.12345が0.123に置き換わると、結果として出てくる天気がまったく違っていたのです。コンピュータによる数字の繰り上げで起きた小さな誤りが、最終的な天候の予測に大きな影響を与えていました。ローレンツのモデルでの計算結果はランダムではなく再現可能なので、小さな繰上げによって生じる結果の大きな相違を解釈するのは困難でした。ちょっとした変動で、なぜこちらのシミュレーションでは快晴になり、あちらのシミュレーションでは暴風になるのでしょうか？

賢人の言葉

あそこに乗っていた人たちは、みんな死んだ。彼らを救うはずのハリーがいなかったから。なぜって、ハリーを救うはずの君がいなかったからね。さあ、わかったかい、ジョージ。君は実に素晴らしい人生を送ってきたんだよ。それを投げだしてしまうなんて、間違っているとは思わないかい？

——映画『素晴らしき哉、人生！』より、１９４６年

ストレンジアトラクター

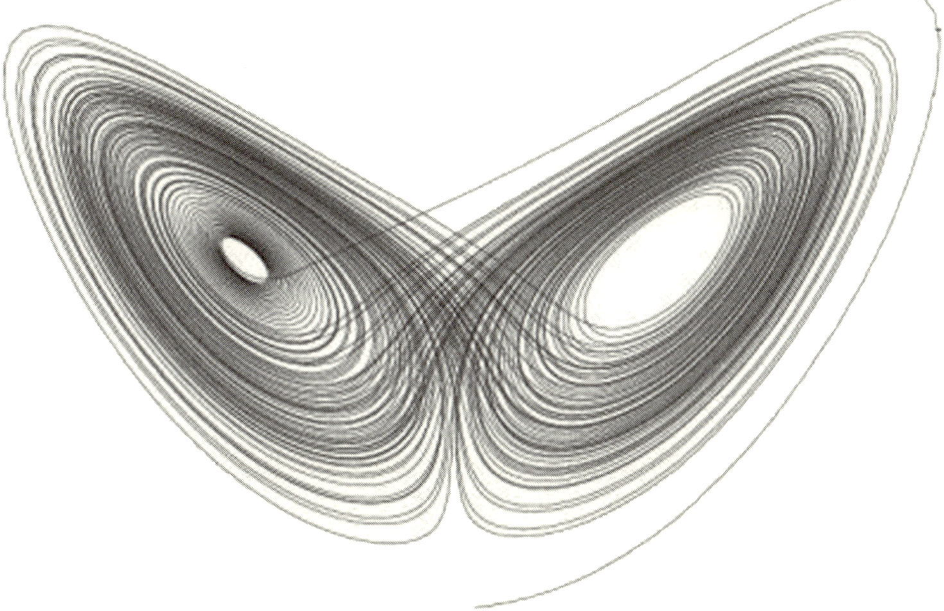

もっと細かく調べていくと、出力の天候パターンは一定の集合に限られており、ローレンツはこの集合をアトラクターと呼びました。入力を変えただけでどんなタイプの天気でも生みだせるわけではなく、入力した数値からどの出力が生まれるのかを前もって正確に予測するのは難しいとはいえ、限られた天候パターンの集まりが生まれやすくなっていました。これはカオス系の大切な特徴です――全体としてはパターンがありますが、結果を見ただけでは最初の入力値にさかのぼることはできません。その結果に至るまでに可能な経路が、重なり合っているためです。最後の出力に至るまでには、いくつもの異なる道順があります。

入力と出力とのつながりをグラフにしてたどり、特定のカオス系が示す振る舞いの範囲を明らかにすることができます。そのようなグラフはアトラクターの解を表しますが、「ストレンジアトラクター」と呼ばれるものもあります。有名な例のひとつはローレンツのアトラクターで、8つの図が少しずつずれたりゆがんだりして重なり合い、蝶の羽のような形をしています。

カオス理論は、フラクタルが発見されたのと同じころに出現しました。実際、これらふたつには近い関係があります。さまざまな系のカオスを表すアトラクターの図はフラクタルとなることがあり、そこではアトラクターの構造の中にいくつもの尺度で同じ構造が含まれています。

以前から知られていたカオス的振る舞い

コンピュータを利用できるようになってから、数学者は入力値を変えて何度も振る舞いを計算できるようになったため、カオス理論は急速に発展しましたが、カオス的振る舞いを見せる単純な系はずっと以前から知られていました。たとえば19世紀末には、ビリヤードのボールがたどる経路や軌道の安定にカオスが当てはまることがわかっていました。

フランスの数学者ジャック・アダマールは、ゴルフコースを転がるゴルフボールのような、曲面上でのボールの動きの数学を研究しました。それはアダマールのビリヤードとして知られています。ボールは軌跡が不安定になって、台の端から落ちてしまったり、落ちなくても一定の軌跡を描くことはありません。その後、間もなくアンリ・ポアンカレも、たとえば地球と2個の月のように互いに重力を及ぼし合う3つの天体では軌道が固定せず、不安定になることを発見しました。3つの天体はつねに変化するループを描いて互いのまわりを軌道を描いて巡りますが、バラバラに飛び散ることはありません。数学者たちはその後、(エルゴード理論と呼ばれる) 複数の天体の動きの理論を作り上げ、それを乱流や無線回路の電気振動に応用しました。1950年代以降、新たなカオス系が見つかり、デジタルコンピュータが導入されて計算が簡単になるにつれ、カオス理論はさらに発展していきます。世界初のコンピュータのひとつ、ENIACは、天気予報やカオスの研究に使用されました。

海王星の衛星の軌道は毎年変化する

カオス的な振る舞いは、自然のあちこちに見られます。カオスは、天気やその他の流体の動きに影響を与えているだけでなく、惑星の軌道をはじめとした数多くの多天体系にも現れています。海王星には10個以上の衛星がありますが、それらの衛星は毎年同じ軌道を描くのではなく、カオスによって毎年変化する不安定な軌道を飛びまわっています。一部の科学者は、私たちの太陽系の秩序だった配置も、最終的にはカオスに陥るだろうと考えています。惑星やその他の天体が何十億年も前に巨大なビリヤードを演じ、余分な天体をすっかり振り落としてきちんとした軌道を得たのだとしたら、今日私たちが見ている惑星の安定したパターンは、その後に残されたアトラクターだということになります。

まとめの一言

**気象データのわずかな違いで
その後の予報は大きく変わる**

CHAPTER 13 ベルヌーイの式

運動する物体
知ってる?

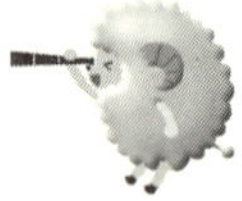

飛行機は
なぜ飛べる?

ベルヌーイの式は、
流体の速度と圧力の関係を表しています。
これによって、飛行機がなぜ飛ぶのか、
私たちの体内をどうやって血が流れるのか、
自動車のエンジンにどんなふうに燃料が噴射されるのかがわかります。高速で流れる流体は圧力を下げるので、
飛行機の翼は揚力を生み、水道から
流れだす水は細くなります。この効果を利用し、
ダニエル・ベルヌーイは患者の血管に
細い管を直接挿入して血圧を測定しました。

timeline

1738
ベルヌーイが流体の速度の上昇によって
その圧力が下がることを発見

水道の栓をひねると流れだす水は、蛇口の太さより細く見えます。なぜでしょうか？　そしてこれは、飛行機や血管形成術とどんなふうに関係しているのでしょうか？

オランダの物理学者で医師のダニエル・ベルヌーイは、流れる水では圧力が下がることに気づきました。流れが速いほど、圧力は低くなります。透明なガラス管を水平に置き、そこにポンプで水を送り込む様子を想像してください。その管に、やはり透明の毛細管を垂直方向に差し込んで、細い管の中に見える水位の変化をじっと観察すれば、管の中にある水の圧力を測定することができます。水の圧力が高ければ細管の水位は上がり、低ければ下がります。

ベルヌーイが水平に置いた管に送る水の速度を増してやると、垂直方向の毛細管の中の圧力が下がるのがわかり、その下がり方は水の速さの２乗に比例していました。このように、流れる水では、あるいはどんな流体でも、一般に静止している水より圧力が低くなります。これは水から空気まで、あらゆる流体に当てはまります。

血流にも当てはまるベルヌーイの式

ベルヌーイは医学の教育を受けたので、人体の血の流れに興味を抱き、血圧を測定できる道具を発明しました。ごく細い管を血管に直接挿入するもので、それからほぼ200年もの間、生きている患者の血圧測定にこの方法が使われました。体を傷つけずに済む方法が見つかったときには、医者も患者もほっとしたに違いありません。

管の中の水と同じように、動脈の中の血はポンプの役割をする心臓から送りだされ、血管の長さに沿って圧力勾配が生じます。動脈が狭くなっている場所があると、ベルヌーイの式に従って、狭窄《きょうさく》部を通る血の流れは速くなります。血管の太さが半分なら、血流の速度は４（２の２乗）倍です。このように狭い動脈の速い血流によって、問題が

1896
患者を傷つけない
血圧測定技術の発明

1903
ライト兄弟がベルヌーイから着想を得た飛行機の翼で、
世界初の有人動力飛行に成功

起こることがあります。まず、流れに乱れが生じ、流れが十分に速くなると渦ができることがあります。心臓に近い部分にできた乱流は独特の雑音を発し、医師はそれを聞き分けることができます。また、狭窄部で圧力が低下して柔らかい動脈の壁を吸い込むと、問題はさらに悪化します。血管形成術を用いて動脈を広げれば、流れの量が再び増えて、問題は解決します。

翼の上下にできる圧力差が揚力に

流れの速さが増して圧力が低下することで、また別の大きな結果が生まれます。飛行機が飛ぶのは、飛行機の翼の表面を流れる空気によって圧力が下がるからです。翼は、下側より上側が大きくカーブした形状になっていて、上側のほうが空気の流れが速くなって、下側より圧力が下がります。このような圧力の差が翼に揚力を与え、飛行機は飛ぶことができるのです。ただし、重い飛行機は離陸に必要な揚力を得るだけの圧力の差を作るために、とても速く移動しなければなりません。

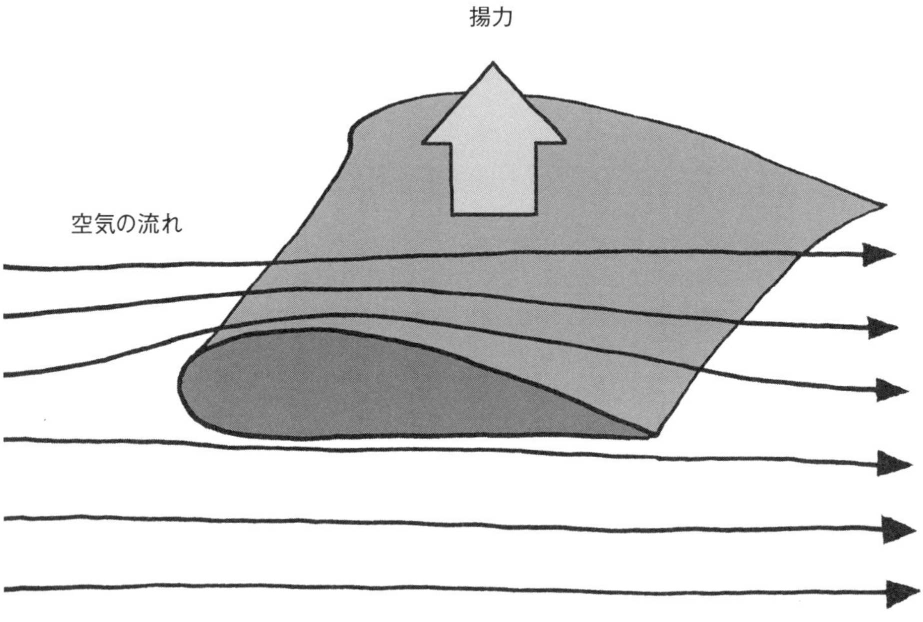

同様の効果で、キャブレターによって自動車のエンジンに燃料を噴射する方法を説明することができます。ベンチュリ管と呼ばれる特殊なノズル（中央部を細く絞った管）は、流れを一度制限してから解放することによって低い圧力を生みだせるので、燃料を吸い込む役割を果たし、燃料と空気の混合気体をエンジンに供給できます。

流体にも保存則は成り立つ

ダニエル・ベルヌーイがこの式にたどり着いたのは、エネルギーの保存（26ページを参照）を流体に当てはめるとどうなるかを考えた結果でした。液体や空気をはじめとした流体は、絶え間なく形を変えられる連続した物質です。しかしそれらは基本的な保存の法則には従うはずで、エネルギー保存の法則ばかりでなく、質量保存と運動量保存の法則にも従わなければなりません。動いている流体は、基本的にはその中にある原子の位置をつねに変えていることになり、それらの原子はニュートンらが発見した運動の法則に従う必要があります。どのような流体でも、原子を作ったり壊したりしているわけではなく、原子が動きまわっているだけです。原子すべてがもっているエネルギーの合計量は一定でなければならず、ただ系の中を移動できるだけです。

今日ではこうした物理の法則を利用して、大気の流れや海流から、恒星や星雲内のガスの流れ、私たちの体内の循環まで、さまざまな流体の振る舞いをモデル化しています。天気予報では、熱力学も用いて広い範囲での原子の動きにコンピュータ・モデリングを適用し、原子が動いて場所ごとに密度、温度、圧力が変わるのに伴う熱の変化を明らかにします。ここでも、圧力の変化と速度にはつながりがあって、高気圧から低気圧に向かって風が流れます。この考え方で、2005年にアメリカの海岸に向かうハリケーン・カトリーナの進路がモデル化されました（79ページの写真を参照）。

保存の法則は、ナヴィエ - ストークス方程式と呼ばれる一連の数式にも用いられています。フランスのナヴィエとアイルランドのストークスは、これらの式を導きだしたふたりの学者です。これらの方程式は、流体を構成している分子の間に働く力で生じる粘性（流体の粘り気）も考慮に入れます。絶対的予測ではなく保存を扱うこれらの式は、原子の合計数を追わずに流体粒子の平均的な変化と循環を追跡します。

流体力学のナヴィエ - ストークス方程式は、エルニーニョやハリケーンなどの気象現象をはじめとした数多くの複雑な系を説明できますが、砕け落ちる滝の流れや噴水の水など、大きく乱れている流れを説明することはできていません。乱流はかき乱された水のランダムな動きで、渦と不安定さが特徴です。流れが非常に速く不安定になると、乱流が生じます。乱流を数学的に説明するのはとても難しいので、このような極限状態を説明する新しい考え方を提唱した科学者には、多額の懸賞金が支払われることになっています。

賢人の言葉

空気より重い空飛ぶ機械は、あり得ない。
私は、気球を使う以外の航空術や、耳にしたどんな実験からも、よい結果が得られるとはこれっぽっちも信じていない。
——ケルビン卿、1895年

人物紹介　ダニエル・ベルヌーイ（1700～1782）

オランダの物理学者ダニエル・ベルヌーイは、父親の願いをかなえるために医学の教育を受けたが、数学が大好きだった。父親のヨハンは数学者でありながら、ダニエルが同じ数学者として後に続くのをなんとか断念させようとし、生涯にわたって息子と張り合った。ベルヌーイはバーゼルで医学の勉強を終えたが、1724年にサンクトペテルブルクで数学の教授に就任した。数学者のレオンハルト・オイラーとともに流体に関する研究を進め、管を用いた実験で速度と圧力の関係を確かめた。やがて医師たちは管を動脈に挿入して血圧を測定するようになった。ベルヌーイは、流体の流れと圧力がエネルギーの保存に結びつくことに気づき、速度が増すと圧力が下がることを示した。1733年にはバーゼルに戻って教授の職を得るが、父ヨハンはまだ息子の業績に嫉妬していた。そのために息子が同じ学部にいるのを嫌い、家から追放さえした。このような仕打ちを受けながらも、ダニエル・ベルヌーイはその著書『水力学』を、父に捧げている。この本は1734年に書き上げられ、1738年に出版された。ところが父親はダニエルの構想を盗み、直後によく似た『水理学』という本を出版する。ダニエルはこの盗用に動揺すると、医学の世界に戻り、そのまま二度と専門を変えることはなかった。

ハリケーン・カトリーナ

Courtesy Jeff Schmaltz, MODIS Rapid Response Team, NASA/GSFC

まとめの一言

翼の上側の空気は速く流れ
翼の上下に圧力差が生じる

CHAPTER 14 ニュートンの色の理論

知ってる？

白い光に隠された色とは？

虹には人の心を打つ不思議な美しさがあります――
ニュートンは、そんな虹がどのようにしてできるかを説明しました。
ニュートンは*白色光がプリズムを通過すると
虹の七色に分かれることに気づき、それらの色は
プリズムによってついたのではなく、元の白色光に入っている
と主張しました。当時、ニュートンの色の理論は
大きな論争を呼びましたが、それ以降の数多くの
芸術家や科学者に影響を与えています。

＊白色光――太陽光やある種の蛍光灯のように、あらゆる波長の「光」がまざり合って白く見える光（訳注）

timeline

1672
ニュートンが虹を説明

1810
ゲーテが色彩論を発表

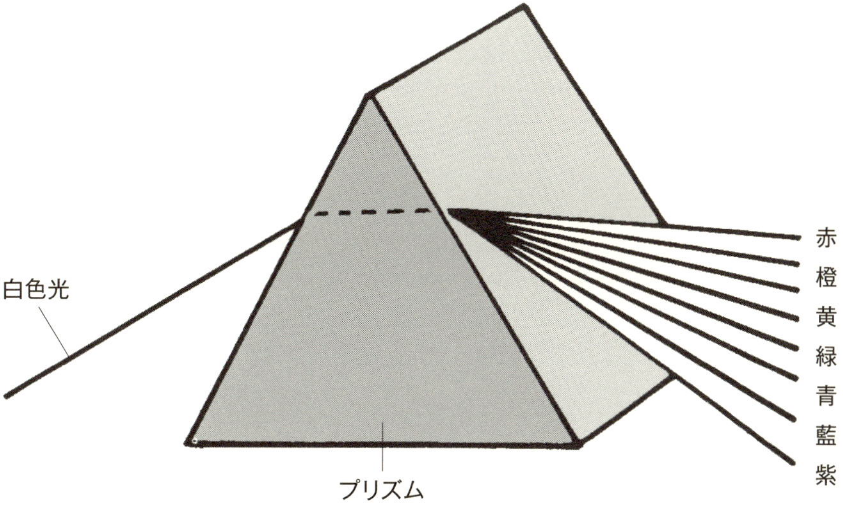

プリズムを通った白色光線は、さまざまな色の光に分かれます。空にかかる虹も、同じように太陽の光が水滴によって分かれたもので、お馴染みの赤、橙、黄、緑、青、藍、紫という七色に見えます。

すべての色がまざっている光――白色光

1660年代に自分の部屋で光とプリズムの実験を行ったアイザック・ニュートンは、光を構成しているいろいろな色が、まじり合って白に見えていることを実証しました。それまで考えられていたように、何かがまじって色が作られたり、プリズムのガラスが色をつけたりしているのではなく、色そのものが基本単位であることを明らかにしたのです。ニュートンはまず白色光から赤と青の光を取り出し、そのひとつの色だけがさらにプリズムを通過しても、もう色が分かれないことを示しました。

1905
アインシュタインがある状況では光は粒子として振る舞うことを説明

今では当たり前になっている考え方ですが、当時、ニュートンの色の理論は大きな論争を巻き起こしました。仲間たちは激しく反論し、色が生まれてくるのは、白色光に影の一種である暗さがまじり合うせいだと主張しました。ニュートンが最も激しく争った相手は、同じくらい名を知られているロバート・フックでした(38ページを参照)。このふたりは生涯を通して、色の理論をめぐって公然と戦いを繰り広げたといわれています。フックはニュートンとは異なり、光の色は、ステンドグラスのように、光に刻み込まれたものだと考えていました。そして色つきの光に見られる珍しい効果の実例を数多くあげて自説を裏づけ、ニュートンがそれ以上の実験を行おうとしないといって批判しました。

ニュートンは、明るい部屋にある物体に色がついて見えるのは、その物体がもつ色が見えているのではなく、その色の光を反射しているからだと気づきました。赤いソファーは主に赤い光を反射し、緑のテーブルは緑の光を反射しています。さらに青いクッションは、青の光を反射しています。その他の色も、これら3原色の光がまじりあって生まれているのです。

光の挙動は水の波とよく似ている!

ニュートンにとって、色を理解することは、光そのものの物理的な性質を追究する手段でした。そして実験を続け、光の挙動は水の波といろいろな点がよく似ているという結論に達しました。海の波が港の壁を迂回して進むように、光も、通り道の障害物をまわり込んで進んでいきます。また何本もの光線を加えてやると、明るさが強まったり打ち消しあったりし、それは海の波が重なり合う様子によく似ています。海の波が目に見えない水の分子の大規模な運動であるのと同じく、光の波も、つきつめれば微細な光の粒の波紋であると考えたニュートンは、光は原子よりも小さい「粒子」からなっているとしました。当時ニュートンは、何世紀も後になって発見されたように、光の波というのは実際には電磁波(電場と磁場を併せもった波)で、粒子の運動ではないことを知りませんでした。光の電磁波としての挙動がはっきりすると、ニュートンの粒子説はそのまま忘れ去られて

賢人の言葉

自然と自然の法則は夜の闇に隠れていた――神は言った、「ニュートン、出でよ」。そしてすべてが光のもとに現れた。

～ニュートンの墓碑銘より～

――アレキサンダー・ポープ（イギリスの詩人）、1727年

いきました。しかし後に新しい形で返り咲くことになります。光は時に、エネルギーをもつが質量のない粒子の流れのようにも振る舞う場合があることを、アインシュタインが明らかにしたからです（140ページを参照）。

波には縦波と横波がある

波は、さまざまな姿をもちます。基本的なふたつの形は縦波と横波です。疎密波とも呼ばれる縦波は、波を起こす振動が、波が伝わっていくのと同じ方向に起きたときに生まれ、疎と密が交互に繰り返されるものです。たとえば、太鼓に張った皮が空気中で振動して起こる音の波は縦波です。ヤスデが前に進むとき、無数に並んだ脚が近づいては離れる振る舞いも縦波です。それに対して光の波や水面の波は、基本となるゆらぎが、波が伝わる方向と直角に動く横波です。たとえば細長いバネ板の一方の端をもって左右に振ってやると、手の動きは板が延びている方向と直角でも、波は板に沿って進んでいきます。同様にヘビも、横方向の動きを使って前進するので、横波の動きになっています。水の波も横波です。波は水平方向に進んでいきますが、ひとつひとつの水の分子は浮き沈みを繰り返しているからです。光の波も横波ですが、波が伝わっていく方向とは直角に向いた電場と磁場の大きさが変化するために生まれるものです。

虹の両側にも「光」はある

光のさまざまな色は、このような電磁波の異なる波長に対応しています。波長とは、連続している波の頂点から次の頂点までの距離です。白色光がプリズムを通過すると、異なった波長をもつさまざまな光がガラスによって異なる角度に屈折するため、いくつもの色に分かれます。プリズムは光の波長に応じた角度で光の波を曲げる働きをし、赤い光が曲がる角度が最も小さく、青い光が曲がる角度は最も大きくなって、虹の七色の光ができあがります。可視光線の*スペクトルは波長の順序に並び、最も長い赤から、緑を経て、最も短い紫へと移っていきます。

*スペクトル
用語解説を参照

では、虹の両側には何があるのでしょうか？ 可視光線は、電磁波のスペクトルのほんの一部分にすぎませんが、私たちにとって非常に大切です。可視光線は太陽光の中に多く含まれており、私たちの目は可視光線を利用するように発達してきました。ニュートンは目の見事な働きに心を奪われ、自分の目の後ろ側を長い針の先端で刺激し、圧力によって色の見え方がどのように影響されるかを確かめるという実験までしました。

赤い光の外側には赤外線があり、その波長は数万分の1メートルから数百万分の1メートル程度です。赤外線は太陽の熱を運んでおり、体から発する熱を「見る」暗視ゴーグルも赤外線を集めています。それより長い数ミリから数センチの波長をもつのがマイクロ波で、さらに長い波長をもつのが電波です。電子レンジはマイクロ波の電磁波を利用して食べ物に含まれた水の分子を回転させ、熱します。スペクトルの反対側、紫の外側にあるのは紫外線です。紫外線は太陽から放出され、その大半は地球のオゾン層で遮断されていますが、皮膚を傷つける性質をもっています。それより波長が短いX線は人間の組織を通過できるので、病院で利用されています。さらに波長が短いのはガンマ線です。

効果的な色の組合せは？――色彩環

ニュートンは虹の色を赤から青まで順番に並べて円盤状の色彩環に描き、色がまじり合っていく様子がわかるようにした。三原色――赤、黄、青――を円周上に等間隔で配置し、それぞれの色を異なる割合でまぜ合わせると、あらゆる色を作りだすことができる。青と橙のように補色関係にある色は、環の正反対の位置にある。多くの芸術家たちがニュートンの色の理論に、特に、コントラストのはっきりした色調や明るさの効果を出すのに役立つ色彩環に興味を引かれた。補色は最大のコントラストをもたらし、影を描くのに便利だった。

和田先生のちょっと一言

ニュートンも七色を環状に並べることをしているが、三原色という概念を導入して、それに基づく色彩環を最初に描いたのはゲーテである。

その後の進展

ニュートンが色の物理的性質を解明した後も、哲学者や芸術家はまだ、人がどのように色を認識するかに興味をもち続けました。19世紀にはドイツの博学者ヨハン・ヴォルフガング・フォン・ゲーテが、隣り合った色を人の目と心がどうとらえるかを調べています。ゲーテはニュートンの色彩環(84ページのコラムを参照)にマゼンタ(赤紫色)を加えるとともに、影は明るく照らされた物体の反対色に見えることが多いことに気づきました。赤い物の影は緑がかって見えます。ゲーテが改良を加えた色彩環は、今日でも芸術家やデザイナーに好まれています。

まとめの一言

赤、橙、黄、緑、青、藍、紫

CHAPTER 15 ホイヘンスの原理

波と電磁現象

知ってる？

波はどう伝わる？

池に石を投げ込むと、丸い波紋が広がります。
なぜ波は広がっていくのでしょうか？
また、波が木の幹などの障害物にぶつかってまわり込んだり、
池の縁にぶつかって反射したりするときの様子を、
どう予測すればよいのでしょうか？
ホイヘンスの原理を利用すると、波面上のあらゆる点が
新しい波源であると想像することによって、波がどのように
進んでいくかをよく理解することができます。

timeline

1655
ホイヘンスが土星の衛星タイタンを発見

1678
ホイヘンスが光の波の理論に関する論文を発表

オランダの物理学者クリスティアーン・ホイヘンスは、波の前進を予想する実際的な方法を考えだしました。たとえば湖に小石を投げ込むと、丸い波紋が広がっていきます。ある瞬間に波が凍ったとし、次の瞬間には波の外縁(輪郭)のそれぞれの点が新しい波源になって、元の波と同じ性質をもった半円状の波(素元波)が生まれると考えてみましょう。最初の波の輪郭に沿って、たくさんの石を同時に水に投げ込んだようなものです。それによって起こる波は波紋をさらに広げます。このプロセスを何度も繰り返せば、波の進行を追うことができます。

波の各点が新たな「波源」に——ホイヘンスの原理

波面上のそれぞれの点が、同じ振動数と位相をもった波の新たな源のように振る舞うという考え方は、ホイヘンスの原理と呼ばれています。波の振動数とは一定時間内にある地点を通過する波の数であり、位相とは、波の一周期のうちのどの位置にいるかを示します。たとえば、波の最高点はすべて同じ位相をもち、波の最低点は最高点から周期の半分だけ位相がずれた位置です。海の典型的な波を思い浮かべると、波の頂上から次の頂上までの距離(波長)は、たとえば100メートル。またその振動数(単位時間に、ある地点を通過する波の数)は、1分にひとつ程度になります。海で最速の波は1時間に800キロも進める津波です。これはジェット機の速度に相当し、陸地に達して海岸を襲うまでには時速数十キロまで速度を落としてそそり立ちます。

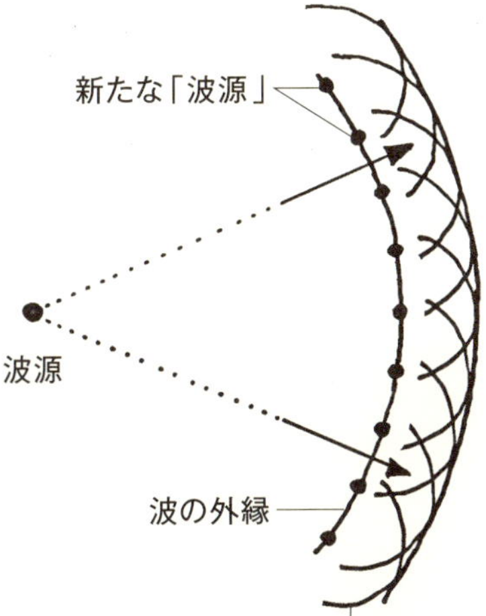

波の進行をたどるには、障害物に出会ったり他の波の経路と交わったりするごとに、繰り返しホイヘンスの原理を当てはめればいいことになります。紙に波面

1873
マクスウェルが光は電磁波であることを示す方程式を発表

2005
探査機カッシーニおよびホイヘンスがタイタンに到着

の位置を描くとすれば、コンパスを使ってその波面に沿ったいくつもの点を中心に、一定の半径の半円を描き、それらの円の一番外側を結ぶなめらかな線を引けば、その後の波の位置を示すことができます。

ホイヘンスのこのような単純な方法で、さまざまな状況における波を表すことができます。一直線の波は、先に進んでも一直線です。その延長に沿って生まれる半円状の小さな波の外側を結べば、今の波の先に、やはり直線の新しい波面ができるからです。しかし、海で一直線の波面が次々と平行して続く波が、港の防波堤の間の狭い開口部を通過すると、隙間を通り抜けた後で弧状に変形します。波長が開口部より短い波は直線の形のまま通り抜けますが、その両端には弧の形の波が生じます。ホイヘンスの原理によって、新しく丸い波紋が生まれているためです。この開口部の幅が波長にくらべて小さいと、両側の丸みが波全体に及び、開口部から先に伝わっていく波はほとんど半円の形になるでしょう。このように隙間の両側に、波のエネルギーがまわり込むように広がっていくことを、波の「回折」と呼んでいます。

2004年、スマトラ沖の大地震で発生した巨大津波が、インド洋全域を足早に横切りました。場所によってその力が弱まったのは、連なる島々の間を津波が通り過ぎるにつれ、回折によって波のエネルギーが拡散したからです。

自分の耳はどこまで信じられる?

別の部屋にいる誰かに呼ばれると、その人が隣の部屋のどこにいても、まるで戸口に立って声をかけているように聞こえる理由も、ホイヘンスの原理によって説明できます。この原理によれば、声の波が戸口まで届いた時点で、防波堤の開口部の場合と同じように、そこを波エネルギーの新しい発生源とみなすことができます。そのために部屋の中からは戸口で発生した波のように聞こえ、別の部屋のどこから戸口まで伝わってきたかは知る由もありません。

同様に、池のほとりまで届いた波紋を見ていると、波が跳ね返って逆向きに波紋が広がっていくのがわかります。波の中で池の端まで

賢人の言葉

人は理想のために立ち上がるたびに…
希望の小さな波紋を生みだし、精力と勇気を秘めた無数の
中心から繰りだされるそうした波紋が互いに交錯して、ひとつの流れを作り上げていく。
そしてその流れは、抑圧と敵対の最強の壁をもなぎ倒すことができる。
――ロバート・ケネディ（ジョン・F・ケネディ元アメリカ大統領の弟）、1966年

届いた点が、新たな波源となり、新しく丸い波紋が広がり始めます。このように波の「反射」も、ホイヘンスの原理を用いて説明することができます。

海の波が海岸近くのような浅瀬にやってくると、波の進む速さが遅くなり、波の進行方向が浅瀬に向かって垂直になるように曲がります。ホイヘンスはこの「屈折」を、新たな波源から生じる個々の波の半径を変えることによって説明しました。つまり、遅い波は速い波より一定時間に進む距離が短いので、波が遅く進む部分では素元波の半径を小さく表すことになります。したがって、新しい波面は元の波面に比べて傾きます。

ホイヘンスの原理は非現実的な予測もします。これら新しい波のすべてが波の発生源となるなら、前向きの波だけでなく後ろ向きの波も発生するはずだというものです。それならなぜ、波は前だけに広がっていくのでしょうか？ ホイヘンスはその答えを見つけられず、ただ波は外に向かってのみ伝わり、逆行する動きは無視されるものとみなしました。そのためホイヘンスの原理は、完全な法則ではなく、波がどのように進むかを予測するための便利な手段に過ぎないとも言われます。

ホイヘンスは土星の環の発見者

ホイヘンスは波について考察しただけでなく、土星の環も発見しました。土星の形が変わって見えるのは、たくさんの月が取り巻いているのでも、赤道付近の膨らみが変化しているのでもなく、円盤状の平らな環があるためだと、はじめて明らかにしたのです。ホイヘンスは、月の軌道の仕組みを説明するニュートンの重力という物理的現象が、軌道を描いて巡るたくさんの小さい天体にも当てはまるだろうと推測しました。1655年には土星最大の衛星であるタイタンも発見しています。それからちょうど350年後、ホイヘンスの名を冠した小さなカプセルを積んだ宇宙船（土星探査機）カッシーニが土星に到達したとき、このカプセルはタイタンを覆う大気の雲の中を降下して、凍ったメタンの表面に着陸しました。タイタンには大陸、砂丘、湖、そしておそらく川もありますが、それらは水ではなく固体や液体のメタンとエタンでできています。自分の名がついた宇宙探査機がいつかはあのようなはるか遠い星まで旅すること、しかも自分の名がついた原理がそこで見つかった異質な波をモデル化するのにもまだ使えることなど、思っただけでも驚きだったにちがいありません。

土星の衛星タイタンに着陸したホイヘンス

2005年1月14日、宇宙探査機カッシーニは、7年間にわたる旅を終えてタイタンに到着し、ホイヘンスと名付けられた小さなカプセルをこの衛星に降下させた(下のイラストはその想像図)。直径およそ3メートルという保護用外壁の中には、タイタンの大気中を降下しながら氷原に着陸するまでの間に風速、大気圧、気温、表面の組成を測定する数々の実験装置が積まれていた。タイタンは、液体メタンで湿り気を帯びた大気や表面をもつ、神秘的な世界だ。そこには、メタンを食べる細菌のような原初の生命が宿っているかもしれないと考えている研究者もいる。ホイヘンスは、太陽系の外惑星に着陸した初の宇宙探査機となった。

Courtesy Craig Attebery,NASA/JPL-Caltech.

人物紹介　**クリスティアーン・ホイヘンス（1629～95）**

オランダの外交官の息子として育ったクリスティアーン・ホイヘンスは、貴族の物理学者として、17世紀ヨーロッパの科学者や哲学者たちと幅広い交流をもった。その中には、ニュートン、フック、デカルトなどの高名な学者たちがいる。ホイヘンスの最初の論文は数学の問題に関するものだったが、土星についても詳しく研究していた。また実用科学者でもあり、世界初の振り子時計を製作して特許をとるとともに、航海に用いて経度を測れる船舶用時計も発明しようとした。ホイヘンスはヨーロッパ中を旅し、特にパリとロンドンには頻繁に出かけて優れた科学者たちと顔を合わせ、振り子、円運動、機械学、光学について意見を交わした。ニュートンと並行して遠心力も研究していたが、遠隔作用という考え方を伴うニュートンの重力理論は「バカげている」とみなしていたという。ホイヘンスは1678年に光の波の理論に関する論文を発表した。

まとめの一言

波面上のあらゆる点が新たな波源のように振る舞う

CHAPTER 16 スネルの法則

知ってる?

水に入れた足が短足に見えるのはなぜ?

コップに入れた水にストローを差すと、
曲がって見えるのはなぜでしょうか?
それは空気と水の中では光が進む速度が違うので、
光線が曲がるためです。このような光線の
屈折を説明するスネルの法則によって、
焼けるように熱い道路の向こうに逃げ水が
見える理由、プールの中に立つと足が短く見える
理由がわかります。今日ではこの法則が、
目に見えない賢い素材を作るのに役立っています。

timeline

984
イブン・サーリが屈折とレンズについて発表

1621
スネルが屈折の法則を発見

プールの中に立ったとき、友達の足が陸上で見るよりずっと短く見えて、思わず笑ったことはありませんか？ コップを横から見たとき、ストローが曲がって見えるのを不思議に思ったことはありませんか？ スネルの法則に、その答えがあります。

空気と水のように、光が伝わる速度が異なるふたつの物質の境界を横切るとき、光線は曲がります。これを「光の屈折」と呼びます。スネルの法則は、異なる物質の間で光がどれだけ屈折するかを説明するもので、17世紀オランダの数学者ウィレブロード・スネリウス（スネル）の名がつけられています。ただし、スネルは実際にはこのことを発表したわけではありません。また1637年にフランス出身の哲学者で数学者のルネ・デカルトが証明したため、スネル・デカルトの法則と呼ばれることもあります。光のこのような性質は古くからよく知られ、10世紀にはすでに書物に現れているほどですが、公式化されたのはそれから何世紀も後のことです。

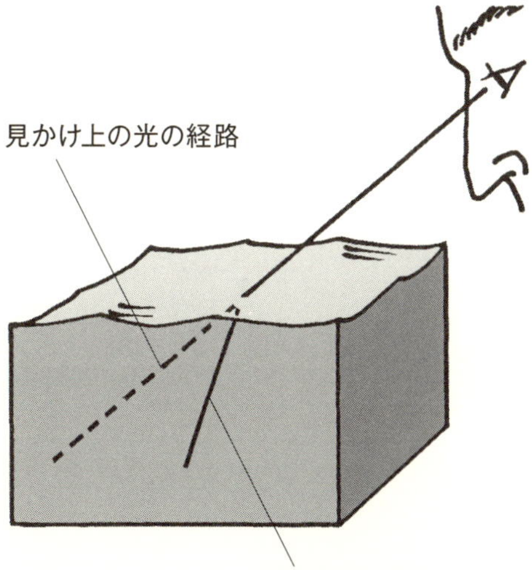

光は、水やガラスのような密度の高い物質の中では、空気の中にくらべてゆっくり進みます。そのため、すぐ後で説明する通り、プールに降り注ぐ太陽の光が水の表面に斜めに達すると、プールの底の方向に曲がります。一方、水中の物に反射して、再度、水面上に出てくる光は逆に、水面に対して浅い角度に曲がって目に入ってくるので、光はまっすぐ進んでいるとみなす私たちの目にとって、プールの中に立っている人の足は実際より短く映ります。暑い日に起こる逃げ水現象も、原因はこれと同じです。空から届いた光は、熱せられたア

1637
デカルトがスネルの法則と同様の法則を発表

1703
ホイヘンスがスネルの法則を発表

1990
メタマテリアルの開発

スファルトのすぐ上にできた熱い空気の層に入ると、路面をかすめるように曲がります。温度の高い空気は低い空気より密度が小さいので、光の速度が高いからです。その結果、舗装道路に空が反射して、まるで水たまりのように見えるのです。

光線が曲がる角度は、ふたつの物質を通過する光の速度の比に関係します。理論的に表すと、速度の比が、(垂直線から測った) 光線の角度のサイン(sine:正弦) の比と等しくなります(下の図を参照)。そのため、空気から水など密度の高い物質に入る光線は内側に曲がり、傾斜がきつく変化します。

屈折率は光が進む速さの比で決まる

光は真空(何もない空間) の中を、1秒に3億メートルという途方もない速さで進みます。この真空中の速さに対する、ガラスのように密度の高い物質の中を光が進む速さの比の逆数を、それぞれの物質の屈折率と呼びます。真空の屈折率は、定義によって当然のことながら1です。屈折率が2の物質では、光が真空中の半分の速さで進みます。屈折率が高いほど、光が境界面を通過するときに曲がる角度が大きくなります。

屈折率は物質そのものの性質なので、特定の屈折率をもつ物質を設計して、いろいろな用途に役立てることができます(視力を矯正するメガネのレンズがその例です)。レンズやプリズムの倍率は屈折率によって決まり、倍率の高いレンズでは屈折率が高くなっています。

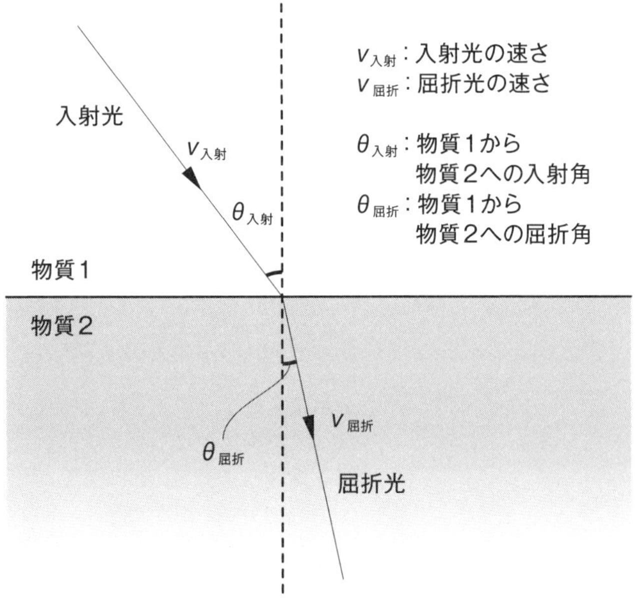

$$\frac{v_{入射}}{v_{屈折}} = \frac{\sin\theta_{入射}}{\sin\theta_{屈折}}$$

光だけでなく、どんな波でも屈折は起こります。海の波が伝わる速さは、浅くなるにつれて遅くなり、屈折率の変化をもたらします。このため、だんだんに浅くなっていく浜辺に対して斜めに進んでいる波は、近づくにつれ岸に向かって曲がっていくので、遠浅の浜ではいつも波が海岸線に対して平行に打ち寄せています。

屈折が起こらないケース——全反射

ガラスの中を通過した光線が空気との境界にぶつかるとき、入射角が大きいと、空気中に進まずに境界面ですべて跳ね返ってしまうことがあります。光の全部がガラスの中にとどまるので、これを全反射と呼びます。このような反射が起こる最も小さい入射角(臨界角)も、ふたつの物質の屈折率の比から求めることができます。全反射が起こるのは、ガラスから空気へというように、光が屈折率の高い物質から低い物質に向かうときだけです。

フェルマーの最短時間の原理

スネルの法則は、フェルマーの最短時間の原理から導かれます。この原理は、光線はどのような物質を通るときにも、所要時間が最小となる経路をたどるというものです。そのため、異なる屈折率をもった物質がまじり合った中を光線が通る場合も最短時間となる経路を選ぶので、光は屈折率の低い物質を好むことになります。これが光線の方向を定める規則ですが、最短時間の経路を通る光は互いに強め合って光束になる傾向がある一方で、その他のランダムな方向に散らばっていく光は平均すると打ち消されていくことに注目すれば、この規則をホイヘンスの原理から導くことができます。フラン

ワインと屈折率の関係

屈折率は、ワインの醸造やフルーツジュースの生産に役立っている。ワイン醸造家は屈折計を用いて、ワインになる前のブドウ果汁の糖度を測定している。溶け込んだ糖分によって果汁の屈折率が高まるので、屈折率をその果汁からできるワインのアルコール濃度の指標として利用できる。

スの数学者ピエール・ド・フェルマーは、光学の研究が絶頂期に達していた17世紀に、この原理を提唱しました。

メタマテリアル

現代の物理学者たちは、光その他の電磁波が当たったとき、これまでにないまったく新しい方法で振る舞う、メタマテリアルと呼ばれる特殊な物質を作りだしています。メタマテリアルは、光が当たったときの見え方が、物質の化学的な性質でなく物理的な構造によって決まるように設計されました。オパールは自然が生んだメタマテリアルとも言えるもので、結晶構造が表面での光の反射と屈折に影響を与え、この宝石を異なった色にきらめかせます。

1990年代の後半、光が境界面で反対方向に曲がる、負の屈折率をもったメタマテリアルが作られました。負の屈折率をもった液体のプールに友人と向き合って立つと、その友人の足が短く見えるのではなく、上半身はこちらを向いて立っているのに、プールの中には誰もいないように見えます。また、負の屈折率をもつ物質を使うと、最高のガラスでも見えない極小のものまで画像を結ぶ、スーパーレンズを作ることもできます。物理学者たちは2006年に、マイクロ波から完全に見えなくなる、メタマテリアルの「クローキング(不可視化)装置」を作ることに成功しました。

水しぶきを描く

イギリスの画家デヴィッド・ホックニーが好んで描く題材のひとつに、プールがある。ホックニーは、拠点としているカリフォルニアの輝く陽光のもとで水中を泳ぐ人物の、視覚的な効果を絵にすることに喜びを見出している。また2001年には、15世紀という古い時代から一部の有名な画家たちがレンズを用いて作品を制作していたとする説を発表し、美術界の話題を呼んだ。単純な光学機器を用いれば画像をキャンバスに投影できるので、画家はそれをなぞって絵にできるという。ホックニーは、アングルやカラヴァッジオをはじめとした巨匠の作品を見て、そのような手法を示唆する構図を見つけた。

人物紹介　ピエール・ド・フェルマー（1601～65）

17世紀指折りの優れた数学者ピエール・ド・フェルマーは、フランスのトゥールーズで弁護士として暮らしながら、余暇に数学を研究した。パリの有名な数学者たちとの手紙のやりとりによって名が知られるようになったものの、自説を発表することには苦労した。屈折の理論をめぐってルネ・デカルトと争い、デカルトに対して「暗闇での手探り」と言って怒らせたが、結局、フェルマーが正しいことが証明された。後に自分の理論を「フェルマーの最短時間の原理」にまとめあげた。光は所要時間が最小になる経路をたどる、という考え方だ。フェルマーの研究はフランスの内戦とペストの大流行によって中断されている。フェルマー自身がペストに倒れたという誤った噂も流れたが、その後も数論の研究を続けた。最も有名なのは、自然数の3乗と自然数の3乗を加えて自然数の3乗になる（$X^3+Y^3=Z^3$）ような自然数の組合せX、Y、Zは存在しない（4乗以上でも同じ）という、フェルマーの最終定理だろう*。フェルマーは1冊の本の余白に、「実に驚くべき［この定理の］証明を発見したが、余白が狭すぎて書ききれない」と書き残していた。その後3世紀にわたって数学者たちがこの失われた証明に挑み、1994年になってようやく、イギリスの数学者アンドリュー・ワイルズが成功した。

＊フェルマーの最終定理については『知ってる？シリーズ 人生に必要な数学50』の49章「フェルマーの最終定理」も参照

まとめの一言

光は2点間を最短時間で結ぶ経路をたどる

CHAPTER 17 ブラッグの法則

知ってる?

DNAの構造はどうやってわかった?

DNAの二重らせん構造は、
ブラッグの法則を用いて発見されました。
ブラッグの法則は、規則正しい原子配列をもつ
固体を通過する波が互いに強め合って、
明るい点でできた模様を生みだし、
その点の間隔は固体内の原子間の距離によって
決まるというものです。現れた点の模様を
観測すれば、その固体の構造を
推測することができます。

timeline

1895
レントゲンがX線を発見

1912
ブラッグが回折の法則を発見

賢人の言葉

科学で大切なのは、
新しい事実を発見することよりも、むしろ
事実についての新しい考え方を発見することだ。
——サー・ウィリアム・ブラッグ、1968年

照明のある部屋で壁の近くに手をかざすと、はっきりした影が写ります。ところが手を壁から遠ざけていくと、影の輪郭がだんだんにぼやけていきます。これは光が手の周囲で回折しているためです。光線が指のまわりを通過するときに内側に広がるために、輪郭が不鮮明になる現象です。波はすべてこのように振る舞います。海の波は防波堤の先端からまわり込み、また音波はコンサート舞台の端で回折します。

回折は、波面上のあらゆる点が新しい波の源になると考えて波の通過を予測する、ホイヘンスの原理（86ページを参照）を使って説明することができます。それぞれの点が波を生み、それらの波が集まって波全体が前進していきます。波面が何かに行く手を遮られても、その端で生まれた波は妨げられることなく広がります。こうして一連の平行した波は、手のような障害物の周囲をまわり込んで進んだり、防波堤の出入り口や部屋の戸口などの開口部を通って広がったりします。

波の干渉で結晶構造がわかる——X線結晶学

オーストラリア出身の物理学者ウィリアム・ローレンス・ブラッグは、結晶を通過する波でも回折が起こることを発見しました。結晶とは、たくさんの原子が整然とした縦横の列をなして、規則正しい格子状に並んだものです。ブラッグが結晶にX線を照射すると、X線は各原子に当たって散乱しました。そして結晶から出た各原子からのX線は、ある方向では強め合い、別の方向では打ち消し合って、スクリーン上に点の模様ができました。使用する結晶の種類によって、異なる模様が現れます。

この効果を見るためには、ドイツの物理学者ヴィルヘルム・レントゲンによって1895年に発見されたX線が必要です。X線の波長は、

1953
DNAの構造がX線結晶学によって判明

可視光の波長の約1000分の1と短く、結晶の中の原子の間隔と同程度であるためです。

結晶内の各原子から散乱されたX線の波の位相が「同期」すると、最も明るい点が生まれます。多数の波が同期すると、それらの山と山がそろうために明るさが増し、光の点が現れます。これとは反対に山と谷が合わさった場合には、互いに打ち消し合うので、光の点は生まれません。このようにしてできる明るい点の模様から、結晶内の原子の層の間隔を推定することができます。波が強め合ったり打ち消し合ったりする効果を「干渉」と呼びます。

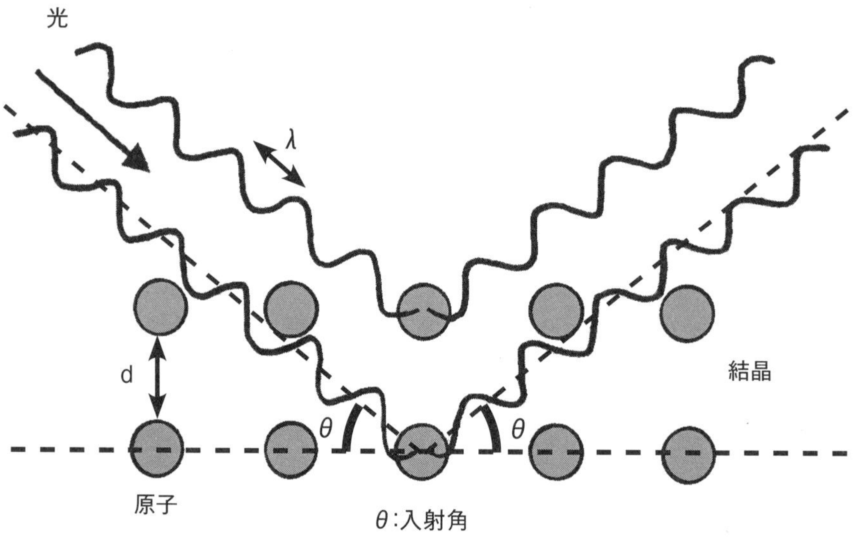

ブラッグの法則を数式で表すと、次のようになる。

$$2d \sin\theta = n\lambda$$

ここで、dは原子の層の間の距離、θは光線の入射角、nはなんらかの整数、λは光の波長。

ブラッグはこれを数学的に書き表すにあたり、結晶の表面で反射する波と、原子の1層だけ結晶の内側に入って反射する波という、ふたつの波を考えました(100ページの図を参照)。2番目の波が最初の波と同期して互いに強め合うには、経路の差が波長の整数倍である必要があります。経路の差は、X線が当たる角度と、原子の層の間隔によって異なります。ブラッグの法則は、観察された模様と原子間の間隔が、波長にどのように関係するかを表したものです。

X線でわかったDNAの二重らせん構造

X線結晶学は、新素材の構造を見極めるために、また化学者や生物学者が分子構造を調べるために、広く利用されています。1953年にはこれを使ってDNAの二重らせん構造が解明されました*。イギリスのフランシス・クリックとアメリカのジェームズ・ワトソンは、イギリスのロザリンド・フランクリンがDNAから得たX線の干渉模様を見て、その分子は二重らせん状に配列されているに違いないと考えついたことはよく知られています。

＊二重らせんについては『知ってる？ シリーズ 人生に必要な遺伝50』の8章「二重らせん」も参照

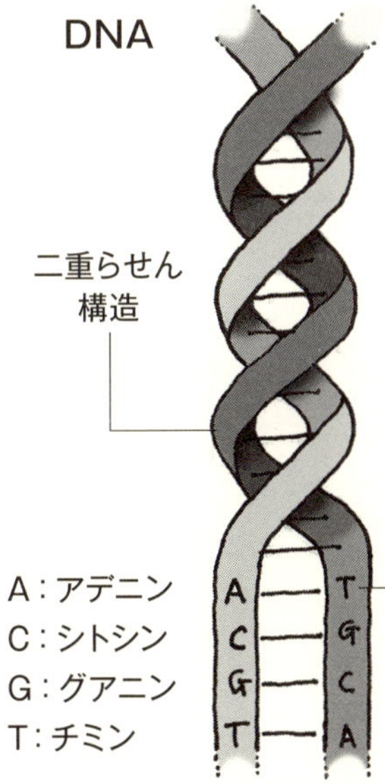

出典：『知ってる？ シリーズ 人生に必要な遺伝50』(マーク・ヘンダーソン著、斉藤隆央訳、近代科学社、2010年)より引用

物質の深層構造

X線の発見と結晶学の技術によって、物理学者ははじめて、物質の深層構造や体の内部を見ることができるようになりました。今日、医療画像に使われている多くの技術は、これと同じような物理現象を利用しています。CT(コンピュータ断層撮影)では、X線で人体を薄切りするように撮影し、多数の画像を集めて本物のような体内の画像を作ります。超音波では、体内の器官から跳ね返る高周波のエコーで画像を描きます。MRI(核磁気共鳴画像法)は、体の組織に含まれた水分をスキャンするために、強力な磁石を使って引き起こす分子の振動をとらえるものです。PET(ポジトロン断層法)は、体内を流れる放射性粒子を追います。これらの道具は、ブラッグをはじめとした物理学者の努力の賜物であり、医師や患者は日々感謝を忘れることはありません。

DNAの二重らせん

1950年代、研究者たちは生命の基本単位のひとつであるDNAの構造に頭を悩ませていたが、1953年に、ジェームズ・ワトソンとフランシス・クリックが二重らせん構造であることを発表し、世紀のブレークスルーとされた。ふたりは、ロンドン大学キングズ・カレッジのモーリス・ウィルキンスとロザリンド・フランクリンからインスピレーションを得たことを認めている。これらの研究者はブラッグの法則を用い、X線結晶学を利用したDNAの写真を手にしていた。フランクリンは、明るい点の配列を示す、見事なまでに鮮明な写真を完成させていたのだ。クリック、ワトソン、ウィルキンスはノーベル賞を受賞したが、若くして世を去ったフランクリンは受賞できなかった。発見における彼女の役割が軽視されており、おそらく当時の男女差別がその原因だとする見方もある。また、彼女の研究成果が、本人の知らないうちにワトソンとクリックに漏らされていた可能性もある。しかしフランクリンの貢献は、次第に認められていった。

人物紹介 ウィリアム・ローレンス・ブラッグ（1890～1971）

ウィリアム・ローレンス・ブラッグは、父親のヘンリー・ブラッグが数学と物理学の教授をしていたアデレードで誕生した。ローレンス・ブラッグは、自転車から落ちて腕を骨折したとき、オーストラリアではじめて医療用X線の検査を受けている。物理科学を専攻して大学を卒業した後、父親についてイギリスに渡り、ケンブリッジ大学で結晶によるX線回折の法則を発見した。自分の着想を父親と話し合ったことはあるものの、法則の発見者は自分ではなく父親だと考える人が多いことに、腹を立てたという。第一次および第二次世界大戦中には軍に協力し、ソナーの研究を行った。戦後はケンブリッジに戻り、いくつかの小さな研究グループを立ち上げた。やがてブラッグは科学の知識を発信する人気の科学者となり、ロンドンの王立研究所で学童向けの講義を行っただけでなく、テレビにも頻繁に登場するようになった。

人物紹介 **ヴィルヘルム・レントゲン（1845～1923）**

ヴィルヘルム・レントゲンはドイツのライン川下流地域で生まれ、幼い頃、オランダに移り住んだ。ユトレヒトとチューリッヒで物理学を学んだ後、さまざまな大学で研究を続け、ヴュルツブルグ大学およびミュンヘン大学で教授を務めている。研究の中心は熱と電磁気だが、最もよく知られているのは1895年のX線の発見だ。低圧ガスを放電させる陰極線の実験を行っていたレントゲンは、暗闇でも蛍光紙が光を発したのに気づいた。この新しい光線はさまざまな物質を貫通することがわかり、写真乾板の前に置いた妻の手から、骨と指輪だけを浮かび上がらせた。レントゲンはこれを未知のものとしてX線と呼んだが、後に、光と同じ電磁波で、ただ周波数が非常に高いことが明らかになっている。

まとめの一言

X線は結晶構造を浮かび上がらせる

CHAPTER 18 フラウンホーファー回折

知ってる？

遠くの物体はなぜ見にくい？

完璧なカメラ画像を作れないのはなぜでしょうか？
私たちの視力は、なぜ完璧ではないのでしょうか？
光線は、目やカメラの開口部を通過するときに広がるので、
微小な点でもぼやけることになります。
フラウンホーファー回折は、
遠くから私たちの目に届く光線が
不鮮明になる理由を説明しています。

timeline

1801
トマス・ヤングが二重スリットの実験を行う

はるか水平線上に浮かぶ船は見えても、船体に書かれた船の名を読むことはできません。双眼鏡を使って拡大すれば読めますが、なぜこのように私たちの目の解像度は限られているのでしょうか？その理由は、瞳（開口部）の大きさに限界があるからです。

レンズを通して目に入る光線は、開口部の各点からやってきます。したがって開口部が広いほど、より多くの方向からの光線が目に入ります。ブラッグの回折（98ページを参照）と同様、異なる道筋からやってくる光は、位相が同期しているかいないかに応じた干渉をします。大部分の光は同期して、鮮明で明るいスポットを中心にもたらします。しかしそのスポットの端では、隣接した光線が打ち消し合い、明暗が交互に現れる部分ができます。私たちの目がとらえられる細かさの限界を決めるのは、この中心のスポットの幅です（下記和田先生のちょっと一言参照）。

写真の鮮明さには限界がある

ドイツ随一の光学機器製作者ヨゼフ・フォン・フラウンホーファーの名がつけられたフラウンホーファー回折は、開口部やレンズに入ってくる光線が互いに平行な場合に画像がぼやける現象を説明します。フラウンホーファー回折は遠視野回折とも呼ばれ、遠い光源（たとえば太陽や恒星）からの光をレンズに通すときに起こる現象です。このレンズは、私たちの目やカメラ、あるいは望遠鏡にあるレンズと考えることができます。私たちの視力に限界があるように、どんな写真でも、回折の影響によって最終的な画像はぼやけます。そのため、

和田先生のちょっと一言

光源が点でも、その像、つまり中心のスポットは点ではなく幅をもってしまう。その幅は開口部の大きさに反比例する。つまり開口部が大きいほど解像度はよい。

1814
フランホーファーが分光器を発明

1822
フレネル・レンズをはじめて灯台に利用

どのような画像も光学系を通過すれば、鮮明さに自然な限界が生まれます。これを「回折限界」と呼びます。この限界は、光の波長と、開口部やレンズの大きさの逆数に比例しています。そのため、赤い画像より青い画像のほうが少し鮮明に見え、小さい開口部やレンズを使用するより大きいものを使用するほうが、鮮明な画像を得られます。

開口部が狭いほど明部は広がる

壁に映った手の影の境界が光の回折によってぼやけるのと同じように、狭い穴や開口部を通過した光は広がります。直感に反し、開口部が狭いほど光は大きく広がります。スクリーンに投影してみると、開口部から出た光には中央に最も明るい点があり、その周囲に明暗が交互になった帯、すなわち干渉縞ができて、中心から遠くなるほど明るさが減っています。中心では光線はほぼ直進して強め合いますが、斜めに進むときは干渉のため、明暗の帯を作るのです。

穴が小さいほど中央の明るい部分は大きくなります。光線の通り道がより制限されるために、開口部の各点からくる光線の経路の違いが小さくなるからです。絹のスカーフなどの薄い布を2枚持って光にかざすと、重なり合った糸によって同様の明暗の帯ができます。布を2枚重ねて回転させれば、明暗の模様が移動するのが見えます。重なった格子でできるこのような干渉パターンを、「モアレ・フリンジ」と呼びます。

開口部やレンズが、瞳やカメラのように丸いときには、中心スポットと周囲の帯は一連の同心円を描きます。この円は、19世紀イギリスの学者ジョージ・エアリーにちなみ、エアリーディスクと呼ばれています。

光源が開口部に近い場合——フレネル回折

フラウンホーファー回折はよく見られる現象ですが、光源が開口部に近い場合には、少し違った模様が生まれることがあります。光源が近いと入射光線は平行にはならず、開口部に到達する波面は直線ではなく曲面です。このときには異なる回折パターンが生まれ、明暗の帯が等間隔ではなくなります。次々にやってくる波面は、玉ねぎのようなもので、中心に光源があり、周囲にすべて一波長の幅をもった層が取り巻いています。このような球形をした波面は開口部のある平面上では、玉ねぎに縦にナイフを入れた形になります。開口部全体では一連の輪のように見え、ひとつの輪は、通過した波の位相のずれが一波長以内になる区域を表しています。

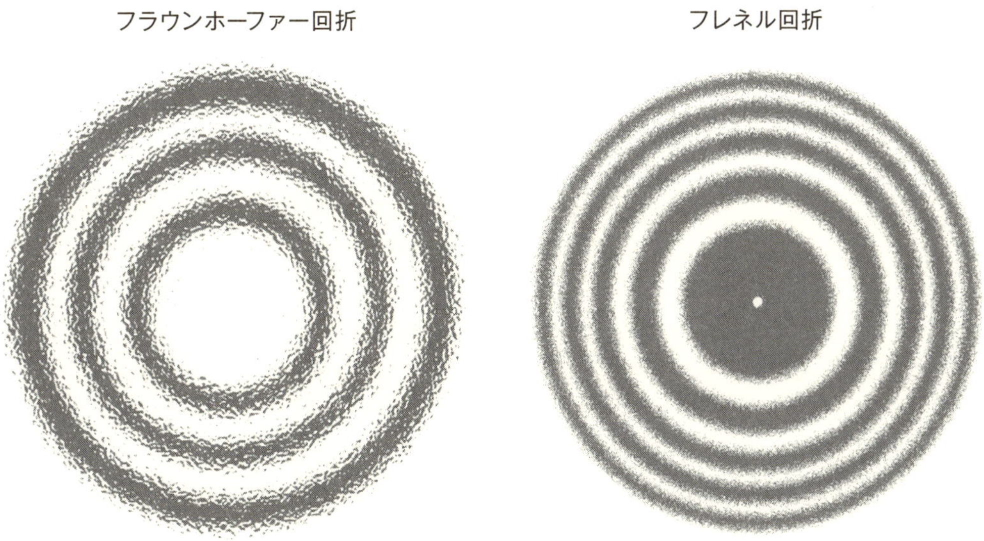

これらの円形状に分布した光線がどのように干渉するかを考えるには、開口部で輪から発せられるすべての光線を足し合わせればいいことになります。平らなスクリーンに映すと、平行光線と同じように明暗の帯が並びますが、層の太さは一定ではなく、中心から遠くなるほど薄くなっていきます。これは、この現象を解明した19世紀フランスの科学者オーギュスタン・フレネルの名をとって、フレネル回折と呼ばれています。

薄くて軽いフレネルレンズ

フレネルはまた、開口部を調節することによってどの位相を通過させるかを変えれば、結果のパターンも変えられることに気づきました。そしてこの考えを応用し、同期した波だけを通過させる新しいタイプのレンズを作り上げています。ひとつの方法はレンズに一連の輪を刻むもので、たとえば開口部を通過する波が(ある特定の時点で)谷になる部分をすべて切り落とし、山の部分だけを通過させて干渉が起こらなくします。あるいは、波の谷を波長の半分だけずらして伝え、普通に通過する波と同期させます。適切な位置に厚いガラスの輪を加えてやれば、特定の位相の光を必要なだけ遅くして、波長をずらすことができます。

フレネルがこの考えを用いてレンズを設計したのは灯台に利用するためで、1822年、フランスの灯台にはじめて設置されました。メガネのレンズを、高さ15メートルの灯台に必要な大きさまで拡大した場合を想像してみてください。フレネル・レンズは、大きくても非常に薄いガラスの輪を同心円状に並べたもので、凸レンズに比べてずっと軽くなります。自動車では、ヘッドライトの集光に使われていました。また、車のリアウィンドウに薄くて筋の入った透明のプラスチック板が貼ってあることもありますが、車をバックさせるときにフレネル・レンズの原理を利用しているものです。

回折格子

フラウンホーファーは初の回折格子を作って、回折の研究をさらに進めました。回折格子は、たくさんのスリットを平行に並べたように、開口部が連続してつけられたものです。フラウンホーファーは整列した金属線を用いてこれを製作しました。回折格子は光を拡散させるだけでなく、複数のスリットをもつことにより、入射光に特定の干渉パターンを与えます。

光は回折も干渉もするので、これらの性質に関する限り、波と同じように振る舞います。ただし、いつもそうとは限りません。アインシュタインらの科学者は、光は時に、正しい見方をすれば、波としてだけでなく粒子としての挙動も見せることを実証しました。量子力学はこうした観察結果から生まれた学問分野です。24章で見ていく通り、量子版の二重スリットの実験では、光は驚くことに波として振る舞うべきか粒子として振る舞うべきかを知っていて、私たちの観察の仕方によってその性質を変えてしまいます。

ヤングの二重スリットの実験

イギリスの物理学者トマス・ヤングは1801年に行った有名な実験で、光が波であることを最終的に証明したと思われた。光線がふたつのスリット（細長い孔）を通過して回折するとき、回折による模様がふたつできるだけでなく、それぞれのスリットを通過した光線どうしの干渉による縞模様も加わる。縞の間隔はスリット間の幅の逆数に比例する。結局、元のひとつの開口部での幅広な回折模様に、細かい帯が並んだ干渉模様が重なることになる。平行なスリットを増やすにつれて、この２番目の干渉模様は鮮明になる。

まとめの一言

遠方からくる光は
レンズ幅が狭いほどぼやける

CHAPTER 19 ドップラー効果

波と電磁現象

知ってる?

救急車のサイレンの音はなぜ変化する?

救急車がフルスピードで近くを通り過ぎるとき、
サイレンの音の高さが急に下がるのは、誰でも耳にしたことがあるでしょう。自分に向かって動いている物が発している波は、つぶされ、実際よりも周波数が高く感じられます。
同様に、去っていく物が発している波は引き延ばされ、届くのに時間がかかるので、周波数が下がります。
これがドップラー効果で、車のスピード違反摘発や血流の測定、さらに宇宙に散らばった恒星や銀河の動きの観測にまで利用されています。

timeline

1842
ドップラーが星の光の色の偏移に関する論文を提出

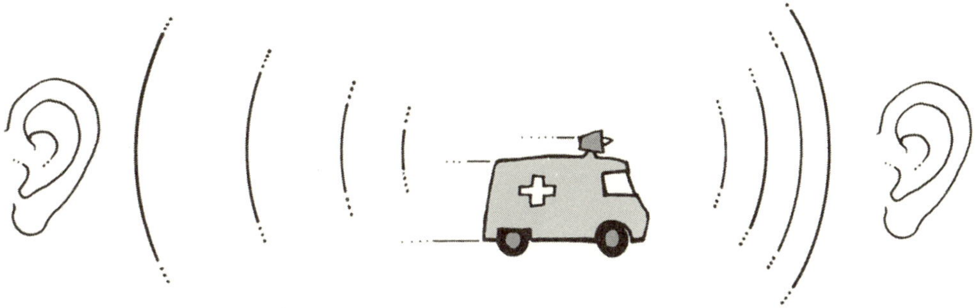

道で救急車が目の前を通り過ぎるのを待っていると、サイレンの音が近づいてくるときは高く、遠ざかるときは低くなります。この音の変化が、オーストリアの数学者で天文学者のクリスチアン・ドップラーが1842年に提唱したドップラー効果（ドップラー・シフト）です。サイレンを鳴らしている救急車の動きと観測者である自分との相対的な位置関係によって、こうした音の高さの変化が起こります。車が近づいてくると、波面の間の距離が縮まって音が高くなります。逆に高速で遠ざかっていくときには、後の波面が自分に届くまでに少し余計に時間がかかるようになり、波面の間隔が伸びるので、音が低くなります（上の図を参照）。

ドップラー効果の考え方

動いている台、たとえば汽車に乗っている誰かが、自分のほうに続けてボールを投げている場面を想像してみましょう。その人はその人の腕時計のタイマーに合わせて、3秒に1個のボールを投げているとします。もしその汽車が自分に近づいているとすれば、自分のいる場所に次々とボールが届く間隔は3秒よりちょっと短くなるはずです。ボールは毎回、わずかずつでも近い位置から投げられているからです。同じく、汽車が遠ざかっていくなら、汽車までの距離がだん

1912
ヴェスト・スライファーが銀河の赤方偏移を測定

1992
太陽系外惑星をドップラー法によりはじめて発見

だん遠くなって、ボールが届く間隔は長くなります。自分が持っている腕時計でボール到着の時間間隔の変化を測れるなら、動く汽車の速さがわかるはずです。ドップラー効果は、互いに動いているどんな物体にも当てはまります。自分のほうが汽車にのって動き、ボールを投げる人は駅のプラットフォームにじっと立っている場合でも同じです。速度を測る方法としてさまざまな応用が効くドップラー効果は、医療では血流の測定に、また道路では車のスピード違反を見つけるレーダーに、利用されています。

ドップラー効果でわかる宇宙の動き

ドップラー効果は天文学にもよく使われ、物の動きがあればどこにでも登場します。たとえば、惑星が周囲をまわっている遠くの恒星から届く光にも、ドップラー・シフトが見られます。惑星がかなり大きければ、惑星と恒星は互いのまわりをまわる運動をします。恒星が地球に近づく方向に動いているときは恒星からの光の周波数(振動数)は増し、恒星が遠ざかる方向に動いているときは光の周波数は減ります。地球に近づく天体からの光は「青方偏移」し、遠ざかる天体からの光は「赤方偏移」します。惑星の中心にある恒星の輝きに刻まれるこのパターンを見つけることによって、1990年代から太陽系外にある恒星で数百個にのぼる惑星が見つかってきました(下記和田先生のちょっと一言参照)。

「かに座55番星」とその惑星の想像イラスト。ドップラー効果を用いた観測により、この恒星を巡る惑星の存在が明らかになった。
Courtesy NASA

和田先生のちょっと一言

可視光線では青のほうが周波数が高く、赤のほうが低いので、周波数が増える変化を「青方偏移(ブルー・シフト)」、減る変化を「赤方偏移(レッド・シフト)」という。ただしたとえば「赤方偏移」といっても、光が赤っぽくなるというわけではない。元々、赤い光は周波数が減って赤外線になり、目に見えなくなるかもしれない。元々、紫色だったら周波数が減って青になるかもしれない。

赤方偏移は、軌道を巡る惑星の動きによってのみ起こるわけではなく、宇宙そのものの膨張によっても起こります。これは宇宙論的赤方偏移と呼ばれています。宇宙が膨張するにつれて、地球と遠い銀河との間にある空間も絶え間なく伸びていくとすれば、銀河が地球から一定の速度で遠ざかっているのと同じです。風船を膨らませたとき、表面に描いた2個の点の間が離れていくように見えるのと同じです。

そのために、銀河の光は低い周波数に偏移しています。光の波が地球に届くまでに、どんどん長い距離を進まなければならなくなるからです。はるか遠くにある銀河のほうが、近くにある銀河よりもっと赤く見えています。厳密に言うなら、遠ざかっている銀河は近くにある他の天体との相対的関係では実際に動いているわけではないので、宇宙論的赤方偏移は本当のドップラー効果ではありません。銀河は空間に対しては固定され、本当に伸びているのは、間にある空間自体です。

この名の基になったドップラー自身も、ドップラー効果は天文学に役立つと考えていました。それでも、これほど大きな成果を導くとは予想もしなかったに違いありません。ドップラーがひと組の恒星から届く光の色でこの効果が認められたと主張しても、当時は激しく反論されました。ドップラーは想像力豊かな、独創的な科学者でしたが、時には情熱だけが空回りして実験技術が伴わないこともありました。しかし数十年後には、アメリカの天文学者ヴェスト・スライファーが銀河の赤方偏移を測定し、宇宙のビッグバン・モデル（266ページを参照）発展の基礎を築いています。いまではドップラー効果のおかげで、はるか彼方の星々を巡る世界が解明されつつあります。そのどこかに、生命が宿っていることがわかる日が来るかもしれません。

太陽系外惑星

これまでに、太陽以外の恒星を巡っている惑星が200個以上見つかっている。そのほとんどは、木星に似てはいるが中心となる恒星のずっと近くをまわっている、巨大ガス惑星だ。それでも、地球と同じくらいの大きさで、岩でできている可能性のある惑星もいくつかある。恒星の10個に1個ほどは惑星をもっていることから、そのいくつかは生命を宿しているかもしれないという推測も盛んになってきた。

それら惑星の大半は、中心の恒星に対する惑星の引力を観測することで見つかったものだ。惑星は、軌道の中心にある恒星に比べるとごく小さいので、恒星の輝きに邪魔されてほとんど見えない。しかし惑星の質量にひかれて恒星が少しだけ振りまわされるので、恒星のスペクトル特性からその揺れを周波数のドップラー偏移として検出することができる。

パルサーを巡る太陽系外惑星は1992年に、普通の恒星を巡る惑星は1995年に、それぞれはじめて発見された。今では日常的に見つかるようになったが、天文学者たちはなお惑星を探し、どのようにさまざまな惑星系が形成されるかを調べようとしている。2006年にESA(ヨーロッパ宇宙機関)が打ち上げたコローや2009年にNASA(アメリカ航空宇宙局)が打ち上げたケプラーなどの新しい宇宙望遠鏡が、近い将来、地球のような惑星を数多く見つけるものと期待されている。

太陽系外惑星探査機ケプラー

Courtesy NASA

人物紹介　クリスチアン・ドップラー（1803～53）

クリスチアン・ドップラーは、オーストリアのザルツブルグで石工の家庭に生まれた。虚弱で家業を継げなかったため、ウィーンの大学に進んで数学、哲学、天文学を学ぶことにする。プラハの大学で職を得るまでには、本屋の店員として働いた時代もあり、アメリカへの移住まで考えたという。教授になってからも授業が重荷で、健康はすぐれなかった。友人のひとりは次のように書いている。「オーストリアがこの男の豊かな才能をどれほど誇れるか、信じられないほどだ。科学のためにドップラーを救い、彼が働きすぎて死なないようにできるたくさんの人たちに…こうして手紙を書いている。残念ながら、私は最悪の事態を恐れている」。その後、ドップラーはプラハを離れてウィーンに戻った。そして1842年には、恒星の光に見られる色の偏移を説明する論文を発表し、今ではこれがドップラー効果と呼ばれている。

「極めて遠距離にあって視差が小さいことから、これまで測定の希望がほとんどもてなかった恒星について、これで天文学者にその動きや距離を確認できる喜ばしい手段がもたらされるのもそう遠い将来ではないことは、ほぼ確実だ」。

想像力に富んでいると見なされはしたものの、他の有名な科学者のドップラーに対する見方はさまざまだった。中傷する人たちはドップラーの数学力に疑問を唱えた一方で、友人たちは彼の科学的な創造力と直感を高く評価していた。

まとめの一言

波源が近づくと周波数が上がり
波源が遠のくと周波数が下がる

CHAPTER 20 オームの法則

知ってる?

雷から身を守るには?

雷雨の中を、飛行機はなぜ安全に飛べるのでしょうか?
避雷針はどうやって建物を救っているのでしょうか?
家にある照明の電球が、別の電灯をつけるたびに
暗くならないのはなぜでしょうか?
オームの法則に、その答えがあります。

timeline

1752
フランクリンが雷の実験を行う

電気は電荷の移動によって発生します。電荷は素粒子の基本的な性質であり、電磁場との相互作用のしかたを決定するものです。電磁場は電荷を帯びた粒子を動かす力を生みだします。電荷はエネルギーと同じく完全に保存され、作りだすことも消すこともできず、ただ移動するだけです。

電荷には正と負があります。反対の電荷を帯びた粒子は引き合い、同じ電荷を帯びた粒子は反発し合います。電子は負の電荷を帯び（1909年にアメリカの物理学者ロバート・ミリカンがその大きさを測定）、陽子は正の電荷を帯びています。ただし、素粒子のすべてに電荷があるわけではなく、中性子は、その名の通り、電荷をもたない「中性」です。

雷の原因は静電気

電荷は、分布が固定された静電気となったり、電流として流れることもあります。静電気は、電荷を帯びた粒子が移動し、正負の電荷が異なる場所に蓄積した結果現れます。たとえば、プラスチック製のくしを袖でこすると電荷が蓄積し、小さい紙切れなど、反対の電荷をもつ小さな物を引きつけることができます。

雷も同じように、荒れ狂う雷雲の中で分子どうしの摩擦によって静電気がたまり、稲妻によって一瞬のうちに放電することで起こります。稲妻は長さ数キロにも達し、数万度という高温になることもあります。

電流の正体は電荷の流れ

家庭で利用しているような電気は、電荷の流れです。金属線が電気を伝えるのは、金属の電子が特定の原子核に固定されず、簡単に移動できるからです。金属は電気の伝導体であると言えます。パイプを水が流れるように、金属線の中を電子が流れます。物質によって

1826
オームがオームの法則を発表

1909
ミリカンが1個の電子の電荷を測定

は、移動するのは正の電荷のこともあります。化学物質を水に溶かすと、電子と正の電荷を帯びた原子核（イオン）の両方が自由に水中を動きます。金属のような導電性の物質の場合には、電荷の移動が簡単です。セラミックやプラスチックのように電気を通さない物質は、絶縁体と呼ばれています。また、その中間の物質は、半導体と呼ばれます。

電流は、電場、すなわち電位の勾配によって生みだすことができます。高さ（重力ポテンシャル）の差があるから川が下流に向かって流れるように、導電性の物質の両端の間に電位の差があるから電荷の流れが生じます。この「電位差」、つまり電圧が、電流を引き起こし、また電荷にエネルギーを与えています。

飛行機に雷が落ちたら乗客はどうなる？

雷が落ちるときには、イオン化した空気を通して地面との間ですばやく放電が起こります。その過程で放電の原因となった電位差を打ち消し合うので、落雷では巨大な電流が流れることになります。人の体を流れて命を奪うことさえあるのは、電圧ではなく、その巨大な電流です。実際のところ、ほとんどの物質ではそれほどの高速で電荷が流れることはできません。抵抗にあうからです。雷から命を守るには、非常に高い抵抗をもったゴムマットのような絶縁体の上に立つ方法があります。あるいは金属製のかごに隠れる方法もあります。雷は、人間の体よりも電気が流れやすい金属の棒のほうを伝わるためです。人体は大部分が水でできており、金属ほど、よい伝導体ではありません。このようなかごは、1836年にこれを製作したイギリスの物理学者マイケル・ファラデーの名をとり、ファラデー・ケージと呼ばれています。すべての電荷がケージの外側を流れ、ケージの内部は電気的に完全に遮蔽《しゃへい》されます。ファラデー・ケージ（かご）は、19世紀の科学者が人工的に雷を起こして見せたとき、安全装置として役立ちました。現在でも電気機器の保護に利用されているほか、金属の飛行機に乗って雷の中を飛んでも安全な理由を説明してくれます。飛行機に雷が落ちても乗客は大丈夫です。同様に、木の近くに駐車していない限り、金属製の車に乗っていても安全です。

ベンジャミン・フランクリンの避雷針も同じ仕組みであり、雷の電流が流れやすいように抵抗の小さい道筋を用意してやり、落雷に見舞われた抵抗の大きい建物にはエネルギーが伝わらないようにします。先のとがった棒が一番適しているのは、棒の先端に電荷を集め、電気がここを通って地面に伝わる可能性を高めるためです。高い木も電荷を集める役割を果たすので、雷雨に遭ったとき、木の下で雨宿りするのは避けなければなりません。

人物紹介　ベンジャミン・フランクリン（1706～90）

ベンジャミン・フランクリンはアメリカのボストンで、獣脂ろうそく職人の15人目の子ども（一番下の息子）として生まれた。牧師になるよう言われながら育ったが、結局は印刷所で働くことになった。フランクリンは名声を得た後も、手紙には控えめに「B・フランクリン、印刷屋」とサインしたという。著書『プーア・リチャードの暦』では、「魚と客は3日目には臭う」などの忘れ難い格言で名を広めた。フランクリンは目覚ましい発明家で、避雷針、グラスハーモニカ、遠近両用メガネをはじめ数多くのものを発明したが、彼が最も興味をかきたてられていたのは電気だった。雷雨の中で凧を揚げて雷雲で火花を発生させた1752年の実験は最も有名だ。社会にも大きく貢献し、公立図書館、病院、消防団をアメリカ社会にもたらしたほか、奴隷制の廃止にも努力している。後に政治家になり、独立戦争の戦中から戦後にかけてアメリカ、イギリス、フランスの間の外交に力を尽くした。1776年には独立宣言を起草する5名の委員のひとりに選ばれている。

1752年、
ベンジャミン・フランクリンは
フィラデルフィアで凧を使って
雷雲から電気を“取り出す”
ことに成功した。

並列か直列かで抵抗は異なる――回路の理論

電流は、回路と呼ばれる通り道をたどります。回路を伝わる電流とエネルギーの移動は、一連のパイプを流れる水に例えることができます。電流の大きさは流速に、電圧は水圧に、また抵抗の大小はパイプの太さに相当します。

ドイツの物理学者ゲオルク・オームは1826年に、回路を説明する最も便利な法則のひとつを発表しました。オームの法則を式で表すとV=IRとなり、電圧(V)は電流(I)と抵抗(R)の積に等しいという意味です。この法則に従えば、電圧は電流と抵抗に比例することになります。回路にかける電圧を2倍にすれば、抵抗が変わらない限り、2倍の電流が流れます。電流を変えたくなければ、抵抗を2倍にする必要があります。電流と抵抗は反比例するので、抵抗を増やすと電流は減ります。オームの法則は、たくさんのループがある非常に複雑な回路にも当てはまります。最も単純な回路は、1個の電球に1個の電池をつないだものと考えることができるでしょう。線に電流を流すために必要な電位差を電池が生みだし、電球のタングステンのフィラメントが抵抗となって、電気エネルギーを光と熱に変えます。この回路に、2番目の電球を加えたらどうなるでしょうか？　オームの法則によると、2個の電球を直列につなげた場合は抵抗が2倍になるので、それぞれの電球にかかる電圧、つまりそれぞれが使えるエネルギーは半分ずつになり、どちらの電球も暗くなります。家の照明に利用するなら、これではあまり役に立ちません。部屋に別の電球を足すごとに、全部が暗くなってしまうからです。

ただし、最初の電球を迂回する別の経路に2番目の電球をつなげれば、それぞれの電球にかかる電圧は変わりません。電流は分岐点で分かれて両方の電球を別々に通り、再び合流するので、2番目の電

落雷の頻度

同じ場所に2度は落ちないかもしれないが、雷は平均して1秒に100回、1日に860万回、地球の表面を襲っている。アメリカだけでも1年に10万回の雷雨があり、落雷は2000万回にのぼる。

球も最初の電球と同じ明るさで輝きます。このような回路を「並列」回路と呼びます。それに対して最初のものは、「直列」回路です。オームの法則はどんな回路にも利用でき、あらゆる位置での電圧と電流を計算することができます。

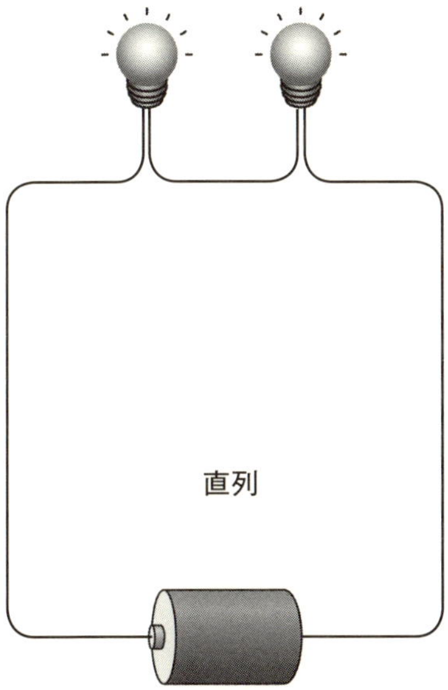

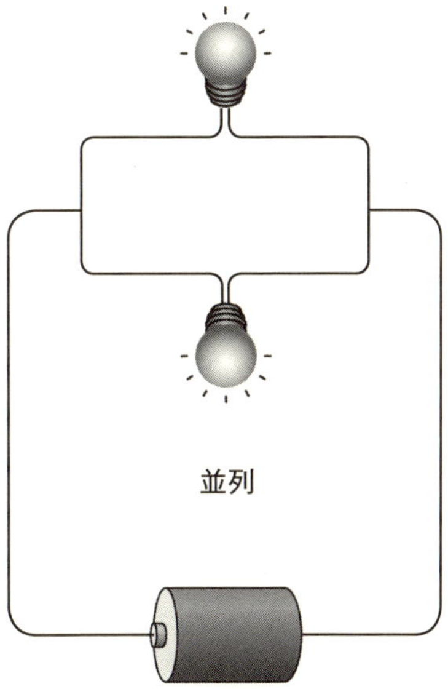

まとめの一言

体内に大電流が流れぬよう
V＝IRを活用しよう

CHAPTER 21 フレミングの右手の法則

波と電磁現象

知ってる?

磁石で電気が起こせる?

夜、自転車に乗るときには、ダイナモ(発電機)を使って自転車のランプを点灯させます。ギザギザのついた棒がタイヤとともに回転して、2個の電球をともすだけの電圧を生みます。自転車を速く走らせるほど、ランプも明るく輝きます。これはダイナモの中で電流が誘導されているからで、電流が流れる方向は、覚えやすいフレミングの右手の法則によって求めることができます。

timeline

1745
ライデン瓶の発明

1820
エールステズが電気と磁気を結びつける

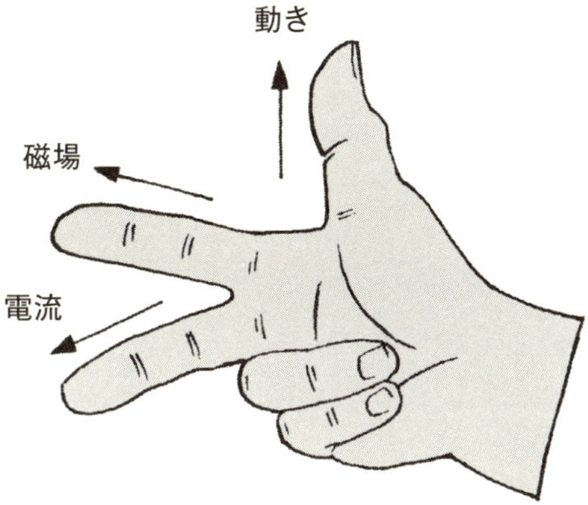

電磁誘導は、電場と磁場の切り替えに使用することができます。送電網を通したエネルギーの伝達を制御する変圧器、旅行用のアダプタ、さらに自転車のダイナモにも利用されています。磁場の変化が電線のコイルに伝わると、内部の電荷に力がかかってこれを動かし、電流を生みだします。

ダイナモの小さなケースの中には、磁石と電線のコイルが隠れています。ケースから突きだして車輪に触れて回転する棒が、コイルの内側に置かれた磁石をまわします。回転する磁石は磁場の変化を引き起こすので、電線の中の電荷（電子）が動き始めて電流が発生します。この電流は、電磁誘導の現象によってコイル内で誘起されたと言うことができます。

便利な経験則

誘導電流の方向は、フレミングの右手の法則によって求められます。この名前の由来は、イギリスのエンジニア、ジョン・アンブローズ・フレミングです。右手を出して、親指を上に、人差し指を前方に、中指を左に向けて直角に伸ばしてください。導体が親指の方向に向かって動き、磁場が人差し指の方向を向いているとき、電流は中指の方

和田先生のちょっと一言

「親指を磁場」というように、すべてをひとつずつずらしても同じことだが、この対応関係にしたのには理由がある。親指(thumb)と動き(motion)のm、人差し指(first finger)と場(field)のf、中指(central finger)と電流(current)のcによる連想ゲームである。フレミングの名は有名だが、この覚え方を提案した人物にすぎないことに注意。

1831
ファラデーが電磁誘導を発見

1873
マクスウェルが電磁気の方程式を発表

1892
フレミングが変圧器の理論を発表

向に流れます。この便利な法則は、簡単に覚えることができます。

誘導電流を大きくするには、コイルをより密に巻くことでコイルに沿った磁場の変化を実質的に大きくしたり、磁石をより速く動かす方法があります。自転車を速く走らせるとダイナモでともすランプが明るくなるのは、そのためです。磁石とコイルが互いに相手に対して動くのなら、どちらを動かしても構いません。

磁場の変化と誘導される力の関係は、ファラデーの法則で示されています。誘導される力は起電力と呼ばれ、コイルの巻数に、磁束(磁場の強さとコイルの面積の積)が変化する速さを掛けることによって求められます。誘導電流の方向は、その電流によって生じる磁場が、必ず元の磁場の変化と反対の方向になるという条件から決まります(これはレンツの法則として知られています)。もし同じ方向に流れたなら、系全体が自己増幅できることになってしまい、エネルギー保存の法則に反します。

ファラデーのアイデア

電磁誘導は1830年代にマイケル・ファラデーによって発見されたものです。イギリスの物理学者ファラデーは、電気を用いたさまざまな実験で有名になりました。水銀に浮かべた磁石を回転させて電気モーターの原理を確立しただけでなく、光が磁場によって影響を受けることも実証しています。光の偏光面が磁石で回転することを発見したファラデーは、光そのものも電磁気的なものであると推察しました。

ファラデー以前の科学者たちは、電気にはさまざまに異なる種類があって、それぞれが異なる状況で現れると考えていました。それらのすべてを、電荷の移動を基本とするひとつの枠組みで説明できることを示したのがファラデーです。ファラデーは数学者ではなく、「数学音痴」とまで言われましたが、その電場と磁場に関するアイデアはジェームズ・クラーク・マクスウェルによって採用されました。マクスウェルもイギリスの物理学者で、ファラデーのアイデアを有名な方程式にまとめあげ、それらは今でも近代物理学の根本原理のひと

賢人の言葉

ファラデー自身は自分の発見を、光の磁化と磁力線の照射と呼んだ。

——ピーター・ゼーマン(オランダの物理学者・1902年ノーベル物理学賞受賞)、1903年

つとなっています(128ページを参照)。

蓄積される電荷

ファラデーの名は、静電容量の単位であるファラドに残り、これはコンデンサの単位になっています。コンデンサは一時的に電荷を蓄積しておく電気部品で、回路で一般的に使われています。たとえば、使い捨てカメラのフラッシュ装置は(フラッシュが光るのを待つ間)コンデンサを用いて電荷を蓄積します。シャッターを押すと電荷が解放され、撮影と同時にフラッシュが光ります。ごく普通の電池を使っていても蓄積される電圧は数百ボルトとかなりの大きさになり、コンデンサに触れると不快な電気ショックを感じます。

最も単純なコンデンサは、2枚の金属板を、間に空気を入れてサンドイッチ状に平行に並べたものです。ただし、「食パン」が伝導体で電荷を保持し、「具」が絶縁体ならば、ほとんどどんな種類の「サンドイッチ」でも構いません。18世紀に使われた最も初期の蓄電装置は、内側を金属でコーティングしたガラス瓶で、「ライデン瓶」と呼ばれています。現在、こうしたサンドイッチ状の層はアルミフォイル、ニオビウム、紙、ポリエステル、テフロンなどの材質で作られます。コンデンサを電池につなぎ、電池のスイッチを入れると、それぞれの板に正負の電荷が蓄積されます。電池のスイッチを切ると、電荷は電流として解放されます。電荷が減るにつれて「圧力」も落ちるので、電流はだんだんに衰えていきます。コンデンサの充電と放電には時間がかかるので、回路の電流の変化を遅らせることができます。コンデンサを「インダクタ」(誘導電流を発生するコイルなど)と組み合わせて使い、電流が振動する回路を作ることもよくあります。

電磁誘導を利用する変圧器

電磁誘導はダイナモやモーターだけでなく、変圧器にも利用されています。変圧器は、まず変化する磁場を発生させ、次にその磁場を使って近くのコイルに二次電流を作り出すことによって機能します。単純な変圧器は、ひとつの磁気リングと、そのまわりを包むふたつに分かれたコイルでできています(次のページの図を参照)。最初の一次コイルの電線中で電場の変化が起きて交流電流が流れ、リング全体に振動する磁場ができます。この磁場の変化が、二次コイルに新たな電流を誘導します。

ファラデーの法則に従うと、誘導電流の大きさはコイルの巻数によって変わるので、出力電流の大きさを調整するように変圧器を設計することができます。全国の送電網に電気を送る場合、低電流、高電圧にすれば効率がよく安全です。変圧器は送電網の両端で使われ、配電用には電圧を上げて電流を下げ、家庭用には電圧を下げて電流を上げます。コンピュータの電源アダプタや旅行用のアダプタを触ってみればわかるように、変圧器は熱くなり、うなり音を立てることも多く、音、振動、熱にエネルギーを浪費するので100％の効率を果たすことはできません。

賢人の言葉

自然の法則に合致しているならば、どんなに不思議なことでも真実である。
——マイケル・ファラデー、1849年

変圧器のしくみ

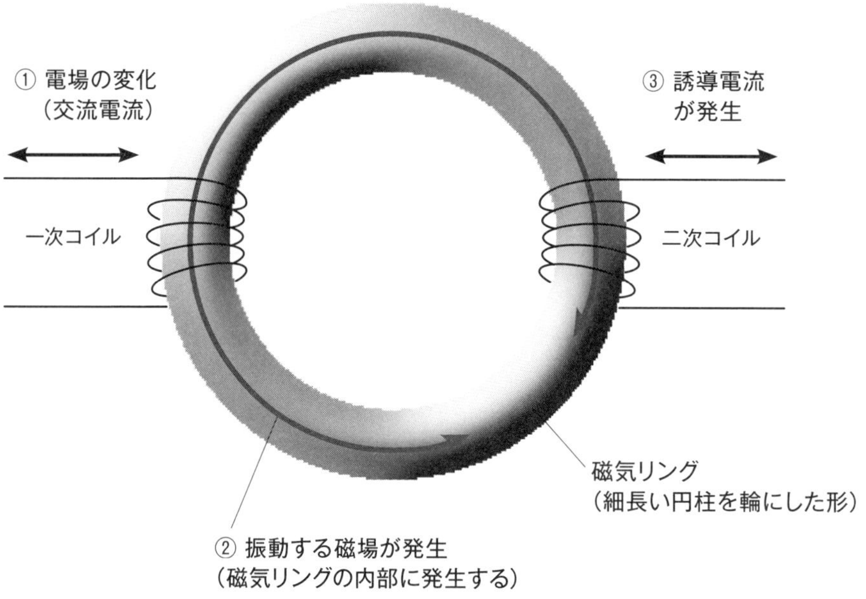

人物紹介　**マイケル・ファラデー（1791～1867）**

イギリスの物理学者マイケル・ファラデーは、製本工場で見習いをしながら本を読んで独学した。若いころ、ロンドンの王立研究所で化学者ハンフリー・デービーの4回の講演を聞いて感銘したことから、デイビーに仕事をさせてくれるよう手紙を書いている。一度は断られたものの、後にデイビーの下で働き始め、ほとんどの時間を王立研究所で助手として過ごしながら、電気モーターの研究を続けた。1826年からは王立研究所で金曜夜の講話とクリスマスの講演を開始し、どちらも今日まで続いている。ファラデーは特に電気の研究に重きを置き、1831年に電磁誘導を発見した。すぐれた実験技術をもつことが認められ、いくつかの公職にも任命されて、トリニティー・ハウスの科学アドバイザーとしては灯台に電気の光をともすのに力を尽くしている。驚くことに、ナイトの称号も王立協会会長の座も（一度ならず二度まで）断っている。健康が衰えた晩年には、科学への幅広い貢献が認められてアルバート公から贈られた、ハンプトンコートの屋敷で暮らした。

まとめの一言

電流の変化で磁場が生まれ
磁場の変化で電流が生まれる

CHAPTER 22 マクスウェル方程式

知ってる?

電気と磁気はコインの裏表の関係?

マクスウェルの方程式は現代物理学の
土台であり、万有引力の理論以降、最も重要な前進と
言われています。それらは、電場と磁場が
1枚のコインの裏表であることを説明しています。
電場と磁場は、電磁波という、同じ現象の現れです。

timeline

1600
ウィリアム・ギルバートが
電気と磁気を研究

1752
ベンジャミン・フランクリンが
雷の実験を行う

賢人の言葉

光とは、電気と磁気の現象をになう媒体の横波であるという結論は、まず避けられない。

——ジェームズ・クラーク・マクスウェル、1862年

19世紀初期に実験を行った人たちは、電気と磁気はさまざまに形を変えることを発見しました。電場を変化させると磁場が発生し、磁場を変化させると電場が発生します。マクスウェルはこれらが両方とも、電気と磁気の特性を併せもった、電磁波というひとつの現象から生まれていることを解明しました。電磁波には、変動する電場と、同じように変動する磁場が伴っており、それらは互いに直交しています。

マクスウェルは真空中を伝わる電磁波の速さを計算し、光速とほぼ同じであることを示しました。デンマークの物理学者ハンス・クリスティアン・エルステッドおよびファラデーの研究と合わせ、これは光も電磁的な振動の伝播であることを裏づけるものです。マクスウェルは、光波も、あらゆる電磁波も、真空中を秒速30万キロメートルという一定の速さで伝わることを実証したのです。この速度は、空間の絶対的な電磁的性質によって決定されています。

電磁波にはさまざまな波長のものがあり、可視光を超えてスペクトルは広がっています。電波の波長が最も長く（数メートルから、数キロに及ぶこともあります）、可視光線の波長は原子の1000倍くらい、最も周波数が高い（波長が短い）のはX線やガンマ線です。電磁波は主に、電波の送信やテレビ、携帯電話信号など、通信に利用されています。また、電子レンジのように熱エネルギーを提供することもできるし、観察に利用されることもよくあります（医療用X線や電子顕微鏡など）。

電磁場によって生まれる電磁気力は、重力、強い力、弱い力とともに、原子や原子核をまとめあげている、自然界にある4つの力のうちのひとつに数えられています。電磁気力は化学にとって欠かせないもので、化学では電荷を帯びたイオンを結合させて、化合物や分子を作りだしています。

1820
エールステズが電気と磁気を結びつける

1831
ファラデーが電磁誘導を発見

1873
マクスウェルが電磁気の方程式を発表

1905
アインシュタインが特殊相対性理論を発表

力を伝える手段――場

マクスウェルはまず、電場と磁場を実験的に説明したファラデーの研究を理解しようと考えました。物理における場は、力を遠くまで伝える手段です。重力は重力場によって、宇宙空間の膨大な距離を通して働きます。同様に電場と磁場も、はるか遠くにある荷電粒子に影響を与えます。紙の上に砂鉄をばらまき、紙の下から磁石をあてて遊んだことがあるなら、磁力は砂鉄を磁石のN極からS極に延びた丸い形になるように動かすのが見えたでしょう。また磁石を紙から遠くに離していくと、その力も衰えていきます。ファラデーは「磁力線」を描き、単純な規則をまとめました。また、電気力についても同じような電気の力線を描いています。しかしファラデーは専門の数学教育は受けてはいませんでした。そのためにこれらの多様なアイデアをひとつの数学理論に統一するのは、マクスウェルの仕事になりました。

4つの方程式

マクスウェルが確立した理論によれば、さまざまな電磁気現象すべてをたった4つの基本方程式で説明することができます。これらの式は今ではあまりにも有名になり、「そして神は光を創られた」という言葉とともに、Tシャツの胸を飾るまでになっています。私たちは現在、電磁気をひとつのものとしてとらえています。しかしこの考え方がまだ急進的だとされた当時は、私たちが今、試みている、量子物理学と重力の統一と同じくらい重要なことでした。

$$\nabla \cdot D = \rho$$

マクスウェル方程式の1番目は、19世紀のドイツの物理学者カール・フリードリヒ・ガウスの名をとったガウスの法則で、電荷をもつ物質によって生まれる電場の形と強さを説明しています。ガウスの法則は逆二乗の法則を意味し、数学的にはニュートンの万有引力(重力)の法則に似ています。重力と同じく電場も、電荷をもつ物体から離れるにつれて、距離の二乗に反比例して弱くなります。たとえば距離が2倍遠くなると、電場は4倍弱くなります。

携帯電話の信号が私たちの健康に悪いという科学的な証拠はありませんが、逆二乗の法則から、携帯電話の電波塔が家から遠いより近いほうが安全な理由がわかります。電波塔からの場は距離とともに急速に弱まるので、自分の手元に達するときにはとても弱くなっています。それに対して携帯電話から発する場は、電話を頭のすぐ近くで使うために、頭の位置では強いままです。しかし電波塔に近ければ近いほど、話すときに電話機が発する電場は弱くてすみます。それなのに人々は、電話機ではなく電波塔のほうに神経をとがらせ、恐れることが多いようです。

$$\nabla \cdot B = 0$$

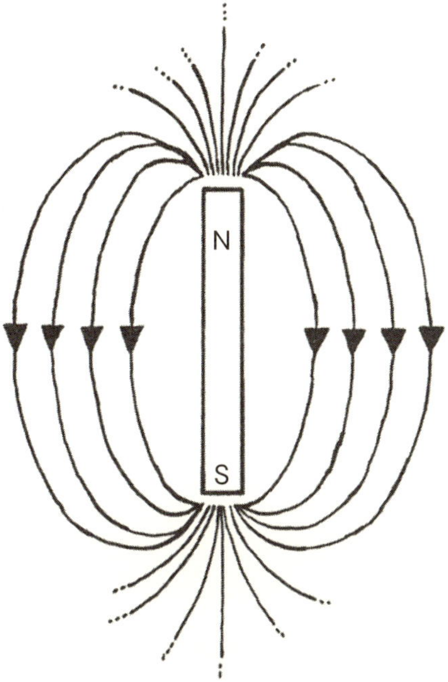

マクスウェル方程式の2番目は、磁石の周囲にある磁力線のパターンを示しています。磁力線はいつも、N極からS極までの閉じたループになります。言い方を変えれば、すべての磁石は必ずN極とS極の両方をもっていなければならないことになり、磁気モノポール（単極子）はあり得ず、磁場には始めと終わりがありません。棒磁石を半分に切れば、それぞれにまたN極とS極ができます。磁石をどんなに小さく切り刻んだとしても、小さなかけらに両極があることに違いはありません（下記和田先生のちょっと一言参照）。

和田先生のちょっと一言

磁力線はN極から出てS極で終わるというイメージをもっている人も多いかもしれないが、磁石（あるいは電磁石）のS極付近に入っていく磁力線は、そのまま磁石の中を通ってN極の方向に続いている。つまり磁力線は、端のないループとなっている。

3番目と4番目の方程式はよく似ています。3番目の式は、電場が変化する磁場によってどのように生じるか、4番目の式は、磁場が電流、および変化する電場によってどのように生じるかを表します。前者は、ファラデーの電磁誘導の法則としても知られています（122ページを参照）。

$$\nabla \times E = -(\delta B / \delta t)$$

$$\nabla \times H = J + (\delta D / \delta t)$$

これほど多くの現象を数少ない単純な方程式で説明していることから、アインシュタインはマクスウェルの業績を、ニュートンの業績に並ぶものとして評価しました。アインシュタインはマクスウェルのアイデアを採用し、それをさらに広げて相対性理論に組み込みました。アインシュタインの理論では、磁気と電気は同じものを異なる視点をもつ観察者が見た場合の見え方の違いにすぎず、ある基準での電場は、それに対して動いている他の基準では磁場に見えるとしています。電場と磁場が本当にひとつで同じものだと最終的に考えられるようにしたのは、アインシュタインかもしれません。

賢人の言葉

知的な愚者は誰でも、物ごとをより大きく、より複雑にできる…その反対の方向に進むには、わずかな才能と――多くの勇気がいる。

――アルバート・アインシュタイン（1879～1955年）

1930年代に電磁気学と量子理論を融合させようとしたイギリスの物理学者、ポール・ディラックは、磁気モノポール（単極子）があるのではないかと予測した。まだこれを立証した者はいない。

人物紹介　ジェームズ・クラーク・マクスウェル（1831～79）

ジェームズ・クラーク・マクスウェルは、スコットランドのエジンバラで生まれた。幼少期を田園地帯で過ごして、自然界に興味を抱くようになっていく。母親が世を去ったためにエジンバラの学校に送られ、そこでは勉強に熱中しすぎて我を忘れるために「バカ」とあだ名された。エジンバラ大学とケンブリッジ大学での学生時代は、調子外れではあったが頭がいいと見なされていた。卒業後は、マイケル・ファラデーの電気と磁気の研究をさらに掘り下げ、方程式にまとめ上げている。その後、父親が病に倒れたことからスコットランドに戻り、再びエジンバラで仕事を探そうとした。古くからの相談相手との競争に敗れると、キングス・カレッジ・ロンドンに移り、そこで最も有名な研究を行った。1862年ごろ、電磁波の速度と光の速度が一致することを計算によって導きだし、その11年後に、『電気磁気序説(A Treatise on Electricity and Magnetism)』という有名な本を出版している。

まとめの一言

電気と磁気は、
見え方は違うがともに電磁波

CHAPTER 23 プランクの法則

知ってる？

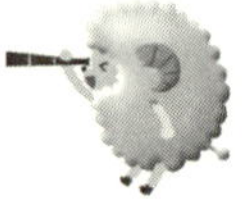

灼熱状態の鉄はなぜ白く輝く？

炎を赤熱と表現するのは、なぜでしょう？
鉄を熱していくと、はじめは赤く輝き、次に黄色、
さらに白と変化していくのはなぜでしょう？
マックス・プランクは熱と光の物理を組み合わせること
によって、こうした色の変化を説明しました。
光を連続した波としてではなく統計的にとらえた
プランクの革新的なアイデアは、
量子物理学誕生の端緒となりました。

timeline

1862
グスタフ・キルヒホフが
「黒体」という用語をはじめて使用

1901
プランクが
黒体放射の公式を発表

1905
アインシュタインが
光量子を提案

イギリスのハロルド・ウィルソン首相は1963年の有名な演説で、「白熱した[技術]革命」に驚きを表しました。でも、この「白熱」という言葉は、一体どこからやってきたのでしょうか？

熱の色

私たちは誰でも、物が熱せられると輝くことを知っています。バーベキューの炭や電気ストーブの輪は赤く光り、温度は数百度Cになります。千度C近くに達する(溶けた鋼鉄と同じくらい熱い)火山の溶岩は、さらに激しく輝いて、時にはオレンジ色や黄色、白くなることさえあります。電球に入っているタングステンのフィラメントの温度は、恒星の表面温度に近く、3000度Cを超えます。実際には、温度が高くなるにつれて最初は赤かったものが黄色に変わり、最後は白くなります。光が白く見えるのは、それまでの赤と黄色に青い光が多く加わるからです。このような色の広がりは、放射曲線として表されています(下の図を参照)。

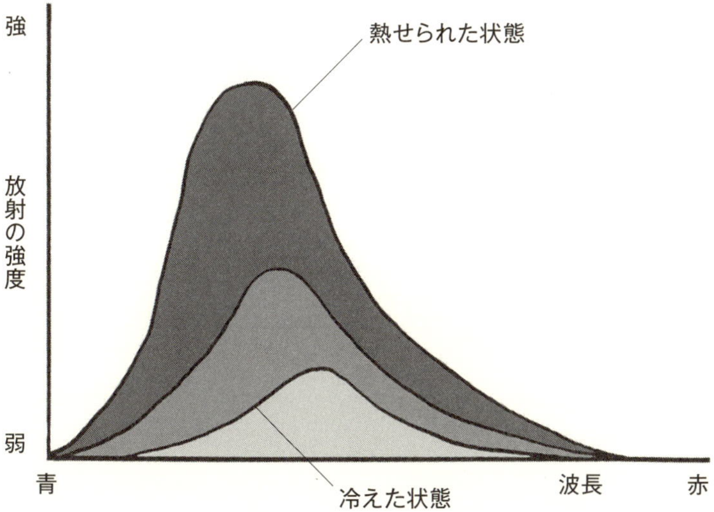

1996
COBE(宇宙背景放射探査機)が
宇宙マイクロ波背景放射の正確な温度を判別

恒星も同じ順序をたどり、温度が高いほど青みがかって見えます。太陽は6000K（ケルビン:57ページを参照）で黄色をしていますが、赤色巨星ベテルギウス（オリオン座にある星）の表面温度はその半分しかありません。夜空で最も明るく輝く恒星シリウスのように、温度がもっと高い星では、焼けつくような表面温度は3万Kにまで達して、青白く見えます。高温になればなるほど、周波数の高い青色の光が増えていくからです。実際、高温の恒星からやってくる最強の光はとても青く、ほとんどのエネルギーが、スペクトルの紫外線の部分で発せられています。

物体が出す光と温度の関係——黒体放射

19世紀の物理学者たちは、物が熱せられたときに発する光が、テストした物質が何であっても同じパターンに従うことに気づいて驚きました。光の多くの部分が、温度によって決まる、ある特定の周波数で輝いていたのです。温度が上昇すると、ピークの周波数が、より短い波長、つまりより高い周波数にシフトして、赤から黄色、そして青白い光へと変わっていきます。

黒体放射という用語には、もっともな意味があります。黒い物質は、最もよく熱を放射し吸収することができるのです。暑い日に黒いTシャツを着て出かけたことがあるなら、太陽の下で、白いTシャツよりも熱を帯びるのを知っているでしょう。白は、太陽光をよく反射します。暑い地方で家が白く塗られていることが多いのはそのためです。雪も日光を反射します。気象学者たちは、極地の万年雪が溶けて太陽光を宇宙に反射する量が減れば、地球温暖化はさらに急速に進むだろうと心配しています。それに対して黒い物質は、熱をよく吸収するだけでなく、より多く放出します。ストーブや暖炉の表面が黒く塗られている理由はここにあります——煤《すす》を見えにくくしているだけではありません！ つまり黒体（理想的な黒の物体）から放出される光に反射光は含まれず、すべてその物体自身が放出している光と見なすことができます。

量子論へとつながる革命

物理学者たちは黒体放射を測定してグラフにしましたが、それを理解することはできず、なぜ特定の周波数でエネルギーが最も大きくなるのかも説明できませんでした。当時を代表する学者だったヴィルヘルム・ヴィーン、レイリー卿、ジェームズ・ジーンズは、部分的ではありましたが解答を見つけました。ヴィーンが高い周波数でのエネルギーの減少を数学的に説明する一方、レイリーとジーンズは、低い周波数でのスペクトルの変化について説明しましたが、どちらの式もそれぞれスペクトルの反対側になると実験結果と一致しませんでした。特にレイリーとジーンズの式には、周波数が無限大になると無限のエネルギーが放たれることになるという問題があり、この問題は、「紫外発散」と呼ばれるようになりました。

黒体放射を理解しようとしたドイツの物理学者マックス・プランクは、熱と光の物理を結びつけました。プランクは、基礎に立ち戻って物理的な法則を導くのを好む、物理学での純粋主義者でした。エントロピーの概念と熱力学の第2法則（50ページを参照）に心を奪われていたプランクは、この考え方とマクスウェル方程式を自然の基本法則とみなし、それらがどのように結びつくかの証明に取り組みます。プランクは数学に全幅の信頼を寄せ、自分の方程式が正しい

人物紹介　マックス・プランク（1858～1947）

マックス・プランクはドイツのミュンヘンで学生時代を過ごした。音楽家を志し、ある音楽家に何を学ぶべきかと助言を求めたところ、その質問をする必要があるのなら何か他のものを学ぶべきだと言われた。物理学の教授も同様に励ましの言葉はくれず、科学としての物理学はもう完成しており、これ以上学べることはないと話したという。幸いプランクはこの言葉を無視して研究を続け、量子の概念を大きく広げることになった。人生は穏やかではなく、妻の死や子どもたちの死に苦しむ。ふたつの世界大戦でふたりの息子を失った。それでもプランクはドイツにとどまり、戦後ドイツでの物理学研究再建に尽力した。今日、いくつもの有名な研究所にマックス・プランクの名がつけられている。

と確信できれば、みんなが違う考えでも気にはしませんでした。考えた末、方程式を使えるようにするため、不本意ながら、方程式に巧みな修正を加えることにしました。熱力学の専門家が熱を扱うのと同じ方法で電磁放射を扱えばいいとする見通しを立てたのです。たくさんの粒子が熱エネルギーを共有しているのが温度であるように、ミクロの、振動して光を放出するもの(「共鳴子」と呼ばれるもの) の集まりがエネルギーを分け合っているシステムをプランクは考えました。

プランクは計算上の仮定として、共鳴子がもつ単位エネルギーが、その振動数に比例するとし、E=hν(Eは単位エネルギー、νは光の周波数(振動数)、hはプランク定数として知られている定数) という式を導入しました。このような単位は、「量子」と呼ばれるようになりました(下記和田先生のちょっと一言参照)。

エネルギー量子という新たな図式のもとでは、振動数の大きい共鳴子は、振動するためには大きなエネルギーをもたなければなりません。月給をいろいろな金額の紙幣100枚で受け取るとしたら、ほとんどを中くらいの金額の紙幣にし、高額の紙幣を数枚、低額の紙幣を数枚まぜることになるでしょう。多数の共鳴子でエネルギーを共有するのに最も確率の高い方法を考えたプランクのモデルでは、エネルギーの大半が中くらいの振動数をもつ共鳴子に集まり、それは黒体放射スペクトルのピークに一致していました。1901年、光を確率と結びつけた公式を発表したプランクは、大きな注目を集めました。この新しい考え方が、「紫外発散」の問題も解決することも明らかになりました。

プランクの量子はただ公式を導くための概念にすぎず、プランク自

賢人の言葉

「黒体理論」は絶望的な行為だった。どんなに高い代償を払おうと、なんとしても理論的解釈を見つけなければならなかったからだ。
——マックス・プランク、1901年

和田先生のちょっと一言

単位エネルギーとは、共鳴子がもちうる最低エネルギーである。一般にはその整数倍のエネルギーをもちうると仮定する。これがプランクの量子仮説である。共鳴子とは、電磁波を放出する原子・分子だと考えればいい。

身、自分が提唱した関係式$E=h\nu$の根拠は考えつけませんでした。しかし原子物理学が急激な発展をとげていた時期にあって、その新しい考え方は驚く意味を含んでいました。プランクのまいた種は、現代物理学で最も重要な分野のひとつとなっている量子理論へと、大きく育っていくことになります。

宇宙で見られるプランクの遺産

最も完全な黒体放射スペクトルは、宇宙からやってくる。空にはビッグバンの火の玉の名残であるかすかなマイクロ波の輝きが満ちており、膨張を続ける宇宙で低い周波数への赤方偏移（112ページを参照）を起こしている。この輝きは、宇宙マイクロ波背景放射（266～277ページを参照）と呼ばれるものだ。1990年代、NASA（アメリカ航空宇宙局）のCOBE《コービー》（宇宙背景放射探査機）がこの光の温度を測定した。背景放射は2.73Kという黒体放射スペクトルをもち、非常に均一なので、これまでに測定された最も純粋な黒体曲線とされている。地球上の物質で、そのような精密な温度をもつものはない。ESA(ヨーロッパ宇宙機関)は最近、新しい衛星にプランクの名を冠してその栄誉を称えた。その衛星は宇宙マイクロ波背景放射の詳細な地図を作ることになっている。

まとめの一言

熱せられた物体は
温度に則した光を発する

CHAPTER 24 光電効果

光は波か？
粒子か？

銅板に紫外線を当てると電子が発生します。
この「光電」効果は、アルバート・アインシュタインが
マックス・プランクのエネルギー量子という考え方に
ヒントを得て光の粒子（光子 - フォトン）という
アイデアを生みだすまで、謎とされていました。
アインシュタインは、光が連続した波としてだけでなく、
光子という粒子の流れとしても振る舞える
ことを明らかにしました。

timeline

1839
アレクサンドル・ベクレルが
光電効果を観察

1887
ヘルツが電磁波によって
電極間に発生した火花を測定

1899
J・J・トムソンが光による
電子の発生を確認

賢人の言葉

どんな問題にもふたつの面がある。
——プロタゴラス（BC485〜421年）

20世紀の夜明けとともに、物理学に新たな扉が開かれます。19世紀のうちから、紫外線が金属から電子を飛びださせることがよく知られていましたが、物理学者はこの現象を解明することによって、まったく新しい言葉を発明したのです。

青い光と赤い光では何が違う？

光電効果では、金属に青い光または紫外線を当てた場合に電子が発生しますが、赤い光では発生しません。赤い光はどんなに明るいものでも、電子を生みだすことはできません。電子が発生するのは、光の周波数がある限界値を超えた場合だけで、その限界値は金属によって異なります。この限界値は、電子の発生には一定量のエネルギーの蓄積が必要となることを示唆していました。確かに電子を発生させるエネルギーは光からやってくるとしか思われませんでしたが、19世紀末にはまだそのメカニズムがわかりませんでした。電磁波と電荷の動きはまったく違った物理現象のように見え、それらを結びつけるのは大きな難問でした。

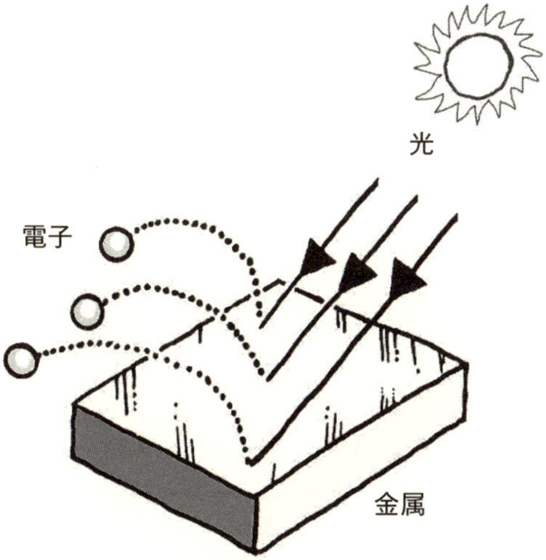

粒子としての光 —— 光子（フォトン）

1905年、アルバート・アインシュタインは光電効果を説明するまったく新しいアイデアを思いつきました。1921年にアインシュタインが受賞したノーベル賞は、相対性理論ではなく、この研究によるものです。アインシュタインは、マックス・プランクが提唱した、光を放出するもの（共鳴子）に量子という考え方（エネルギーが$h\nu$（138ページを参照）の整数倍にしかなれないということ）を適用することに納得しませんでした。彼はむしろ、光自体のエネルギーに量

1901
プランクがエネルギー量子の概念を発表

1905
アインシュタインが光量子説を提案

1924
ド・ブロイが、粒子は波として振る舞えると提案

子（光量子）という考え方を適用すべきだという議論を展開しました。アインシュタインの光量子は、後に光子（フォトン）と名づけられました。光子は質量をもたず、光速で進みます（下記和田先生のちょっと一言参照）。

光の波が連続的に金属に押し寄せるのではなく、個々の光子の粒が金属内の電子にぶつかってこれを動かし、光電効果を生みだすというのが、アインシュタインの考えでした。光子はその光の周波数に対応した一定のエネルギー（$h\nu$）を運んでいるので、はじきだされた電子のエネルギーもその光の周波数に対応します。（周波数の低い）赤い光の光子は十分なエネルギーをもっていないために電子を追いだすことができませんが、（周波数の高い）青い光の光子のエネルギーは大きいため、電子を追いだせます。紫外線の光子はさらに大きなエネルギーをもっているので、電子に激しくぶつかって、もっと高いスピードを生むことができます。光を明るくしても光子の数が増えるだけであり、赤い光子がいくら多くても、それぞれが電子を動かせなければ関係ありません。重いスポーツタイプの車にピンポン玉を雨のように浴びせるようなものです。アインシュタインの光量子という考え方は、ほとんどの物理学者が重視していた光を波として説明するマクスウェル方程式に反していたため、当初は不評でした。ところが実験によってアインシュタインの奇抜なアイデアが真実だとわかると、流れがガラリと変わります。それらの実験は、光電効果で放出された電子のエネルギーが光の周波数の増加に比例して増えることを実証していました。

賢人の言葉

物体の表面層にエネルギー量子（光量子）が侵入し、そのエネルギーの少なくとも一部は電子の運動エネルギーに変換される。最も単純に考えると、1個の光量子がその全エネルギーを1個の電子に受け渡すことになる。

——アルバート・アインシュタイン、1905年

和田先生のちょっと一言

1905年のアインシュタインの論文（光量子を提案）の主題は黒体放射の公式から光量子を導くことであり、光電効果はその応用例として論文の終りのほうで言及しているにすぎないが、ノーベル賞ではこの部分が授賞理由となった。光量子(light quantum)とは、光のエネルギーの最小単位$h\nu$を指す言葉であり、光をエネルギー$h\nu$をもつ粒子の集合と考えたときに、その粒子を光子(photon:フォトン)と呼ぶ。

太陽電池

現在、太陽電池の技術として光電効果が利用されているが、たいていは純粋な金属ではないシリコンのような半導体が素材として使われる。

波と粒子の二重性

アインシュタインが提唱した考え方は議論を呼んだばかりでなく、光は波でもあり粒子でもあるという厄介な性質を浮上させ、これは波と粒子の二重性と呼ばれました。それまでは、光の挙動はいつも波の挙動と同じで、障害物をよけて曲がり、回折し、反射し、干渉しました。今やアインシュタインは光が光子の流れでもあることを示して、大きな波紋を呼び起こしたのです。

物理学者たちは今もこの対立に取り組んでいます。現在では、光はさまざまな状況の下で、波と粒子のどちらとして振る舞うべきかを知っているように思えることもわかっています。回折格子を通すなど、波としての特性を測定する実験を準備すると、光は波として振る舞います。粒子としての特性を測定しようとすれば、やはり粒子として振る舞ってくれます。

物理学者たちは、光の本性をとらえる巧妙な実験を考えだそうとしてきましたが、これまでのところ、すべて失敗に終わっています。多くはヤングの二重スリットの実験（109ページを参照）を発展させたものです。光線がふたつの狭いスリットを通過してスクリーンにぶつかるような光源を想像してください。両方のスリットを開いておくと、干渉縞と呼ばれる、見慣れた明暗の縞模様が見られます。知っての通り、光は波なのです。ところが光をどんどん暗くしていくと、あるところからは、個々の光子が1個ずつ開口部を通過するようになり、スクリーン上には、光子がたどり着いた輝きがひとつずつ見られるようになります。しかしこの場合にも、実験を何度も繰り返せば光子は全体として縞模様の干渉パターンを見せます。

それでは個々の光子は、どのようにふたつのスリットがあることを認識して、全体として干渉パターンを作るのでしょうか？ 実験者が機敏なら、1個の光子が光源を離れた直後、あるいは光子がスリットを通過してからスクリーンにぶつかるまでの間に、一方のスリットを閉じることもできるでしょう。物理学者がこれまでにテストできたどの場合においても、光子は通過する時点でスリットがひとつ開いているかふたつとも開いているかを知っていました。ふたつとも開いているときは、光子がひとつだけ飛んでいるときでも、それぞれの光子が両方のスリットを同時に通過しているように見えます（下記和田先生のちょっと一言参照）。

ところがさらに工夫をして、スリットの一方に検出器を備えると（光子がそのスリットを通過したのか別のスリットを通過したのかわかるようにすると）、奇妙なことに、干渉パターンは消えてしまいます――スクリーンには、それぞれのスリットの後方に平凡な光子の痕跡の集まりがふたつできるだけで、干渉縞は生じません。このように、どんな工夫を凝らして光の本性をとらえようとしても、光子はどのように行動すればよいかを知っています。そして光は波と粒子の両方として振る舞い、どちらか一方だけのことはありません。

逆のアイデア――物質波

1924年、フランスの物理学者ルイ＝ヴィクトール・ド・ブロイが、物質を構成する粒子も波（物質波と呼ぶ）として振る舞えるという逆のアイデアを提唱しました。あらゆるものが波の性質をもち、粒子と波の二重性は普遍的、つまり粒子にも光にも成り立つとする考えです。その3年後には、電子も光とまったく同じように回折および干渉することが実証され、この物質波というアイデアは認められました。いまでは、中性子や陽子、さらに最近ではサッカーボールに似た炭素分子

和田先生のちょっと一言

ひとつの光子がふたつに分解して、ふたつのスリットを「同時に通過」しているわけではない。量子力学ではこのような状況を、ふたつの状態が「重ね合わされて」いる、あるいは「共存している」という。光子が一方のスリットを通過したという状態と、その光子がもう一方のスリットを通過した状態が、共存しているのである。

「バッキーボール（C_{60}）」をはじめとした分子など、より大きい粒子も波のように振る舞うことが確認されています。ボールベアリングのような大きい物体でも同じですが、波長は非常に小さくて目には見えないので、私たちにはそれらが波のように振る舞っているかどうかわかりません。コートで空中を行き交っているテニスボールの（重心部分の）波長は10^{-34}メートル。陽子の幅（10^{-15}メートル）より短い長さです。

このように、光は粒子でもあり、電子、そして他のすべての粒子も時には波であることになり、光電効果の分析から始まった話はひと巡りしたことになります。

人物紹介　**アルバート・アインシュタイン（1879～1955）**

1905年は、スイスで特許局員として働いていたドイツ生まれのパートタイム物理学者にとって「奇跡の年」になった。アルバート・アインシュタインはこの年、ドイツの『物理学年報』誌に3つの物理論文を発表している。それらはブラウン運動、光電効果、特殊相対性理論を説明するもので、すべてが画期的な内容だった。アインシュタインの評判は高まり、1915年には一般相対性理論を生みだし、古今を通じて比類ない科学者であることを裏づける。そしてその4年後に日食の観測によって一般相対性理論が正しいことが証明されると、アインシュタインの名は世界中に知られるようになった。アインシュタインは1921年に、量子力学の発展に大きな影響を与えた光電効果の研究でノーベル賞を受賞した。

まとめの一言

光は波でもあり粒子でもある

CHAPTER 25 シュレーディンガーの波動方程式

量子の謎

知ってる？

電子はどこにある？

粒子が波として広がっているなら、ひとつの粒子がある場所はどうすればわかるのでしょうか？
エルヴィン・シュレーディンガーは、波として振る舞っているひとつの粒子が、ある位置に来る確率を計算する画期的な方程式を導きました。
この方程式は原子の中にある電子のエネルギー準位を示すことになり、量子力学だけでなく、近代化学の確立にも大きく貢献しました。

timeline

1897
J・J・トムソンが電子を発見

アインシュタインとフランスの物理学者ルイ＝ヴィクトール・ド・ブロイによれば、粒子と波は密接に関係しています。光をはじめとした電磁波は両方の特性をもち、素粒子や物質の分子までもが波として回折や干渉をします。

しかし、波は連続してつながっており、粒子はつながっていません。では、粒子が波の形で広がっているとしたら、粒子のある位置をどのようにして知ることができるのでしょうか？　オーストリアの物理学者エルヴィン・シュレーディンガーが1926年に導きだしたシュレーディンガー方程式は、波として振る舞っている粒子が一定の位置にある可能性を、波の物理的性質と確率を使って説明するものです。この式は、原子の世界の物理学である量子力学にとっての土台となっています（下記和田先生のちょっと一言参照）。

シュレーディンガー方程式は、はじめ、原子の中の電子の位置を表すのに用いられました。シュレーディンガーは電子の波のような振る舞いを説明しようとしたと同時に、ドイツの物理学者マックス・プランクが提唱したエネルギー量子（134ページを参照）という考え方も組み込もうとしたのです。それは、波のエネルギーが、波の周波数（振動数）に対応するエネルギーをもった基本要素で構成されているという考え方でした。量子は最小の構成要素で、波に粒子性を与えるものです。

和田先生のちょっと一言

粒子は特定の位置にいるわけではなく、さまざまな位置にいる状態が共存している（重ね合わさっている）。つまりサイコロの目が何になるかといった問題とは異なり、特定の位置にいる確率といった量は定義できない。しかし粒子がどの位置に「発見」されるかという確率は定義でき、シュレーディンガー方程式を使って計算できるのはこの確率である。つまり量子力学での確率とは、「存在確率」ではなく「発見確率」である。しかし、この違いはしばしば曖昧にされる。

1913
ボーアが原子核を巡る電子の軌道について仮説を提唱

1926
シュレーディンガーが波動方程式を発表

大成功を収めた原子モデル——ボーアの原子

量子化されたエネルギーという考え方を原子内の電子に当てはめたのは、デンマークの物理学者ニールス・ボーアです。電子は簡単に原子から離れ、しかも負の電荷を帯びているので、惑星が太陽のまわりを軌道を描いて巡っているように、電子は正の電荷を帯びた原子核の周囲をまわり続けているとボーアは考えました。ただし、電子は特定のエネルギーのみをもつことができると考えます。したがって、原子の中にとどまっている電子がいられる場所は、許される各エネルギーに応じた層（通常、殻(shell)という）に限られます。惑星が、なんらかの規則によって定められる、いくつかの特定の軌道しか動けないといった状況です（下記和田先生のちょっと一言参照）。

ボーアのモデルは大成功を収め、特に単純な水素原子にはとてもよく当てはまりました。水素には電子が1個だけあって、原子核となる正の電荷を帯びた粒子である1個の陽子のまわりをまわっています。ボーアの方法で量子化されたエネルギーは、水素が放出および吸収する光に固有の波長を、理論的に説明しました。

水素原子の中にある電子のエネルギーが高まると、電子ははしごを登るように、もっと高い段（殻）に飛び移ります。電子が高い段に登るためには、それにぴったり合ったエネルギーをもつ光子から、エネルギーを吸収しなければなりません。そのため、電子のエネルギー準位を上げるには特定の周波数の光が必要になります。その逆に、電子は段を登った後で下の段にもう一度降りることもでき、そのときは（登るときに吸収した光と）同じ周波数をもった光の光子を放出します（149ページの図を参照）。

和田先生のちょっと一言

光のエネルギーが$h\nu$の整数倍というように、エネルギーEに制限をつけることを「量子化」という。原子中の電子の場合も、電子の波の振動数をνとすれば$E=h\nu$となるが、νを決める公式は複雑である。

原子

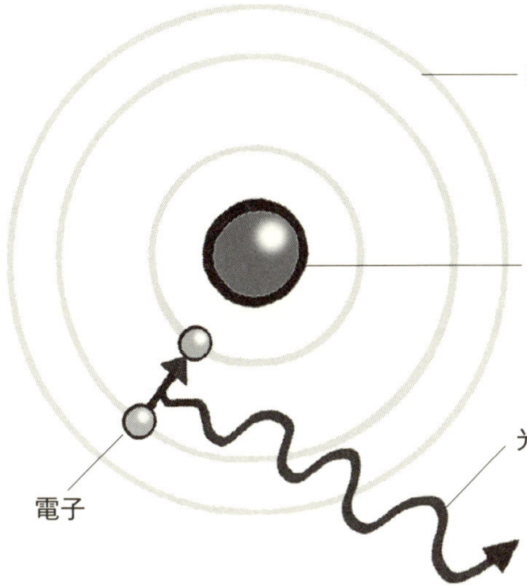

スペクトルの中に見られる原子の指紋

水素は、中にある電子にエネルギーのはしごを登らせることにより、はしごの段と段の間のエネルギー・ギャップに相当する特定の周波数の光子を吸収します。その気体に白色光を当てれば、その周波数をもつ光は吸収されてしまうので、それらの周波数の光は消えて、その部分のスペクトルは真っ暗になります（暗線）。また、熱をもった水素の中の電子がはしごを降り始めると、スペクトルに明るい何本もの線（明線）が現れます。これら水素に固有のスペクトルを測定すると、それはボーアの予測に一致していました。原子はすべて、それぞれ異なる固有の周波数の位置に、同様の線を生みだします。それを見れば原子の種類を見分けられるので、原子の指紋と呼ぶことができるでしょう（下記和田先生のちょっと一言参照）。

和田先生のちょっと一言

光をプリズムで分割するように、周波数別（波長別）に光を分解したものを、その光のスペクトルという。たとえば、赤い光は、その周波数に対応する部分のスペクトルが強いから赤い、ということになる。原子が発する、あるいは原子の気体を通過してきた光のスペクトルをみると、特定の周波数の部分が特に強くなっていたり（明線）、逆に欠けていたり（暗線）する。

電子の場所を突き止める——波動関数

ボーアが示したエネルギー準位は水素ではぴったりでしたが、原子核がもっと重く、電子が2個以上ある原子では、それほど正確には計算できませんでした。その上、電子を波とみなす必要もあるという、ド・ブロイが示した謎も残っていました。つまり、それぞれの電子の軌道を波面と考えることもできますが、電子を波とみなせば、ある時点でその電子が軌道上のどこにあるかを求めることはできなくなります。

ド・ブロイのアイデアからインスピレーションを得たシュレーディンガーは、粒子が波として振る舞っているときの位置を説明できる方程式を書きました。このシュレーディンガーの方程式は、量子力学の基礎となっています。

シュレーディンガーの方程式では、粒子がある時点に、ある位置に来る（ある位置で発見される）確率を表すため、またその粒子についてわかるあらゆる情報を組み込むために、波動関数という考え方が取り入れられています。波動関数はわかりにくいことで知られています。私たちは自分の目で直接見たことがないし、頭の中で思い描くことも、その概念を解釈することさえ、とても難しいからです。

シュレーディンガーの方程式によってもたらされたブレークスルーから、原子内の電子の振る舞いを表す新しいモデルが生まれました。それは、電子が80％から90％の確率で「存在」すると考えられる領域の輪郭を描いたものです（ここから、まったく違う場所にある確率も少しはあるという問題が提起されます）。その姿は、ボーアが予想した球状の殻ではなく、もっと伸びた、ダンベルやドーナツのような形状でした。化学者たちは今、この知識を使って分子を扱っています。

シュレーディンガーの方程式は、波動と粒子の二重性という考え方を原子のみならずすべての物質にまで広げて、物理学に革命を起こしました。シュレーディンガーはまさに、ヴェルナー・ハイゼンベルク（152ページを参照）その他の科学者たちと並んで、量子力学の創始者のひとりです。

賢人の言葉

月曜と水曜と金曜には神が波動理論で電磁気を支配し、火曜と木曜と土曜には悪魔が量子論でそれを支配する。

——サー・ウィリアム・ブラッグ（1862～1942年）

箱の中の粒子

自由空間に浮かんでいる孤立粒子は、正弦波（sine曲線）に似た波動関数をもつ。粒子を箱の中に閉じ込めてしまえば、箱の壁および箱の外にいることはあり得なくなるので、そこでは波動関数がゼロでなければならない。一方で箱の中での波動関数は一般にゼロではなく、粒子のもてるエネルギー準位（エネルギー量子）を考えることによって求められる。量子仮説では、粒子は特定のエネルギー準位のみをもつことができるため、ある位置にある確率は別の位置にある確率より高く、箱の中にも粒子が見つからない位置、つまり波動関数がゼロになる位置があることになる。たくさんの高調波（倍音）で成り立っている音楽の音のように、さらに複雑な系では、複数の正弦波やその他の関数を組み合わせた波動関数をもつ。従来の物理学では、（微小なボールベアリングのような）箱の中の粒子の運動を説明するにはニュートンの法則を用いる。その場合、どの瞬間にもその粒子がどこにあるか、どの方向に動いているかを正確に知ることができる。しかし量子力学では、粒子がどの瞬間にどの位置にあるかの確率のみを語ることができ、正確な位置を知ることはできない。

まとめの一言

電子のありかは
波動方程式で予測可能

CHAPTER 26 ハイゼンベルクの不確定性原理

知ってる？

同時に測定できないふたつの量とは？

ハイゼンベルクの不確定性原理は、
ある瞬間の粒子の速度（または運動量）と位置の
両方を正確に求めることはできない、というものです。
もっと正確に表すなら、どちらか一方を測定すると、
もう一方を測定するのはどんどん難しくなる、ということです。
ヴェルナー・ハイゼンベルクは、粒子を観測する行為そのものが
粒子を変化させるので、正確に知ることは不可能だと
論じました。そのため、どんな素粒子の挙動も、
過去か未来かに限らず、確実に予測することは
できません。決定論は終焉を迎えます。

timeline

1687
ニュートンの運動の法則が決定論に基づく宇宙を示唆

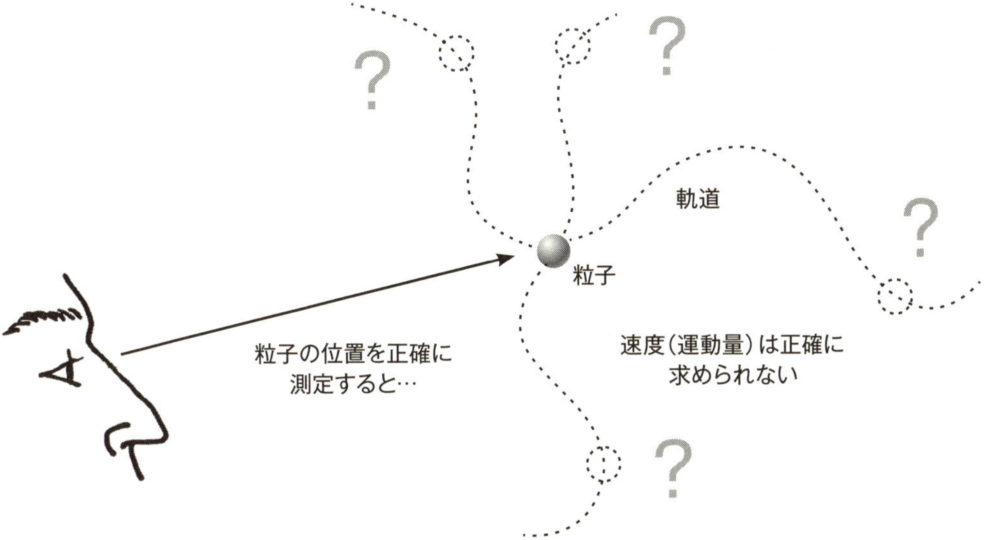
軌道
粒子
粒子の位置を正確に
測定すると…
速度(運動量)は正確に
求められない

1927年、ドイツの物理学者ヴェルナー・ハイゼンベルクは量子論から奇妙な予測が生まれることに気づきました。測定する行為そのものが結果に影響を与えるので、実験を完全に分離して行うことはできないことを示唆していたのです。そこでこのつながりを「不確定性原理」として表現しました——素粒子の位置と運動量を同時に(あるいは、時間とエネルギーを同時に)正確に測定することはできないというものです。一方がわかれば、もう一方はいつも不確定になります。両方をある一定の誤差内で測定することはできますが、一方の誤差を狭めていけば、もう一方の誤差は大きくなります。

一方が正確なら他方は不確か

どんな測定を行う場合でも、結果に不確定な要素はつきものです。たとえば巻尺でテーブルの長さを測り、1メートルだとわかったとしても、巻尺の最小の目盛は1ミリなので、巻尺で測れるのは1ミリ程

1901
プランクの法則が統計的手法を利用

1927
ハイゼンベルクが不確定性原理を発表

度の精度でしかありません。テーブルの長さは実際には99.9センチまたは100.1センチに近いかもしれませんが、そうだとしてもわかりません。

不確定性を巻尺のような、測定する道具の限界によるものだと考えるのは簡単ですが、ハイゼンベルクの説明は根本的に異なっています。彼の原理は、どんなに正確な道具を使ったところで、運動量と位置の両方を同時に正確に知ることはできないと言っているのです。両方をおおまかに知ることはできますが、一方に注目すると、もう一方は不確かになります。

測定には根本的に限界がある

この問題は、どのようにして起こるのでしょうか？　ハイゼンベルクは、中性子のような素粒子の運動を測定する実験を想定しました。レーダーを使えば、電磁波を反射させることによって粒子を追跡することができます。最も正確に測るなら、波長がとても短いガンマ線を選びます。ところが波動と粒子の二重性があるため、中性子にぶつかるガンマ線の光線は、次々に繰りだされる光子の弾丸のようなものです。ガンマ線の周波数は非常に高いので、ひとつひとつの光子は大きなエネルギーを運んできます。大きな光子が中性子にぶつかれば、大きな衝撃が伝わり、その速さを変えてしまうでしょう。だからその瞬間に中性子の位置がわかったとしても、測定というプロセスそのものによって速さが変わってしまい、その変化は予測できません（下記和田先生のちょっと一言参照）。

和田先生のちょっと一言

量子論での不確定性を直感的に説明するのはかなり難しく、ここでの説明には注意が必要である。粒子の位置を測定すると速さが変わってしまうというのは、量子論でなくても当然のことで、量子論で問題になるのは、測定に使う光の波的な性質のため、粒子の速さの変化が正確にわからないことである。不確定性原理は、測定とは離れて、粒子が波として記述される結果だとみなすこともできる。波とは本来、位置や速さが不確定なものであり、特殊なケースでは位置あるいは速さを特定できるが同時にはできない、という事情を表すものだと考えてもよい。

もっとエネルギーの小さい、柔らかい光子を使い、速度の変化を最小限に抑えようとすると、その波長は長くなるので位置を測る精度は落ちてしまいます。実験をどんなに最適化しても、粒子の位置と速度を同時に詳しく知ることはできません。ハイゼンベルクの不確定性原理で述べられている、根本的な限界が存在するのです。

実際には、素粒子と電磁波が両方とも波と粒子のまじりあった振る舞いをするので、何が起こっているかを理解するのはさらに難しくなります。粒子の位置、運動量、エネルギー、時間はすべて、確率を用いて定義されるものです。シュレーディンガーの方程式（146ページを参照）は、粒子が一定の位置にある確率、または一定のエネルギーをもつ確率を計算するために、粒子のすべての性質を波動関数としてまとめあげています。

ハイゼンベルクはオーストリアの物理学者エルヴィン・シュレーディンガーとほぼ同時期に量子論を研究していました。シュレーディンガーは素粒子の波のような側面を研究するのが好きだったのに対し、ハイゼンベルクはエネルギーの階段的な性質を掘り下げています。そしてふたりとも、それぞれの強い好みに従って、量子系を数学的に説明する、それぞれの方法を明らかにしました。手段として、シュレーディンガーは波動の数学を、ハイゼンベルクは数値を二次元に並べた表である行列を、それぞれ用いたのです。

行列による方法と波による方法にはどちらにもそれぞれの支持者ができ、どちらの陣営も相手方が間違っていると考えていました。しかし最終的には力を合わせ、量子力学と呼ばれる、統一された理論を確立するに至ります。避けて通ることのできない不確定性をハイゼンベルクが見つけたのは、統一的な解釈を導きだそうとしていた最中でした。1927年に同僚であるオーストリア出身のスイスの物理学者ウォルフガング・パウリに宛てた手紙の中で、このことを伝えています。

粒子の軌道は観測してはじめて現れる

ハイゼンベルクは不確定性原理がもつ深い意味合いに気づいてお

り、それが従来の物理学にどのように異議を唱えることになるかを指摘しました。まず、素粒子の過去の挙動は、測定するまでとらえることはできません。ハイゼンベルクによれば、軌道は観測した時点ではじめて出現します。測定するまで、何かがどこにあったかを知る方法はないのです。また、粒子の未来の軌道も予測できないとハイゼンベルクは指摘しています。位置と速度に関するこうした深い不確定性のために、未来の結果もやはり不確定でした。

ハイゼンベルクの不確定性関係

$$\Delta x \Delta p > \frac{\hbar}{2}$$

$$\Delta E \Delta t > \frac{\hbar}{2}$$

これらの説明はともに、当時のニュートン物理学との間に大きな亀裂を生みました。ニュートン物理学では、外界は独立したものとして存在し、実験の観測者はただそれに向き合って根本にある真実を見出すことを前提としていました。しかし量子力学は、原子レベルになるとそのような決定論的な考え方は無意味になり、人が論じることができるのは結果の確率だけであることを示しました。もう原因と結果について確定したものとして述べることはできず、言えるのは

和田先生のちょっと一言

量子論が誕生してから100年ほどたった今でも、これをどのような理論として解釈するかは、学問的にまだ決着がついていない。26章および27章で説明されている話は、コペンハーゲンにいたボーアやハイゼンベルクが中心になって提唱した解釈なのでコペンハーゲン解釈と呼ばれるが（158ページを参照）、それとは別に、波動関数は多くの世界を同時に表しているという多世界解釈という主張もある（167ページを参照）。

見込みだけです。アインシュタインをはじめとした数多くの科学者たちは、この考えを受け入れ難く思いましたが、方程式がそれを示していることには同意せざるを得ませんでした。物理学はこうしてはじめて、経験的な実験室の領域をはるかに超え、抽象的な数学の世界へと確実に足を踏み入れたのでした（前のページの和田先生のちょっと一言参照）。

賢人の言葉

位置を確定する精度を高めれば高めるほど、その瞬間の運動量を確定する精度は低くなり、その逆も同じだ。

——ヴェルナー・ハイゼンベルク、1927年

人物紹介　ヴェルナー・ハイゼンベルク（1901~76）

ヴェルナー・ハイゼンベルクはふたつの世界大戦の時代をドイツで過ごした。第一次世界大戦中に思春期を迎え、組織的な屋外活動や肉体労働を重んじる軍国主義的な青年運動に身を投じている。夏は農場で働き、時間があれば数学を勉強した。ミュンヘン大学に入学後は理論物理学を学び、大好きな田園生活と科学の抽象世界との間を行ったり来たりするのは難しいことを悟った。博士課程を取得した後は学究の道を歩むことに決め、コペンハーゲンを訪れた際にアインシュタインに出会っている。そして1925年には行列力学と呼ばれる、量子力学の最初の形式を生みだして、1932年にこの研究によってノーベル賞を受賞した。現代では、1927年に導いた不確定性原理が最も有名だ。
ハイゼンベルクは第二次世界大戦中、結局は不成功に終わったドイツの核兵器開発プロジェクトを率い、原子炉の研究をした。ドイツが核兵器を作れなかったのは、意図的な力が働いたせいか、それとも単なる資源不足のせいかは、議論の余地がある。大戦後、ハイゼンベルクは連合軍にとらえられ、他のドイツの科学者たちとともにイギリスに軟禁されたが、その後はドイツに戻って研究を続けた。

まとめの一言

位置が定まると速度がぼやけ
速度が定まると位置がぼやける

CHAPTER 27 コペンハーゲン解釈

光はなぜ波にも粒子にもなる?

量子力学の方程式は科学者たちに
正しい答えを示しましたが、それは何を意味して
いるのでしょうか? デンマークの物理学者
ニールス・ボーアは量子力学のコペンハーゲン解釈を
作り上げて、シュレーディンガーの波動方程式と
ハイゼンベルクの不確定性原理を融合しました。
ボーアは、観測者から独立した実験など存在せず、
観測者の介入が量子実験の結果を決めると論じています。
そう論じることによって、科学の客観性と
いうものを問題にしたのです。

timeline

1901
プランクが黒体放射の法則を発表

1927年、量子力学についての相反する主張が盛んに論じられていました。オーストリアの物理学者エルヴィン・シュレーディンガーは、量子の挙動の裏には波の物理的性質があり、それはすべて波動方程式を用いて説明できると主張しました。一方、ドイツの物理学者ヴェルナー・ハイゼンベルクは、自らが行列表現で説明した電磁波と物質の粒子の性質こそ、最も重要だと確信していました。ハイゼンベルクはまた、私たちの理解には不確定性原理によって根本的な限界があることも示しました。素粒子の運動を表すパラメーターはすべて、本質的な不確定性をもっているから、観測によって確定されるまでは過去も未来も未知であるとしたのです。

また別のひとりは、すべての実験と理論をひとまとめにし、全体を説明できる新しい図式を作ろうとしました。それがニールス・ボーアで、コペンハーゲン大学で学部を率い、水素原子の中の電子のエネルギーを説明した科学者です(148ページを参照)。ボーアはハイゼンベルクやドイツ出身のイギリスの物理学者マックス・ボルンなどと力を合わせて、量子力学の全体を見渡す視野を作り上げ、それはコペンハーゲン解釈と呼ばれるようになりました。その他にもさまざまな見方が提唱されてきましたが、単純で使いやすいため、現在の量子力学の大部分の教科書でこの解釈が採用されています。

現象にはふたつの側面がある —— 相補性

ニールス・ボーアは、新しい科学に哲学的なアプローチをもち込みます。特に、量子実験の結果に観測者が与える影響を強調しました。まず、物質や光の波と粒子という側面は、同じ現象のふたつの面であり、ふたつの異なる種類の事象ではないという、「相補性」の考えを提案しました。心理テストではどう見るかによって同じ絵の見え方が切り替わるように——左右対称のインク染みのような模様が、ひとつの壺に見えたり向かい合ったふたつの顔に見えたりするように

1905
アインシュタインが光量子を用いて光電効果を説明

1927
ハイゼンベルクが不確定性原理を発表
コペンハーゲン解釈が提示される

――波と粒子という性質は同じ現象を見る相補的な方法だということです。性質を変えたのは光ではなく、私たちの見方のほうだということになります。

量子系と、人間の尺度で見た私たち自身の経験をはじめとした通常の系との間のギャップを埋めるために、ボーアは「対応原理」も発表します。これは、私たちが見慣れている大きい系では量子の振る舞いは消え、そこではニュートン物理学が適切だとするものでした。

観測対象の振る舞いは観測が決める

ボーアは、素粒子の位置と運動量（速さ）を同時に測ることはできないという不確定性原理の、最も重要な点に気づきました。もしひとつの量を正確に測ると、もうひとつの量は本質的に不確定です。ハイゼンベルクは、測るという行為そのものの力学によって不確定性は生じると考えました。何かを測るには、たとえ見るだけにしても、私たちはその対象に光の光子をぶつけなければなりません。それによって必ずなんらかの運動量やエネルギーが伝わるので、この観測という行為は粒子の本来の運動を乱したことになります。

それに対してボーアは、ハイゼンベルクの説明には欠陥があるとしました。測る対象となっている系から、観測者を完全に切り離すことはできないと論じたのです。系の最終的な振る舞いを決めるのは観測という行為そのものであり、単純なエネルギーの移動のためでなく、量子物理学の確率的な波動と粒子の振る舞いによるものだとしました。ボーアの考えによれば、系の振る舞い全体をひとつのものとみなす必要があり、粒子、レーダー、そして観測者そのものも切り離すことはできません。リンゴを見るときでも、リンゴから跳ね返ってくる光子を処理する自分の脳の視覚体系まで含めた、系全体の量子的性質を考える必要があるという主張です。

ボーアはまた、「観測者」という言葉が悪いとも指摘しました。それは、見られている世界から切り離された、外にいて見る者という図式を連想させるからです。アンセル・アダムスのような写真家は、ヨセミテ渓谷の手つかずの自然美をとらえると表現されますが、それは本当に手つかずでしょうか？ 写真家自身がそこにいるのだとしたら、どうして手つかずであることができるでしょう？ 実際の図式は、自然の中に人が立っているのであって、そこから切り離されているわけではありません。ボーアにとって、観測者は実験の一部分そのものでした。

観測者の関与というこの考え方は、科学がそれまでずっと従ってきたやり方、科学的客観性という根本的な概念に真っ向から対立するため、物理学者たちにとってショッキングなものでした。哲学者もたじろぎました。自然はもはや機械論に基づくものでも予見できるものでもなく、深いところで本質的に不可知ということです。過去や未来という単純な考え方はもちろんのこと、基本的な真実の概念にとって、これは何を意味するのでしょうか？ アインシュタインやシュレーディンガーなどの科学者たちにとっては、外部にある決定論的で検証可能な宇宙に対する確固たる信頼を断ち切るなど、そう簡単にはできませんでした。アインシュタインは、確率によってのみ説明できる量子力学の理論は、少なくとも不完全なものにちがいないと確信していました。

賢人の言葉

私たちはジャングルの中にいて
試行錯誤しながら行く手を探し、進むにつれて
後ろに道ができていく。
——マックス・ボルン（1882～1970年）

決めるのは観測者——波動関数の収縮

私たちが粒子と波を、いずれか一方のものとして観測するなら、どちらの姿になるかは何が決めるのでしょうか？ ふたつのスリットを通過する光は、なぜ月曜には波のように干渉しながら、火曜に光子としてとらえようとすると、粒子のような振る舞いに変わるのでしょうか？ ボーアとコペンハーゲン解釈の支持者たちによれば、光は同時に波と粒子の両方の状態で存在します。そして測定されるとき、どちらか一方の姿をまといます。私たちはどのように測定したいかを決めることによって、前もってどちらになるかを選んでいるわけです。

粒子か波か、この意思決定の時点で、波動関数が収縮したと言います。シュレーディンガーの波動関数に含まれている、結果に関するすべての可能性が一気に縮み、最終的な結果以外のすべてが失われるのです。つまりボーアによれば、光が波と粒子のどちらの姿をして

波動関数の変化

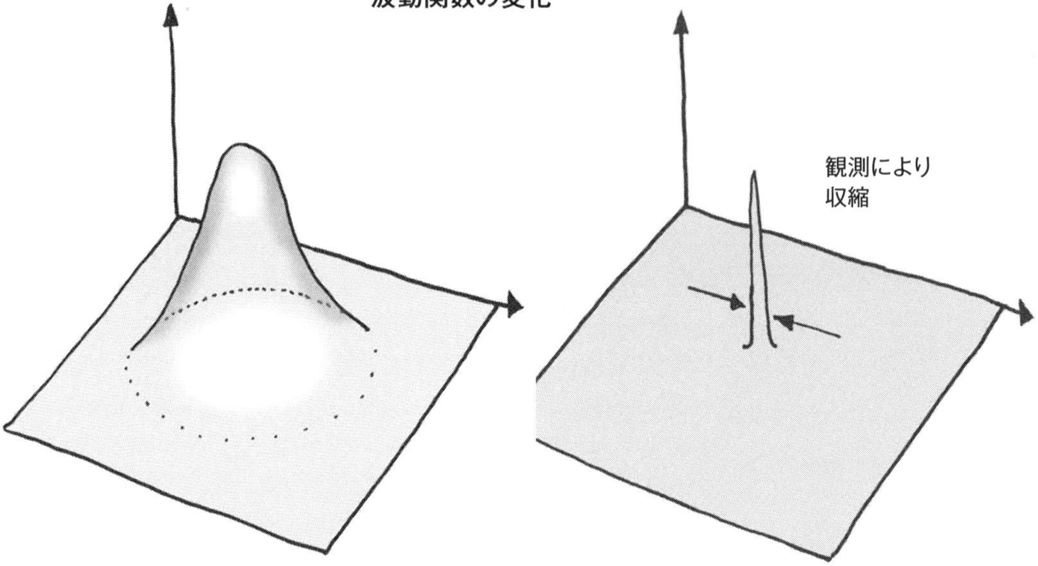

いるかに関係なく、光を表す波動関数にはあらゆる可能性が含まれています。私たちがそれを測定するときどちらか一方の形をとるのは、光が一方の形式をもつ物質に変化するのではなく、同時に両方の性質をもっているからです。量子はリンゴでもオレンジでもなく、その混合です。

科学者たちは今でも量子力学の意味するところを直観的に理解できず、ボーア以降にも別の科学者が新たな解釈方法を次々と提唱しています。量子の世界を理解するためには白紙の段階まで戻る必要があり、日常生活で慣れた概念を使用することはできないと、ボーアは論じました。量子の世界は不慣れで聞きなれない、何か別の世界ですが、私たちはそれを受け入れるしかありません。

賢人の言葉

量子論にショックを受けない者は、まだそれを理解していない。
——ニールス・ボーア（1885～1962年）

人物紹介 ニールス・ボーア（1885～1962）

ニールス・ボーアはふたつの世界大戦の時代を生き、周囲のすぐれた物理学者たちとともに研究を続けた。若き日にはコペンハーゲン大学で物理学を学び、父親の生理学研究室で物理学の実験をして賞を受けている。博士号を取得するとイギリスに渡ったが、J・J・トムソンと折り合いが悪く、マンチェスターでアーネスト・ラザフォードのもとで研究した後、コペンハーゲンに戻って「ボーアの原子」（今でもほとんどの人々が思い描いている原子モデル）に関する研究を完成させた。ノーベル賞を受賞したのは1922年、量子力学が完全に姿を現す直前のことだ。1930年代には、ヒトラーの支配するドイツを出た科学者たちがコペンハーゲンにあるボーアの理論物理学研究所に集まるようになり、ボーアはデンマークのビール醸造会社カールスバーグから寄贈された屋敷で、彼らをもてなすようになる。1940年にナチスがデンマークを占領すると、ボーアは漁船に乗ってスウェーデンに渡り、イギリスへ逃れた。

まとめの一言

波になるか粒子になるかは観測者の意思次第

CHAPTER 28 シュレーディンガーの猫

量子の謎

知ってる?

猫は生きてる?
それとも死んでる?

シュレーディンガーの猫は、同時に生きてもいるし死んでもいます。この仮想実験では箱の中に入れた猫が、粒子の、あるランダムな振る舞いに応じて、毒のカプセルによって殺されているかもしれないし殺されていないかもしれません。オーストリアの物理学者エルヴィン・シュレーディンガーはこのメタファーを用いて、量子論のコペンハーゲン解釈がどれほどバカげたものかを示そうとしました。コペンハーゲン解釈によれば、結果が実際に観測されるまで猫は生死の決まらない状態にあって、同時に生きてもいるし死んでもいるはずです。

timeline

1927
量子力学のコペンハーゲン解釈

1935
シュレーディンガーが量子の猫の実験を提唱

量子論のコペンハーゲン解釈（158ページを参照）によれば、観測者がスイッチを入れて自分の実験の結果をひとつ選ぶまでの間、量子系は「可能性の雲」として存在しています。観測されるまで、その系はあらゆる可能性をもっていることになります。光は、私たちがどちらの姿で観測したいかを決めるまでは粒子と波動の両方であり、決めた瞬間にそれに応じた姿をとります。

可能性の雲というイメージは、光子や光波のような抽象的な対象についてはふさわしいように聞こえるかもしれませんが、私たちが認識できるくらい大きいものの場合は、どんな意味をもつのでしょうか？量子のあいまいさとは、実際にはどんなものなのでしょうか？

1935年、エルヴィン・シュレーディンガーは発表した論文で、粒子よりもっと生き生きとした身近な例を使ってこの振る舞いを説明しようという仮想実験を示しました。観測という行為が粒子の振る舞いに影響を及ぼすという考えを強く批判していたシュレーディンガーは、コペンハーゲン派の見方がどれほどバカげたものか、見せてやりたいと思っていたのです。

量子の生死の狭間

シュレーディンガーは、次のような状況を考えだしました。ただしまったくの想像上の話であり、現実の動物を傷つけるわけではありません。

「1匹の猫を金属製の箱に閉じ込め、いっしょに次のような恐ろしい装置を入れる（ただし猫は装置に直接触れることはできないものとする）——ガイガーカウンター（放射線検知器）の横に、わずかな放射性物質を置く。物質はあまりにも少量なので、1時間に1個の原子

1957
エヴェレットが多世界解釈を提唱

が崩壊するかもしれないし、同じ確率でまったく崩壊しないかもしれない。もし原子の崩壊が起これば、カウンターが反応し、装置にスイッチが入ってハンマーを切り離す。切り離されたハンマーは青酸ガスの入った小さなフラスコを砕く。このような装置を1時間そのままにしておいたとして、その間に原子が崩壊しなければ、猫は生きていると言える。原子の崩壊が起きたとすれば、猫は毒で死んでいる」。

つまり、1時間後に箱を開けたとき、猫が生きているか（そう願いたいものですが）死んでいるかの確率は、5分5分ということになります。もしコペンハーゲン解釈の論理に従うなら、箱が閉じられている間、猫の生きている状態と死んでいる状態が同時にぼんやりまじり合って存在していると考えられるのだと、シュレーディンガーは論じました。原子の状態が観測した時点で決まるというのなら、猫の未来も、箱を開けて中を見ることを選んだ時点でのみ決まるわけです。箱を開けて観測することで、結果が固定されます。波動関数の収縮です。

そんなことはバカげていて、とりわけ猫のような実際の動物では話にならないと、シュレーディンガーは不満をもらします。私たちは毎日の経験から、猫は生きているか死んでいるかのどちらかであり、両方がまじってはいないことを知っているし、ただ見ていないからという理由だけで生死の狭間の宙ぶらりんだと想像するのは狂気のさたでしょう。もしも猫が生きているなら、元気で箱の中に座っている姿を思い描くだけでよく、可能性の雲や波動関数など考える必要はありません。

コペンハーゲン派の図式がバカバカしいという点でシュレーディン

ガーに同意した科学者たちの中に、アインシュタインもいました。こうした科学者たちはさらに問題を提起していきます。動物としての猫は観測することができるのだろうか? 観測して、自らの波動関数を収縮させるのだろうか? 観測者となるには何が必要なのだろうか? 観測者には人間のように意識が必要なのか、それともどんな動物でも観測者になれるのか? 細菌の場合はどうなのか?

さらに話を進めると、世界中のあらゆるものが私たちの観測から独立して存在しているのかどうかという疑問が浮かびます。箱の中の猫を無視し、放射性物質だけを考えた場合に、箱を閉じたままにしたら粒子は崩壊するのかしないのか? またはコペンハーゲン派が主張するように、箱をあけるまではふたつの運命の狭間にあるのか? おそらく世界全体がまじり合ったあいまいな状態で、私たちが観測するまでは何も決定せず、私たちが観測する時点で波動関数が収縮するのでしょうか? 週末に仕事を離れているとき、職場は統一がとれずにバラバラなのでしょうか? そして通りがかりの人が見つめることによって守られるのでしょうか? 森の中にある別荘は、誰も見ていないと、実在のものではなくなってしまうのでしょうか? あるいは確率的にさまざまな状態が入りまじり、焼けおちた状態、水浸しの状態、アリかクマに襲われた状態、または何事もなく建っている状態を重ね合わせたもので、持ち主が戻って来るまで待っているのでしょうか? 鳥やリスは観測者のうちに入るでしょうか? 奇妙なことに、ボーアのコペンハーゲン解釈は原子スケールの世界をこのように説明しているのです。

種々の結果が並行して存在 —— 多世界解釈

観測が結果をどのように左右するかという哲学的な問題は、量子論の解釈に別の説をもたらしました —— 多世界解釈です。1957年にアメリカの物理学者ヒュー・エヴェレットが導いた新しい解釈では、並行して存在する世界が無限にあるとして、波動関数の非決定性を避けています。観測が行われ、特定の結果が認識されるごとに、新しい世界が分岐します。それぞれの世界は他の世界とまったく同じですが、観測がなされた部分だけが異なっています。

シュレーディンガーの猫の実験を多世界解釈で見ると、猫はある世界で生きており、別の並行した世界で死んでいます。ある世界では毒ガスが放たれ、別の世界では放たれていません。

これが問題を解決しているのかという点には、議論の余地があります。可能性の雲である状態から抜け出すために観測者が必要となる事態は避けられるかもしれませんが、その代わりにほんのわずかだけ異なった別の世界を丸ごともちださなければなりません。ある世界では自分はロックスターで、別の世界ではただの街頭ミュージシャンです。あるいは、ある世界では黒いソックスを履いていて、別の世界ではグレーのソックスを履いています。これでは、何もかもがそろった世界をたくさん無駄にしているように思えます(けばけばしい衣装が好きな人たちがいる世界の存在もチラつきます)。もっと重大な違いがあり、ある世界ではエルヴィス・プレスリーがまだ生きていて、別の世界ではジョン・F・ケネディーが狙撃されず、また別の世界ではアル・ゴアが米国の大統領になっているかもしれません。このアイデアは映画の筋書きの仕掛けに広く取り入れられており、たとえば『スライディング・ドア』では、グウィネス・パルトローがロンドンでふたつの並行した人生を生きます。一方ではうまくいき、もう一方ではうまくいきません。

猫の思考実験に基づくシュレーディンガーの指摘は妥当ではないと論じている科学者たちもいます。波だけに基づいた彼の理論と同様、シュレーディンガーは風変りな量子の世界に、これまで馴染んできた物理の考え方を当てはめようとしていますが、量子の世界は不思議な世界であることをまず受け入れなければならないのかもしれません。

人物紹介 エルヴィン・シュレーディンガー（1887〜1961）

オーストリアの物理学者エルヴィン・シュレーディンガーは量子力学を追究し、アインシュタインとともに重力と量子力学をひとつの理論に統合しようと試みた（だが失敗に終わった）。波として解釈することを好んで波動と粒子の二重性を嫌ったために、他の物理学者たちと衝突することになった。
少年時代はドイツの詩をこよなく愛していたシュレーディンガーだったが、大学では理論物理学を専攻することに決める。第一次大戦中はイタリアの前線に従軍しながら、遠方で研究を続けて論文も発表し、その後、大学での学究生活に戻った。1926年には波動方程式を提案し、その功績によって1933年にイギリスの物理学者ポール・ディラックとともにノーベル賞を受賞している。波動方程式の発表後ベルリン大学に移り、ドイツの物理学者マックス・プランクの後を引き継いで学部を率いたが、ヒトラーが台頭してきた1933年にドイツを去ることに決めた。その後はなかなか落ち着くことができず、オックスフォード、プリンストン、グラーツの各大学で教授を務めたが、1938年にオーストリアがドイツに併合されると再びナチスを逃れて、アイルランドのダブリンに移る。新設されたダブリン高等学術研究所に特設された地位に着くと、引退してウィーンに戻るまでの期間をそこで過ごすことになった。シュレーディンガーの私生活も学者生活と同じく込み入っており、何人かの女性との間に子どもをもうけただけでなく、オックスフォードでは一時期、妻とともに女性のひとりを同居させてもいた。

まとめの一言

「生」の世界と「死」の世界が並行して存在する可能性も

CHAPTER 29 EPRパラドックス

「量子絡み合い」は パラドックス？

量子力学は、ふたつの系の間がどれだけ遠く離れていても、
そのふたつの系の結びつきはなくならないことを示唆しています。
このような絡み合いからは、宇宙全体の粒子の間に
広大なネットワークがあることが暗示されます。
アインシュタインとポドルスキーとローゼンは、そんなことは
道理に合わないと考え、パラドックスによってこの解釈に
疑問をつきつけました。しかし実験はこの、「量子絡み合い」が
真実であることを示し、量子暗号、量子コンピューティング、
さらにテレポーテーション（遠隔移動）にまで
応用の道が開かれています。

timeline

1927
コペンハーゲン解釈が
提示される

1935
アインシュタイン、ポドルスキー、
ローゼンがパラドックスを提示

賢人の言葉

いずれにせよ、彼［神］は
サイコロを振らないと、私は確信している。
——アルバート・アインシュタイン、1926年

アルバート・アインシュタインは、量子力学のコペンハーゲン解釈（158ページを参照）を受け入れようとはしませんでした。コペンハーゲン解釈では、量子系は観測されるまで確率的に宙ぶらりんの状態にあり、観測の時点で最終的な状態をとるとされています。観測というフィルターがかけられるまでの間、系はあらゆる可能な状態の組合せで存在していることになります。アインシュタインはこの図式に納得できず、そのようなまじり合った状態は非現実的だと論じました。

逆説的な粒子

1935年、アインシュタインは旧ソビエトの物理学者ボリス・ポドルスキー、イスラエルの物理学者ネイサン・ローゼンとともに、不快感を逆説的にまとめました。これは、アインシュタイン＝ポドルスキー＝ローゼンのパラドックス（または3人の名の頭文字をとってEPRパラドックス）と呼ばれています。1個の粒子が、2個の小さい粒子に崩壊する現象を考えてみましょう。

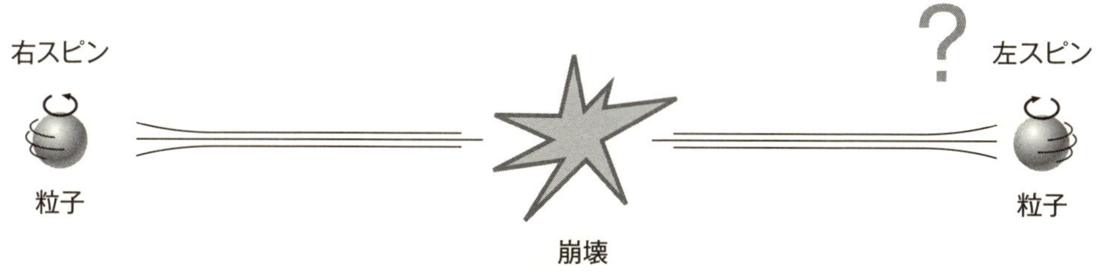

（注）スピンを自転で表現

親粒子が静止していた場合、ふたつの娘粒子の運動量および角運動量は（保存則によって合計が0にならなければならないので）等し

1964
ジョン・ベルが局所実在性のもたらす不等式を発表

1981〜2
ベルの不等式が否定され、量子絡み合いが支持される

1993
量子ビットがキュービットと命名される

い大きさで反対方向のはずです。スピンも反対方向になります。このペアのその他の量子的性質も、同様に結びついています。これらの粒子が飛び散った後、一方のスピンの方向を測定すれば、すぐにもう一方が、その反対方向のスピンをもっていることがわかります――かなりの時間がたち、はるか遠くに離れて力が及ばない場所にあっても同じです。一卵性双生児を見て、目の色をのぞき込むようなものでしょう。その瞳が緑色なら、その双子の兄弟も同じ緑色の瞳をしていることがわかります（下記和田先生のちょっと一言参照）。

これをコペンハーゲン解釈を用いて説明するなら、測定をするまでは、どちらの粒子（または双子）も可能な状態が重なり合った状態で存在していたことになります。粒子の波動関数には両方向のスピンをもつ状態が含まれ、双子はあやゆる色のまじり合った瞳をもっていたわけです。しかし2個の粒子の一方を測定すると、両方の粒子の波動関数が同時に収縮して、どちらかの状態に決まります。アインシュタインとポドルスキーとローゼンは、これは不合理だと主張しました。相棒からはるか遠く離れているかもしれない粒子に、どうやって即座に影響を与えられるでしょうか？　アインシュタインはすでに、光の速度には普遍的な限界があり、それより速く移動できるものはないことを示していました。1個目の粒子を観測したという事実が、どのようにして2個目の粒子に伝えられたのでしょうか？　世界の一方での測定が世界の反対側の物質に「同時に」影響を与えられるというなら、量子力学は不完全なものにちがいないという逆説的な主張です。

実証された「量子絡み合い」

シュレーディンガーは、猫のパラドックス（164ページを参照）を示

和田先生のちょっと一言

スピンとは、無理矢理、古典力学的に説明すれば、粒子の自転のようなものである。このイメージでは、スピンの方向とは自転の回転軸の方向であり、スピンが反対であるとは、回転軸は同じだが回転方向が逆であることを意味する。

した論文の中で、このような遠方での不思議な動作を「量子絡み合い」という言葉を使って説明しました。

デンマークの物理学者ボーアにとって、全宇宙が量子レベルで結びついているのは必然的なことでした。けれどもアインシュタインは、世界の各部分で状態は確定しているという、「局所実在性」を確信していました。双生児の瞳の色は生まれつき同じだと予想でき、私たちが観察するまで色とりどりにまじりあった瞳で歩いていたわけではないように、一対の粒子はそれぞれ、ある特定の方向のスピンをもって放出されるとアインシュタインは推測しました。遠方の粒子とのコミュニケーションや観測者の役割は必要ないという考えです。アインシュタインは、なんらかの「隠れた変数」(観測にはかからないが、スピンの向きを決めている変数) が見つかって最終的には自分が正しいことを証明するだろうと想定しました。この考え方に基づき、実験で検証可能な「ベルの不等式」というものが導かれました。

しかしベルの不等式は実験で否定され、アインシュタインの局所実在論は、正しくないことが示されました。実験によって量子絡み合いが本当であることが実証されたのです。3個以上の粒子がある場合でも、それらが何キロ離れていても、絡み合いは消えませんでした。

量子情報がひらく新たな世界

量子絡み合いはもともと哲学的な論争として生まれたものですが、現在では従来可能だったものとはまったく異なる方法での情報の符号化や送信を可能にしています。通常のコンピュータでは、2進コードの固定された値をもつビットとして情報が符号化されます。量子符号化では、ふたつ以上の量子状態が利用され、ビットはこれらの状態がまじり合ったものとしても存在できます。1993年には、量子ビット(quantum bit: 量子力学的な重ね合わせ状態もとれるビット) が英単語の短縮形でキュービット(qubit) と呼ばれるようになり、これらを使って量子コンピュータの開発が進められています。

絡み合った状態からは、量子ビット間の新たな通信リンクが生まれます。測定を行うと、系の要素間に次々と量子情報が広まっていきます。1個の要素を測定すれば、他のすべての要素の値が決まります。そうした効果は以下で説明する量子テレポーテーションに、さらには量子暗号化にも役立ちます。

実際には量子力学の不確定性によって、科学者が何かから全情報を取り出して別の場所で再び組み立てるという、多くのSFで描かれているようなテレポーテーションは不可能です。不確定性原理があるために、全情報を入手することはできません。だから人間はもとよりハエでも、遠隔移動させることはできません。ただし量子版のテレポーテーションであれば、絡み合った系を操ることによって可能になります。ふたりの人が、たとえば物理学者がよく使う名前であるアリスとボブが、1対の絡み合った光子を共有しているとして、アリスは自分の光子を測定することによって、オリジナルの情報すべてをボブの絡み合った光子に転送することができます。ボブの光子は、複製であっても、アリスのオリジナルの光子と見分けがつかなくなります。これが真のテレポーテーションかどうかという疑問が浮かぶのは当然でしょう。光子や情報はどこにも移動しないので、アリスとボブは世界の反対側にいても、絡み合ったそれぞれの光子を変換することができます。

量子暗号化では、量子の絡み合いを暗号鍵として用います。送信側と受信側がそれぞれ絡み合った系の要素をもっていなければなりません。メッセージをランダムに暗号化し、それを解読するユニークなコードを、受信側に量子絡み合いによる接続を介して送ることができます。この方法では、メッセージが傍受されてしまっても測定によってメッセージが壊れる（量子状態が変わる）ので、解読するにはどんな量子測定を実行するべきかを正確に知っている人が読み取った場合にのみ、メッセージが伝わるという利点があります。

量子絡み合いは、私たちの世界全体が、あるひとつの形をもち、どんな測定をしても関係なく存在していると決め込んではいけないことを教えてくれます。空間に固定されている物体などなく、あるのは

賢人の言葉

神さえも不確定性原理に縛られているらしく、粒子の位置と速度の両方を知ることはできない。それで、神は宇宙とサイコロ遊びをするかって？　あらゆる証拠から神は根っからのギャンブラーであり、機会あるごとにサイコロを振っている。

——スティーヴン・ホーキング、1993年

ただ情報のみです。私たちにはただ、世界に関する情報を集め、道理にかなうよう、適当と思える順序に並べることしかできません。宇宙は情報の海で、私たちがそこに割り当てる形は二次的なものにすぎないのです。

テレポーテーション（遠隔移動）

テレポーテーションは、SFの世界でさまざまに描かれている。19世紀に発明された電報のような通信テクノロジーの出現により、電気パルス以外の情報でも遠い距離を越えて送れるのではないかという期待が高まった。1920年代から1930年代にかけて、アーサー・コナン・ドイルなどの作品にテレポーテーションが姿を見せはじめ、やがてSF小説の定番になっていく。ジョルジュ・ランジュランの『蠅（はえ）』（1962）［邦訳は同タイトルの稲葉明雄訳、早川書房など］（『ザ・フライ』として映画化）では、科学者が自分自身を遠隔移動させるが、その身体の情報が転送機に紛れ込んだハエの情報とまざってしまい、一部は人間、一部はハエの、怪物になってしまう。テレポーテーションが広く知られるようになったのは、人気テレビドラマ『スタートレック』によるところが大きく、「転送してくれ、スコッティー」という台詞が有名になった。宇宙船エンタープライズ号の転送装置は、転送される人間を原子ごとに分解し、それを完全に組み立て直す。実際には、ハイゼンベルクの不確定性原理（152ページを参照）により、テレポーテーションは不可能だと考えられてきた。実際の原子を転送するのは不可能だが、量子絡み合いによって情報の長距離転送は可能だ。ただし、今までのところ、これは微細な粒子で実証されたにすぎない。

まとめの一言

EPRパラドックスは もはやパラドックスにあらず

CHAPTER 30 パウリの排他原理

手がテーブルを突き抜けない理由は?

パウリの排他原理は、なぜ物質が硬くて互いに突き抜けてしまわないか――なぜ身体が床に沈んでいったり、手がテーブルに入り込んでいったりしないか―― を説明しています。また、中性子星や白色矮星といった星が存在する理由にもなっています。ヴォルフガング・パウリが唱えた規則は電子、陽子、中性子に当てはまり、したがってあらゆる物質に影響を与えます。この原理は、これらの粒子が同時に同じ量子数のセットをもつことはできないと主張しています。

timeline

1925
パウリが排他原理を提唱

1932
中性子の発見、中性子星の予測

物質に硬さを与えているものはなんでしょうか？ 原子の中はほとんど空っぽの空間なのに、なぜスポンジのようにつぶしたり、チーズをチーズおろしに通すように物質を物質に通したりすることができないのでしょうか？ 物質が一定の空間を占める理由は、物理学の最も深遠な問題のひとつです。もしそうなっていなければ、私たちは床を突き抜けて地球の中心まで落ちていくし、建物は重みでつぶれてしまうでしょう。

原子内の電子が従う規則

パウリの排他原理はオーストリア出身のスイスの物理学者ヴォルフガング・パウリによって1925年に提案されたもので、通常の原子が空間のまったく同じ場所に共存できない理由を説明しています。パウリの指摘によれば、原子の量子力学的振る舞いは、同じ波動関数をもつこと、つまり同じ量子的性質をもつことを禁じる、一定の規則に従わなければなりません。パウリは原子内の電子の振る舞いを説

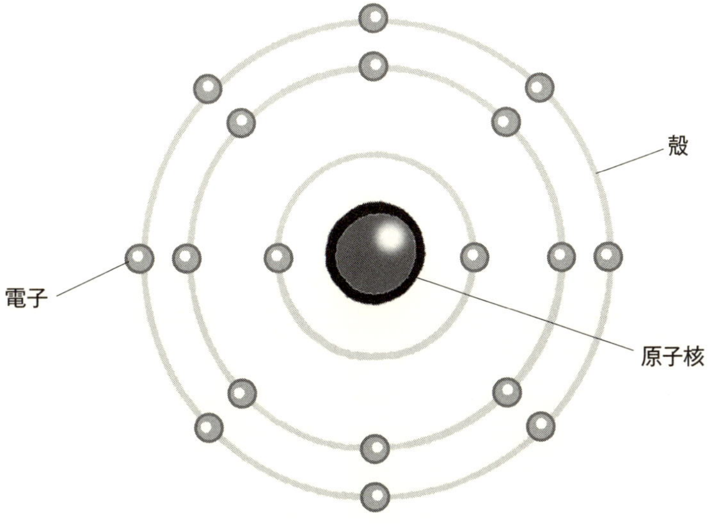

1967
中性子星の一種である最初のパルサーの発見

明しようとして、この原理を考えだしました。電子は原子内で、一定のエネルギー・レベル（殻）のみを選ぶことは知られていました。しかし電子が複数あるときはそれらはいくつかの殻に広がり、最も低いエネルギーの殻に集まってしまうことはありません。電子はパウリが導きだした規則に従って、それぞれの殻に一定数ずつ入っているように見えました。

ニュートン物理学が力、運動量、エネルギーという用語で表現されるのと同じように、量子力学にも独自のパラメーターのセットがあります。たとえばスピンという量は量子化される、つまりいくつかの一定の値のみをとります。この数値を量子数と呼びます。粒子の状態を説明するには、シュレーディンガー方程式を解いて求まる4つの量子数——つまり空間的な広がりを指定する3つの量子数と、4番目としてスピン——が必要です。パウリの規則は、ひとつの原子では2個の電子が、等しい4つの量子数をもつことはできないと述べています。つまり、2個の電子が同時に同じ性質をもって同じ位置にあることはできません。そこでひとつの原子にある電子の数が増えるにつれて、たとえば原子が重くなるにつれて、電子は順番に割り当てられた空間を埋めて徐々に外側の殻に移っていきます。それは小さな劇場の席が、ステージの近くから外に向かってだんだんに埋まっていくのと同じようなものです。

量子状態が共有できない「フェルミ粒子」

パウリの規則は、陽子と中性子をはじめ、スピンが基本単位の半整数倍になる、電子やその他の粒子に当てはまります。そのような粒子は、イタリアの物理学者エンリコ・フェルミにちなんで「フェルミ粒子」と呼ばれています。スピンには方向があるので、フェルミ粒子は反対方向のスピンをもつなら、同じ場所にふたつが共存することができます。2個の電子がひとつの原子の最小エネルギー状態に入ることがありますが、それはスピンが反対方向の場合のみです。

物質の基本構成要素である電子、陽子、中性子はすべてフェルミ粒子なので、原子の振る舞いはパウリの排他原理に支配されます。これらの粒子は同じ量子状態を共有できないため、原子は本質的に硬くなります。数多くのエネルギー殻に分布している電子は、つぶされて原子核に一番近い殻に入ることはできません。実際、強い力で圧迫されても抵抗します。劇場のひとつの座席に2個のフェルミ粒子が座ることはできないのです。

押しつぶされる量子

中性子星や白色矮星が存在するのは、パウリの排他原理のおかげです。星が寿命の終わりに達すると、もう燃料を燃やすことができなくなって、崩壊していきます。自分自身の巨大な重力によって、ガス層のすべてが内部へと引き寄せられます。こうして崩壊しながら、ガスの一部は（超新星爆発の場合のように）爆発して飛び散りますが、残された燃えさしはさらに収縮します。原子どうしが押しつぶされようとする中、電子は必至で圧迫に抵抗しようとします。電子はパウリの原理に違反しないで入れる最も内側の殻に入り、その反発力（縮退圧という）で星を支えます。白色矮星は太陽と同じくらいの質量をもった星ですが、地球と同じくらいの大きさまで押しつぶされています。極度に圧縮されているので、白色矮星を構成している物質は角砂糖1個分で1トンもの重さがあります。

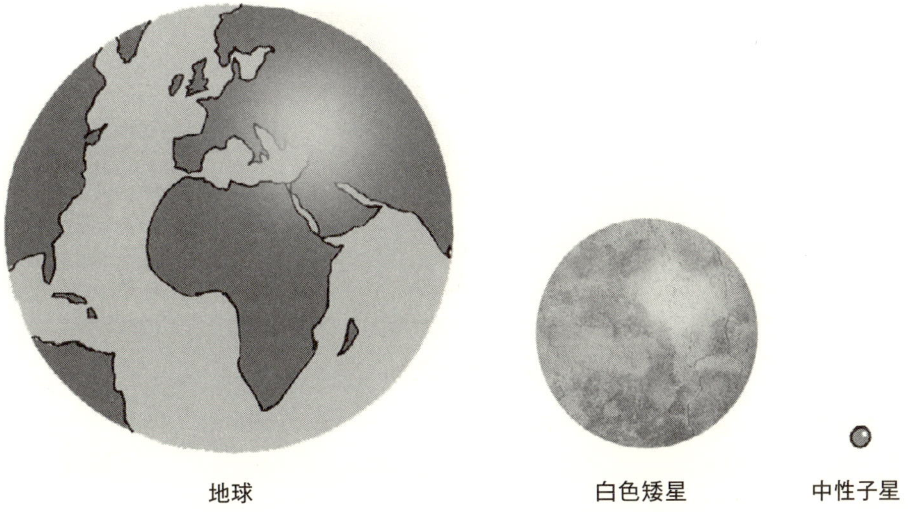

重力がさらに大きい星では、特に太陽の質量の1.4倍（チャンドラセカール限界と呼ばれる限界質量）を超える星の場合、圧縮はそこで止まりません。第2のプロセスとして陽子と電子が融合して中性子となり、巨大な星が収縮して、中性子のぎっしり詰まった球になります。

中性子はフェルミ粒子なので、すべてが同じ量子状態になることはできません。ここでも縮退圧が星を支えますが、今度は半径がわずか10キロメートルになり、太陽全体、あるいは太陽数個分の質量が、マンハッタンほどの範囲に押しつぶされます。中性子星は途方もなく圧縮されて、角砂糖1個分は1億トン以上の重さに達します。さらに大きな星で重力がこれを超えてしまうと、さらに圧縮されてついにはブラックホールとなります。

量子状態が共有できる「ボース粒子」

パウリの規則が当てはまるのはフェルミ粒子だけです。基本単位の整数倍のスピンをもつ粒子は、インドの物理学者サティエンドラ・ボースの名をとって「ボース粒子（ボソン）」と呼ばれています。ボース粒子には、光子のような基本的な力に関係する粒子や、（2個の陽子と2個の中性子、つまり偶数個のフェルミ粒子を含む）ヘリウムの原子核などがあります。ボース粒子は何個でも同じ量子状態をとることができ、協調的なグループとしての動きができます。その1例はレーザーで、同じ波長の多数の光子がすべてまとまって動作します。

最初はボーアの原子模型（148ページを参照）を補強したものだったパウリの排他原理は、ハイゼンベルクとシュレーディンガーによって量子論が大きく前進する直前に発表されています。それは原子の世界を研究するための基本であり、量子力学の大半とは異なり、私たちはこの原理がもたらす結果に実際に手を触れることができます。

賢人の言葉

基底状態にあるひとつの原子で、すべての電子がなぜ最内殻に入らないかの問題は、すでに基本的問題としてボーアが強調していた…この現象を古典力学に基づいて説明することはできない。

――ヴァルフガング・パウリ、1945年

人物紹介　ヴォルフガング・パウリ（1900～59）

ヴォルフガング・パウリは、排他原理とニュートリノの存在を提唱したことで最もよく知られている。パウリはオーストリアの優秀な学生で、アインシュタインの研究を読み、相対性理論に関する論文を書いた。ハイゼンベルクによれば、パウリはカフェで働いて夜更かしをし、午前中の講義にはほとんど出席しなかったという。さまざまな個人的問題を抱え、母親の自殺、すぐに破綻した結婚生活、アルコール依存症などの悩みがあった。救いを求めてスイスの心理学者カール・ユングの診察を受け、ユングは数千ものパウリの夢を記録している。再婚して人生を立て直したのも束の間、第二次世界大戦が勃発する。そこでアメリカに渡って、そこからヨーロッパの科学を存続させるよう努力した。戦争が終わるとチューリッヒに戻り、1945年にはノーベル賞を受賞している。晩年には量子力学の哲学的な側面および心理学との共通点を追究するようになっていった。

まとめの一言

排他原理で広がる電子の殻が原子に「硬さ」を与える

CHAPTER 31 超伝導

電流を無駄なく流すには?

超低温では、一部の金属や合金が抵抗なしに
電気を通すことがあります。このような超伝導体では、
電流がエネルギーを一切失わずに何十億年でも
流れることができるでしょう。
電子は対になってすべていっしょに動くので、
電気抵抗の原因となる衝突が避けられ、
永久運動の状態に近づきます。

timeline

1911
オンネスが
超伝導を発見

1925
ボース=アインシュタイン凝縮が
予測される

1933
超伝導体が磁場を
退けることが実証される

水銀を絶対温度（56ページを参照）数度の超低温まで冷却すると、抵抗なしに電気を通すようになります。これは1911年に、水銀を絶対温度4.2度の液体ヘリウム内に落として実験を行ったオランダの物理学者ヘイケ・カマリン・オンネスによって発見されました。電流に対する抵抗のない超伝導物質が、はじめて見つかったのです。まもなく鉛や窒化ニオブのような化合物をはじめ、他の超低温金属でも同様の振る舞いが見つかるようになりました。ある温度以下になるとすべての抵抗が消えますが、その温度は物質によって異なります。

永久運動は可能！？

抵抗がないということは、超伝導体を通る電流はそのまま永久に流れ続けるということです。実験室ではすでに何年も電流が維持されており、物理学者たちはそうした電流が何10億年流れ続けてもエネルギーを失うことはないだろうと予測しています。科学者は永久運動の達成に近づいていると言えるでしょう。

電子対ができると抵抗が消える！

低温ではいったいどうしてそれほど大きな変化が起こるのかと、物理学者たちは頭を悩ませました。この変化は、相転移（水が氷になるような変化のこと）であることが示唆され、金属内の電子の量子的振る舞いが注目を集めました。1950年代になるとさまざまなアイデアが提出されます。そして1957年には、アメリカの物理学者ジョン・バーディーン、レオン・クーパー、ジョン・シュリーファーが、金属と単純な合金における超伝導について、説得力のある完成された説明を与えることに成功しました。その理論は3人の名の頭文字をとってBCS理論と呼ばれ、ふたつの電子が対に結びついたときに見せる奇妙な振る舞いが超伝導を引き起こすと論じています。

クーパー対と呼ばれる電子の対は、金属の結晶格子の振動を仲立

1940年代
超伝導化合物の発見

1957
超伝導の
BCS理論の発表

1986
高温超伝導の発表

1995
ボース＝アインシュタイン凝縮が
実験室で実現

ちにして結びつきます。金属では普通、正の電荷を帯びたイオンの格子を、電子の「海」が自由に動きまわっています。その金属を超低温に冷却すると格子の熱運動はなくなりますが、負の電荷をもつ電子が格子をわずかながらも引っ張るので、格子内にさざ波が生じます。近くを通りかかった別の電子が、波のために他よりわずかに正の電荷が強くなった部分に引き寄せられて、2個の電子は対になります。2番目の電子は1個目の電子についていきます。このような動きが金属全体で起こり、同期した数多くの電子対がつながって動く状態になります。

単独で振る舞う電子はパウリの排他原理（176ページを参照）に従わなければならず、複数の電子が同じ量子状態を共有することはできません。したがって、たくさんの電子が同じ領域にあるなら、互いに異なるエネルギーをもっている必要があります。それが、通常の原子や金属で起こっている状態です。ところが2個の電子が対になって1個の粒子として振る舞うと、もうこの規則に従うことはありません。ふたつまとまればもうフェルミ粒子ではなくボース粒子です。そしてボース粒子としての電子対は、同じ最低エネルギー状態を共有することができます。このため金属では、電子対が集まったもののほうが自由電子よりも全体としてのエネルギーがわずかに小さくなります。転移温度で瞬時に性質が変わる原因は、このエネルギーの相違にほかなりません。

金属格子のもつ熱エネルギーが、このようなエネルギー低下分より小さければ、電子対の着実な流れが生まれ、それが超伝導の特性となります。電子対はすべて、お互いどうしだけを見ながら動いています。電子対は何物にも妨げられずに流れることができる超流体として振る舞うようになります。温度が高くなるとクーパー対は離れ、ボース粒子のような特性を失ってしまいます。そうなると電子は、温まって振動している格子のイオンと衝突するようになり、電気抵抗を生みます。一定温度での瞬時の転移は、電子が協調的なボース粒子の流れと気まぐれなフェルミ粒子との間で変化する、状態の切り替わりです。

電子工学に革命をもたらす高温超伝導体

1980年代に新しい超伝導テクノロジーが始まりました。1986年、スイスの研究者が、比較的高い温度で超伝導体になる新しい種類のセラミック素材を発見しました。これを「高温超伝導体」と呼びます。最初の化合物はランタン、バリウム、銅、酸素の組合せ(酸化銅)で、30Kという温度で超伝導の振る舞いに転移しました。その1年後には別の研究者たちが、冷却材として広く使われている液体窒素の温度より高い約90Kで超伝導体になる素材を作り上げています。ペロブスカイト構造をもつセラミックと(タリウム系を混入した)水銀系銅酸化物を用いることによって、現在では超伝導転移温度が140Kにまで達し、圧力を高くすればさらに高い温度でも超伝導体への転移ができるようになりました。

ペロブスカイト構造

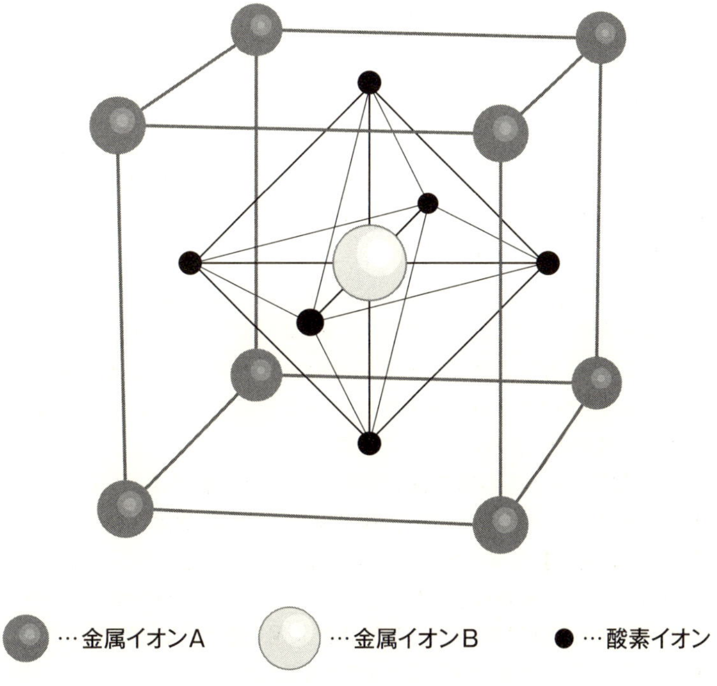

セラミックはそれまで絶縁体とみなされてきたので、この予想外な成り行きに、物理学者たちは今でも高温超伝導を説明する新しい理論を探っています。それにもかかわらず、高温超伝導体の開発は物理学の中で急速に進化しつつある分野となっており、電子工学に革命をもたらすものと期待されています。

超伝導体は何に使われるのでしょう？ まず強力な電磁石を作るのに役立ち、病院のMRIスキャナや粒子加速器への応用がすでになされています。効率的な変圧器や、リニアモーターカーにも利用できるでしょう。ただし今のところは超低温でしか利用できず、用途は限られています。高温超伝導体を実用化する研究がさらに実を結べば、劇的な効果が生まれることになるでしょう。

ボース＝アインシュタイン凝縮

超低温の状態では、ボース粒子の集団が非常に変わった振る舞いをすることがある。絶対温度0度に近い温度では、多くのボース粒子がすべて同じ量子状態をとれるので、量子の振る舞いがはるかに大きいスケールで見えるようになるのだ。

この現象は1925年に、インドの物理学者サティエンドラ・ボースのアイデアに基づいてアルバート・アインシュタインがはじめて予測した。ボース＝アインシュタイン凝縮（BEC）と呼ばれ、ヘリウムの超流体もその一種とみなされるが、より純粋なBECは1995年になって実験室で実証された。コロラド大学のエリック・コーネルとカール・ワイマンは、ルビジウム原子の気体を170nK（ナノケルビン）という極低温にすることでこの現象を実現し、さらにその少し後にはMIT（マサチューセッツ工科大学）のヴォルフガング・ケターレも同様の実験に成功している。BECでは一群の原子がすべて同じ速度をもち、その不確定性はハイゼンベルクの不確定性原理によるものだけになる。

BECは超流体としての振る舞いを見せる。ボース粒子は互いに同じ量子状態を共有できるので、ボース粒子を超低温の臨界温度以下に冷却すれば、最低エネルギー量子状態にする（つまり凝縮させる）ことができ、新しい形態の物質になるだろうとアインシュタインは予測していた。BECはとても簡単に崩壊するので、まだ実用を語るのは時期尚早だが、量子力学についてさまざまなことを教えてくれる。

超流体

粘性がゼロで、管の中を永久に摩擦なしで流れることができる流体を、超流体と呼ぶ。このような超流動は1930年代から知られていた。その1例は超低温のヘリウム4（2個の陽子と2個の中性子と2個の電子をもち、原子量は4）で、ヘリウム4の原子は偶数個のフェルミ粒子から構成されているボース粒子だ。

超流体を容器に入れると、とても奇妙な振る舞いが見られる――原子1個の厚さをもつ層になって、容器の壁面をよじ登ることができるのだ。また毛細管（きわめて細い管）を差して温めると、噴水を作ることもできる。超流体は温度勾配を保つことができず（無限の熱伝導率をもっている）、熱がただちに圧力変化を起こすためだ。超流体の入ったバケツを回転させようとすれば（5ページを参照）、不思議なことが起こるだろう。流体には粘性がないので、すぐにはバケツといっしょに回転せず、じっとして動かない。ところがバケツをもっと速く回転させると、ある限界点を超えた瞬間、超流体は急に回転を始める。その速さは量子化されていて、不連続に変化する。

まとめの一言

ふたつの電子がペアになると電気抵抗が消える

CHAPTER 32 ラザフォードの原子

原子は物質の最小単位か?

かつて、原子は物質を構成する最小単位と考えられていましたが、そうではありません。20世紀のはじめ、アーネスト・ラザフォードなどの物理学者たちが原子に取り組み、最初は外側にある電子、そして次に、中心にある陽子と中性子でできた原子核の存在を明らかにしました。さらに、原子核をまとめている新しい基本の力——強い核力が考え出されました。原子力時代の幕開けです。

timeline

1887
トムソンが電子を発見

1904
トムソンがプディング模型を発表

1909
ラザフォードが金箔の実験を行う

物質は微細な原子が集まってできているという考え方は、古代ギリシャ時代からありました。ただし、原子が物質を構成している最小単位だとみなしていた古代ギリシャ人に対し、20世紀の物理学者たちはそうではないことに気づきました。そして原子そのものの内部構造をさらに探り始めたのです。

プディング模型——トムソンの原子

物理学者たちが最初に取り組んだのは電子の層です。電子は1897年、陰極線管を使って陰極線の実験を行ったイギリスの物理学者ジョセフ・ジョン・トムソン(J・J・トムソン)によって確認されました。トムソンは1904年にプディング模型(プラム・プディング模型)と呼ばれる原子模型を提案しましたが、それは正の電荷をもつスポンジケーキの本体の中に、負の電荷を帯びた電子がプルーンやレーズンのように散らばって埋め込まれているものです。今ならさしずめ、ブルーベリー・マフィン模型というところでしょう。トムソンの原子は、正の電荷を帯びた雲の中に電子が散りばめられ、電子は比較的簡単に自由になれるというものです。この「プディング」と呼ばれたスポンジケーキの全体にわたって、電子と正の電荷がまじり合っていると考えていました。

原子の中には何か硬いものがある!

それから間もない1909年、ニュージーランド出身のイギリスの物理学者アーネスト・ラザフォードは、自分が行った実験の結果に頭を悩ませました。薄い金箔めがけて重いアルファ粒子を放射する実験で、ほとんどの粒子が通り抜けるほど薄い金箔を使用していたのに、驚いたことにわずかな割合で粒子が跳ね返り、自分のほうに戻ってきたのです。それらの粒子は、まるでレンガの塀にぶつかったかのように、180度向きを変えてまっすぐ戻ってきました。そこでラ

1911
ラザフォードが有核原子模型を発表

1918
ラザフォードが陽子を分離

1932
チャドウィックが中性子を発見

1934
湯川が強い核力を提唱

ザフォードは、金箔を作っている金の原子の内部に何か硬いものがあり、それは重いアルファ粒子を跳ね返すほど質量が大きいのではないかと考えました。

このときラザフォードは、トムソンのプディング模型ではこれを説明できないことを悟ります。もしも原子が、正と負の電荷を帯びた粒子がただ一様にまじり合っているだけのものならば、大きいアルファ粒子(正の電荷をもつ)を跳ね返すほど強い電気力はどこにもないことになります。そこで、金の原子には密度が高く電荷が集中している中心部があるにちがいないと判断し、それを木の実の種という意味のラテン語から、nucleus(核)と呼びました。ここに、原子核を研究する物理学である核物理学という新しい分野が誕生したのです。

同じ元素でも質量が違う――同位体

物理学者たちは、周期表にある異なる元素の質量を求める方法を知っていたので、原子の相対的な重さはわかっていました。問題は、原子内での質量と電荷の分布でした。ラザフォードは、原子核は陽子(さまざまな原子核内に存在することが示されていた、正の電荷をもつ粒子)がいくつかと、その電荷の一部を打ち消すためにいくつかの電子がまざってできたものだと仮定して、原子全体の電荷のバランスをとろうとしました。他のいくつかの電子は、量子論でお馴染みの軌道を描いて、原子核の外側をまわっています。最も軽い元素である水素には、1個の陽子だけでできた原子核と、その周囲を巡る1個の電子だけがあります(下記和田先生のちょっと一言参照)。

同じ元素なのに質量が違う原子の存在も知られ、同位体と呼ばれて

賢人の言葉

薄い紙をめがけて15インチ*の砲弾を撃ち込んだら、それが跳ね返って自分に当たったくらい、信じられないことだった。

――アーネスト・ラザフォード、1964年

*1インチは2.54センチメートル

和田先生のちょっと一言

たとえばヘリウムは、原子核の質量は陽子のほぼ4倍、原子核のまわりをまわる電子は2個であることがわかっていた。そこで原子核内には、陽子が4個、電子が2個あるとすれば(電子の質量は陽子の2000分の1程度しかない)、外側には電子が2個あるので全体として電荷が0になると考えられた。もちろん現在は、原子核中には電子などなく、ヘリウムの原子核は陽子2個と中性子2個から構成されていることがわかっている。

いました。炭素の重さは普通、12原子単位（水素のほぼ12倍）ですが、時には14単位の重さをもつものもあります。炭素14は不安定で、5730年の*半減期をもち、電子を放射し窒素14になります。この反応は、木や炉の炭など、数千年も昔の考古学的遺産の年代を測定する放射性炭素年代測定法に利用されています。

*半減期
原子核の半分が粒子を放射することによって崩壊するのにかかる時間（訳注）

中性子の発見

1930年代のはじめには、陽子をパラフィンにぶつけると、陽子を弾き飛ばすほど重いのに電荷を帯びていない、新しい種類の粒子が見つかりました。そしてケンブリッジ大学の物理学者ジェームズ・チャドウィックが、これは陽子とほぼ同じ質量をもつ中性の粒子であることを明らかにします。この粒子は中性子と名づけられ、原子模型は再び手直しされました。たとえば炭素12の原子では、原子核に6個の陽子と6個の中性子が入っていて（12原子単位の質量となり）、6個の電子が軌道を描いて巡っていることがわかったからです。中性子と陽子はまとめて核子と呼ばれます。

原子核をまとめあげる力——強い力

原子核は、原子全体の広がり（電子の存在場所の広がり）に比べて、圧倒的に小さいものです。原子の10万分の1の大きさしかなく、直径がわずか数*フェムトメートルです。原子を地球の大きさまで膨らませたとすると、中心の原子核は幅10キロで、マンハッタンほどの大きさしかありません。原子核はこの狭い範囲に原子の質量ほとんど全部を抱えこみ、数十個という陽子を入れることができます。これほどの正の電荷すべてを、これほど小さな空間にきっちりまとめているのは、いったいなんでしょうか？　正の電荷の静電気力による反発を抑え、原子核をまとめるために、物理学者たちは新しい種類の力を考え出す必要がありました。この力を、強い核力、または単に強い力と呼びます。

*フェムトメートル
1フェムトメートル
$=10^{-15}$メートル
＝1000兆分の1メートル

2個の陽子を近づけると、同じ電荷をもっているために（クーロンの逆二乗の法則に従って）最初は反発し合います。ところがそれらをもっと近くまで押しつければ、強い力が働いて離れなくなります。強

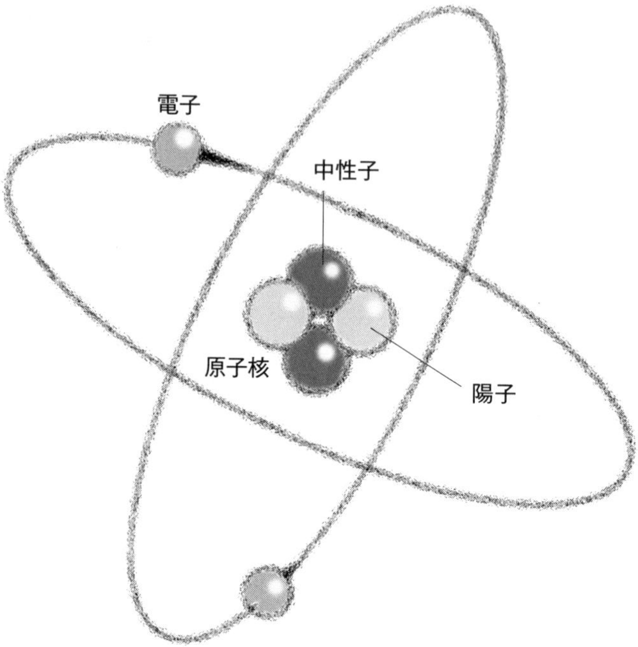

い力はわずかな距離にしか働きませんが、電磁気力よりはるかに強い力です。ただし陽子どうしをさらに近づけようとすると、反抗し、硬い球面をもっているかのような動きをします――そのため、陽子どうしを近づけるにははっきりした限界があります。この振る舞いは、原子核がしっかり結びつき、非常にコンパクトで、岩のような硬さをもっていることを意味しています。

1934年には湯川秀樹が、強い核力は特殊な粒子（中間子と呼ぶ）によってもたらされていて、その粒子は光子と同様の働きをすると主張しました。陽子と中性子は中間子をやりとりしながら結びついているという理論です。強い力はまるで核子を正確な距離で固定しているかのようです。強い力は4つの基本的な力のひとつで、他には重力、電磁気力、そしてもうひとつの核力でもある弱い力があります。

賢人の言葉

原子と空間以外は何も存在しない。
それ以外はすべて意見だ。
——デモクリトス（BC460～370年）

人物紹介 アーネスト・ラザフォード（1871～1937）

アーネスト・ラザフォードは現代の錬金術師であり、窒素というひとつの元素を、放射線によって別の元素である酸素に変えてみせた。ケンブリッジ大学のキャヴェンディッシュ研究所の所長として学生たちが豊かな発想をもつよう促し、その教え子からはノーベル賞受賞者が何人も育っている。ワニというニックネームをつけられたラザフォードにちなみ、この研究所の元の建物にはワニのシンボルが残っている。1910年、アルファ線散乱の研究から、原子核の存在を実証した。

不安定な原子が発する３つの放射線

放射性物質は、アルファ線、ベータ線、ガンマ線という３種類の放射線を発する。アルファ線は２個の陽子と２個の中性子が結びついた重いヘリウム原子核（アルファ粒子ともいう）が放出される現象だ。アルファ粒子は重いので、遠くまで進まないうちに衝突によってエネルギーを失っていき、紙１枚でも簡単に止められてしまう。２番目の放射線の正体はベータ粒子と呼ばれるが、その実態は高速の電子であり、非常に軽く、負の電荷を帯びている。ベータ粒子はアルファ粒子より遠くまで進めるものの、アルミニウム板のような金属に出会うと止まる。３番目のガンマ線は電磁波の粒子、つまり光子であり、質量はないがエネルギーをもっている。ガンマ線は物質の奥深くまで貫通する性質をもち、これを止めるには厚いコンクリート壁や鉛の塊が必要だ。これら３種類の放射線はすべて不安定な原子が発するもので、そのような原子は、「放射性をもつ」と表現される。

まとめの一言

原子は原子核と電子からなり
原子核は陽子や中性子からなる

CHAPTER 33 反物質

知ってる?

粒子には性質が正反対の兄弟がいる?

小説にはよく「反物質エンジン」で動く宇宙船が登場します。反物質は空想上のものではなく現実に存在し、人工的に作ることもできます。反物質は、物質と長く共存することはできません。互いに触れ合うと、エネルギー(通常は電磁波という形で)を放って消滅してしまいます。反物質の存在こそが、粒子がもつ深淵《しんえん》な対称性を示唆しています。

timeline

1928
ディラックが反物質の存在を導く

1932
アンダーソンが陽電子を検出

街を歩いていて、自分自身のレプリカに出会うとします。それは自分の反物質双生児です。握手しますか？　反物質は量子論と相対性理論を組み合わせることによって1920年代に予想され、1930年代に発見されました。反物質を構成する粒子を反粒子と呼び、粒子の電荷、その他の性質の符号が逆になっています。そのため、陽電子とも呼ばれている反電子は、電子と同じ質量をもちながら電荷が正です。同様に陽子などの他の粒子にも、反粒子という兄弟がいます。

負のエネルギーをもつ電子？

1928年、電子の方程式を作っていたイギリスの物理学者ポール・ディラックは、電子が正のエネルギーだけでなく負のエネルギーももっている可能性があることに気づきます。$x^2 = 4$という式に$x = 2$と$x = -2$というふたつの解があるように、ディラックの式にも答えが2種類ありました。そして、負のエネルギーの電子という答えは、正のエネルギーをもつ反電子（陽電子）の存在を意味すると解釈されるようになりました。

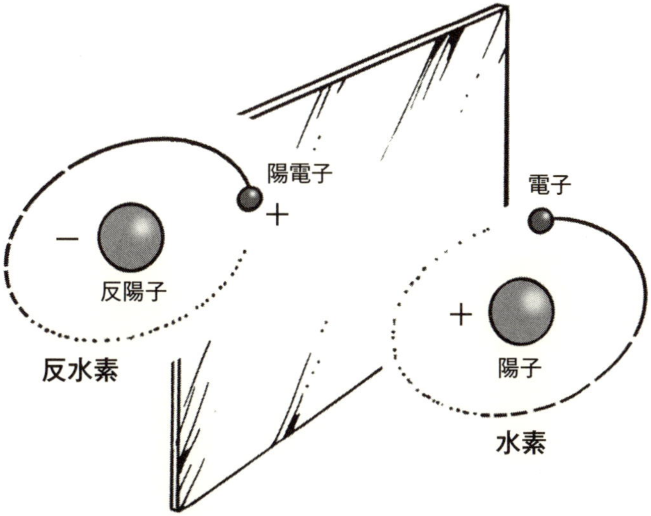

1955
反陽子の検出

1965
はじめて反原子核が作られる

1995
反水素原子が作られる

反粒子が見つかった！

反粒子の探索がすぐに始まりました。1932年にはアメリカの物理学者カール・アンダーソンが陽電子の存在を実験で裏づけます。アンダーソンは*宇宙線で生まれる粒子のシャワーの観測を続けているうちに、電子の質量をもって正の電荷を帯びた粒子――陽電子――が存在する証拠を見つけたのです。こうして反粒子は抽象的な概念ではなく、事実となりました。

＊宇宙線
宇宙から大気内に突入してくる高いエネルギーをもった粒子

次の種類の反粒子が見つかるまでには20年の歳月を要します。20年を経て検出されたのは、陽子の反粒子である反陽子でした。物理学者たちは磁場を利用する新しい粒子加速器を建設して、粒子の速度を高める実験を重ねていました。そのように加速された陽子の強力なビームは十分なエネルギーをもち、そのビームと物質の衝突の結果として、1955年に反陽子が生成されることが検証されました。間もなく反中性子も見つかっています。

反粒子でできた原子――反原子

反物質の構成要素があれば、反原子、あるいは少なくとも反原子核を作ることは可能でしょうか？ 1965年に示されたその答えはイエスです。反陽子と反中性子が結合した反原子核（反重水素原子核）が、スイスのジュネーブにあるCERN（ヨーロッパ合同原子核研究機関）とアメリカのブルックヘブン国立研究所で作られました。反陽子に陽電子をつけて反原子（反水素原子）を作るには少し時間がかかりましたが、1995年には成功しています。現在では、反水素原子が通常の水素原子と同じように振る舞うかどうかを調べる実験が進められています。

地球上では、スイスのCERNやアメリカ・シカゴ近郊のフェルミ研究所にある粒子加速器を用い、物理学者が反物質を作ることができます。粒子と反粒子のビームが出会うと、対消滅してしまいます（他の粒子、特に光子が発生します）。だから街で自分の反物質双生児に出会っても、握手しようと手を差し伸べるのは、やめにしておいたほうがよさそうです。

賢人の言葉

反物質の粒子が10億個あったのに対し、物質の粒子が10億と1個あった。そして対消滅が終わったとき、10億分の1が残った――それが今の宇宙だ。

――アルバート・アインシュタイン（1879～1955年）

宇宙の非対称性

もしも反物質が宇宙全体に広がっていたとしたら、このような消滅のエピソードは日常茶飯事になるでしょう。物質と反物質は小さな爆発を起こして少しずつ相手を壊しながら、互いを消滅させていくはずです。しかし私たちの周囲ではこのような現象が起きていないので、周囲に反物質が大量に存在していることはあり得ません。実際には、私たちが見ている粒子はほとんど通常の物質のものだけです。そう考えると、宇宙が作られた当初に不均衡があって、通常の粒子のほうが反粒子より多く作られたに違いありません。

粒子と反粒子はどう違う？

粒子とその反粒子はさまざまな対称性によって関連づけられています。ひとつ目は電荷などの性質に関するもので、それぞれがちょうど逆の性質をもち、このことを「荷電共役」対称性と呼んでいます。

２番目の対称性は、空間の中での振る舞いについてです。空間の座標軸の方向を変えたとき、運動の法則は一般に影響を受けるでしょうか。実際、左から右に動いている粒子は右から左に動いている粒子と同じように振る舞うように見えるし、スピンが時計回りか反時計回りかでも振る舞いに変わりはないようです。これを「パリティ」対称性が成り立っているといいますが、必ずしもそれに当てはまらない法則もあります。ニュートリノは一方向にスピンしているものしか存在せず、左利きのニュートリノはあっても、右利きのニュートリノはなさそうです。反ニュートリノではその逆で、反ニュートリノはすべて右利きです。このように、パリティ対称性は時に破れることがありますが、荷電共役とパリティを合わせた対称性（まとめてCP対称性と呼ばれています）は成り立ちます。

化学者の研究によって一部の分子は、右巻きになるか左巻きになるかのどちらかを好むことがわかり、謎を呼んでいるように、宇宙に存在するのがほとんど反物質ではなく物質である理由も大きな謎です。反物質は宇宙のわずかな部分――0.01％以下――でしかありません。しかし宇宙には、大量の光子をはじめ、さまざまな種類のエネルギーがあります。そこで、ビッグバン（266ページを参照）では膨大な量の物質と反物質が生まれたものの、すぐにほとんどが消滅してしまった可能性が考えられます。今も残っているのは氷山の一角ということです。ちょっとでも不均衡があって、はじめに反物質より物質のほうが多かったなら、今では物質がこれほどの優勢を誇っているのを十分に説明できるでしょう。ビッグバンのほんの一瞬後に、物質粒子1,000,000,000（10^9）個のうち1個だけが生き残れば、あとは消滅しても構いません。残された物質は、CP対称性の破れによる微小な非対称性のために、こうして残ったものなのかもしれません。

この非対称性にかかわったと思われる粒子は一種の重いボース粒子（180ページを参照）で、Xボソンと名づけられていますが、まだ見つかっていません。このような重い粒子は崩壊するときにわずかな不均衡を引き起こし、物質を少し余分に作ることがあります。Xボソンは陽子とも相互作用して崩壊させるかもしれず、それは悪い知らせになります。そうなれば、すべての物質が最後にはもっと軽い粒子として霧の彼方に消え去っていくことになるからです。

でもよい知らせは、それが起こるにはとてつもない時間がかかるということ。私たちが今ここにいて、誰も陽子の崩壊を見たことがないなら、陽子がとても安定していて少なくとも10^{27}～10^{35}年、10億年のその10億倍の10億倍の年月は生きるに違いありません。それは、これまで宇宙があった年数より、ずっとずっと長い時間です。ただし、宇宙がほんとうに年をとった際には、通常の物質さえも、いつかは消え去ってしまう可能性があります。

賢人の言葉

科学の世界では、それまで誰も知らなかったことを誰にでもわかるような方法で、人々に伝えようとする。でも詩の世界では、その正反対だ。
――ポール・ディラック（1902～84年）

人物紹介　**ポール・ディラック（1902〜84）**

イギリスの物理学者ポール・ディラックは、才能豊かながら内気な人物だった。知っている言葉は「はい」、「いいえ」、「わかりません」だけだったと冗談を言われるほどだ。かつてディラックは、「話のしめくくりを決めるまで話し始めるなと学校で教わった」と語ったことがある。口数が少ない分は、ありあまるほどの数学の才能で埋め合わせた。博士論文は見事なまでに短く力強いものだったことで知られ、量子力学の新しい数学的記述法を提示した。ディラックは量子力学の理論と相対性理論を部分的に統一したが、磁気モノポールの優れた研究と反物質の予測でも有名だ。1933年にノーベル賞を受賞したときには、世間に注目されるのがいやで真っ先に辞退することを考えた。ところが辞退すればもっと世間の注目を浴びるだろうと言われ、辞退を断念したという。授賞式に父親を招待しなかったのは、おそらく兄の自殺以来、父との関係がぎくしゃくしていたからだろう。

賢人の言葉

正しい記述の反対は、
誤った記述だ。だが深い真実の反対は、おそらく、
もうひとつの深い真実だろう。
——ニールス・ボーア（1885〜1962年）

まとめの一言

反物質でできた人と握手は禁物

CHAPTER 34 核分裂

原子を分割する

知ってる?

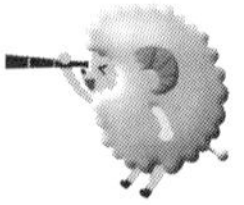

核の研究は人類に何をもたらした?

核分裂の実証は、科学の明暗両面を物語ります。
その発見は原子物理学の理解を飛躍的に
進歩させるとともに、人類に原子力をもたらしました。
けれども戦争の歴史を見ると、この新テクノロジーは
すぐに核兵器に利用され、広島と長崎に壊滅的な被害を
与えただけでなく、まだ解決の道が開けない
核拡散の問題をももたらしています。

timeline

1932
ジェームズ・チャドウィックが中性子を発見

1938
核分裂の発見

20世紀のはじめに、原子の中の世界が明らかになり始めました。それはまるでロシアの人形のように、硬い種のような原子核のまわりを、電子の殻が幾重にも包んでいるものでした。1930年代前半に原子核が分解されると、正の電荷をもつ陽子と電荷のない中性子がまざり合っていて、そのどちらも電子よりずっと重く、強い核力によって結びつけられていることがわかりました。そして原子核を結びつけているエネルギーを解き放つことが、科学者にとって究極の目標となったのです。

ふたつに切り裂かれた原子核

核を分解することにはじめて成功したのは、1932年でした。イギリスの物理学者ジョン・コッククロフトとアイルランド出身の物理学者アーネスト・ウォルトンが、加速した陽子を金属に衝突させたところ、金属の組成が変化し、アインシュタインの$E = mc^2$に従ってエネルギーが変化したのです。ところがこうした実験では、生まれるエネルギーより多くのエネルギーを投入する必要があったので、物理学者たちはこのエネルギーを商業的な用途に向けるのは不可能だと考えました。

1938年、ドイツの科学者オットー・ハーンとフリッツ・シュトラスマンが重い元素であるウランに中性子をぶつけ、新しい、もっと重い元素を作ろうとしました。ところがその結果できたのは、はるかに軽い、ウランの質量のちょうど半分くらいの元素でした。原子核はまるで、質量の0.5パーセントにも満たない何かに衝突され、きれいにふたつに切り裂かれたかのようでした。スイカにサクランボがぶつかって、真っ二つに割れたようなものです。ハーンはこの事実を研究仲間のリーゼ・マイトナーに書き送りました。マイトナーはオーストリア生まれの科学者で、ナチスが支配するドイツからスウェーデンに逃れたばかりでした。マイトナーもこの実験結果を不思議に思って、

1942
核分裂連鎖反応の実験にはじめて成功

1945
日本に核爆弾投下

1951
原子力発電にはじめて成功

甥でやはり物理学者のオットー・フリッシュと話し合い、ふたつに分かれた元素がもつ質量を足し合わせても最初より小さくなっていることから、原子核の分裂によってエネルギーが放出されることに気づいたのでした。デンマークに戻ったフリッシュは、発見の興奮を抑えることができず、ニールス・ボーアに話します。その後ボーアはアメリカに渡り、ただちにその研究に着手すると同時に、コロンビア大学にいたイタリア人科学者エンリコ・フェルミにニュースをもたらしました。

マイトナーとフリッシュはボーアより先に論文を発表し、細胞の分裂に準じて核の「分裂」という言葉を用いています。一方ニューヨークでは、フェルミと、ハンガリー生まれでアメリカに亡命していたレオ・シラードが、このウランの反応によって放出された中性子がさらに分裂を引き起こせば、核分裂の連鎖反応（持続的な反応）が続くはずだと気づきました。フェルミは1942年、シカゴ大学のフットボール場観客席の地下にあったスカッシュ・コートで、世界ではじめて連鎖反応を起こすことに成功しました。

連鎖反応

同僚だったアメリカの物理学者アーサー・コンプトンは、この日の出来事を次のように回想しています。

「バルコニーでは大勢の科学者たちが計器を見つめ、操作していた。部屋の反対側には黒鉛とウランの塊が大きな立方体状に積み上げられ、そこで原子の連鎖反応が起こるだろうと期待されていた。この塊の山にある隙間には、制御棒が差し込まれていた。何度か予備試験を行った後、フェルミは制御棒をあと1*フィート引き抜くようにと命じた。それが本試験になることはわかっていた。反応炉から出る中性子を記録するガイガー計数管のカチッ、カチッという音が、どんどん速くなり、やがてカタカタという連続音に変わっていく。そしてその反応は、高い場所にある台に立っていた私たちにも放射線の危険が迫るかもしれない強度まで達した。『制御棒を入れろ』。フェルミの声が響く。計数管の連続音が再び、ゆっくりしたカチッ、カチッ、という音に戻っていった。こうして世界

賢人の言葉

…私たちはだんだん、原子核は、のみで割るように真っ二つに分かれると考えてはだめで、原子核は液体のしずくに似ているというボーアの考え方に分があるのかもしれないと思いはじめた。

――オットー・フリッシュ、1967年

＊フィート

1フィートは30.48センチメートル

ではじめて原子の力が解き放たれた。それはきちんと制御され、停止した。誰かがフェルミにイタリア・ワインのボトルを手渡し、小さな乾杯の声が沸き上がった」。

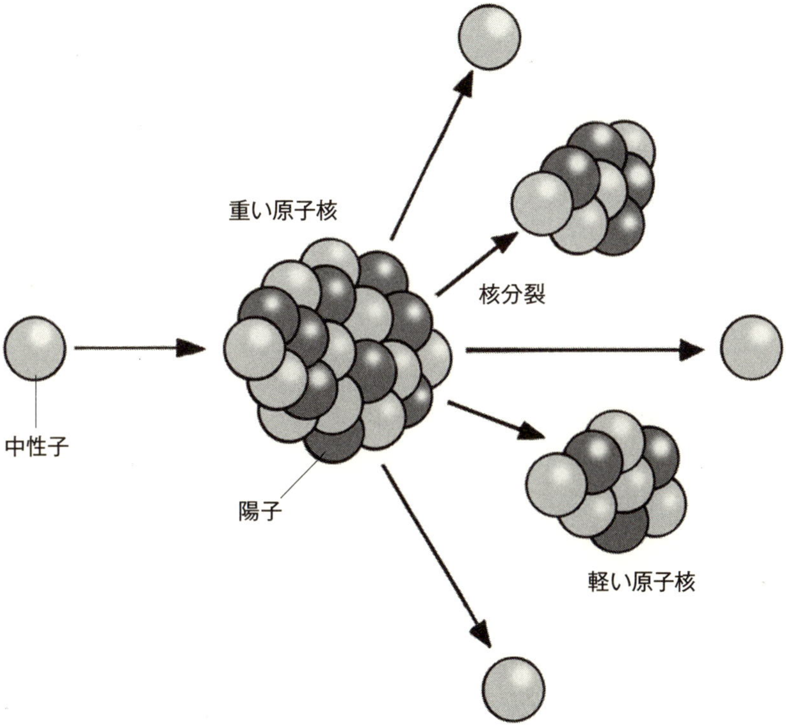

マンハッタン計画

シラードは、自分たちの研究成果をドイツの科学者が利用することを極度に恐れ、アルバート・アインシュタインに相談した上、アメリカのルーズベルト大統領に宛てて連名で注意を喚起する手紙を出しました。1939年のことです。それでも1941年まで大きな動きはなく、この年、イギリスの物理学者たちも核兵器を簡単に作れることを示す計算式を導くに至りました。これに日本による真珠湾攻撃も重なったために、ルーズベルト大統領は、マンハッタン計画と呼ばれるアメリカの核兵器開発プロジェクトの開始を命じることになります。プロジェクトを率いたのはバークレーの物理学者ロバート・オッペンハイマー。秘密基地はニューメキシコ州ロス・アラモスに作られました。

1942年の夏、オッペンハイマーのチームは爆弾のメカニズムを設計しました。爆発を引き起こす連鎖反応を開始するにはある一定(臨界量)のウランが必要ですが、爆発させる前にはそれらを分離しておかなければなりません。起爆方式は2種類ありました。ひとつはガン方式(砲撃型)で、ウランの塊を別のウランの塊に従来の火薬で撃ち込み、臨界量を達成するというもの、もうひとつはインプロージョン方式(爆縮型)で、ウランでできた中空の球を、従来の火薬を用いて中心にあるプルトニウムに向けて崩壊させるものです。

ウランにはふたつの同位体があって、それらの原子核には異なる数の中性子が入っています。最も一般的な同位体はウラン238で、もう一方のウラン235の10倍の量があります。核爆弾に最も効果的なのはウラン235なので、ウラン資源を濃縮してウラン235が作られます。ウラン238に中性子が1個加わると、プルトニウム239になります。プルトニウム239は不安定な元素で、これが崩壊するとさらに多くの中性子を放出するので、プルトニウムをまぜることによって連鎖反応を、より速く引き起こすことができます。濃縮ウランにガン方式を用いて、「リトルボーイ」と呼ばれる最初の核爆弾が作られました。またプルトニウムを使うインプロージョン方式の爆弾も作られ、「ファットマン」と名づけられました。

1945年8月6日、「リトルボーイ」が広島に投下され、3日後には「ファットマン」が長崎に投下されました。それぞれの爆弾はおよそ2万トンのダイナマイトに相当する威力をもち、7万人から10万人の人々を瞬時に殺す力をもっていました。2度の投下で、その2倍の人々が犠牲になりました。

賢人の言葉

この日は人類の歴史で暗黒の日として記憶されるだろうと思った…
また、ドイツが私たちより先に爆弾を手にするなら、何かをしなければならないという事実にも気づいた…彼らにはそれをする人材がいた…
それしかなかった、それしかないと思った。

――レオ・シラード(1898~1964年)

放射性廃棄物

原子炉は効率的にエネルギーを生むが、その結果として放射性廃棄物ができる。最も有害な廃棄物としては、数千年も放射能を出し続ける燃え残りのウランや、数十万年も放射性が消えないもっと重い元素（プルトニウムなど）がある。こうした危険な廃棄物は少量しか排出されないが、ウラン鉱石からウランを取り出すなど他の処理からは低レベルの廃棄物がつねに排出される。こうした廃棄物をどう処分すればよいかは大きな問題で、世界中でまだ決着がついていない。

原子力

連鎖反応を安定させたまま持続すれば、核分裂を原子力発電に利用することができる。ホウ素で作られた制御棒で余分な中性子を吸収し、ウラン燃料に衝突する中性子の流れを調整する。さらに原子炉から熱を取るために冷却材も必要となる。最も一般的に使われるのは水だが、加圧水、ヘリウムガス、液化ナトリウムも使用できる。現在、原子力発電が世界で最も進んでいるのはフランスで、発電量全体の70％以上を占めている。イギリスやアメリカではおよそ20％だ。

まとめの一言

悲劇・教訓・課題、そして希望

CHAPTER 35 核融合

知ってる?

私たちの体は星屑でできている?

私たちの周囲にある元素は、自分の身体も含めて、すべて核融合の産物です。核融合は太陽のような恒星にエネルギーを与え、そこでは水素より重いすべての元素が作られています。私たちは本当に星屑なのです。もし地球上で星のもつ力を利用できれば、核融合は無限のクリーン・エネルギーをもたらす鍵にもなります。

timeline

1920
エディントンが核融合の考え方を星に適用

1932
実験室で水素融合に成功

1939
ハンス・ベーテが星の融合プロセスを説明

核融合は、軽い原子核が結合し、もっと重い原子核になることです。十分な圧力をかけられると、水素の原子核は結合してヘリウムになり、その過程でエネルギー――膨大なエネルギー――を放出します。さらに一連の核融合反応でだんだんに重い原子核が生まれていくので、私たちの周囲にあるすべての元素を作りだすことができます。

ぎゅうぎゅう詰め

水素のように最も軽い元素でも、その原子核を融合するのは途方もない大仕事です。超高温と超高圧が必要になるため、融合が自然に起こるのは太陽やその他の恒星など、極限の環境をもつ場所に限られます。2個の核が結合するには、それぞれの核の間の電気的な反発力を乗り越えなければなりません。原子核は陽子と中性子でできていて、強い核力によってまとまっています。強い力は核という微小な範囲を支配していますが、核の外ではずっと弱くなります。一方で陽子は正の電荷をもち、その電荷によって反発し合うので、互いに相手を押しのけ合ってもいます。しかし核の中では強い力の方が反発する力より大きいので、核はひとつにまとまっています。

＊核子

原子核を構成する陽子および中性子の総称

強い核力はごく狭い範囲にのみ働くため、*核子が238個もあるウランのような重い原子核では、核の反対側にある核子の間で相互に引き合う力はそれほど大きくありません。それに対して電荷による反発力は離れていても働き、原子核全体にわたって影響するので、大きい原子核ほど強くなります。また、原子核に含まれている正の電荷が多いほど強まります。これを差し引きして、原子核がもつエネルギーを核子1個あたりの平均で計算すると、非常に安定した元素であるニッケルと鉄までは原子量とともに増えていき、それ以上、原子核が大きくなると減っていきます。そのため、核分裂は大きい原子核のほうが比較的容易です。比較的小さい衝撃でバラバラにすることができるからです。

1946／1954
フレッド・ホイルが重い元素の作られるプロセスを説明

1957
ジェフリー・バービッジ、マーガレット・バービッジ、ファウラー、ホイルが有名な元素合成の論文を発表核融合の場合、乗り越えるべきエネルギーの壁は、陽子が1個だけの水素原子核の場合に最も小さくなります。水素には3つの種類があり、普通の水素原子では原子核は陽子1個ですが、重水素の原子核には陽子1個と中性子1個があり、三重水素になると中性子が2個に増えて、もっと重くなります。そのため単純な核融合反応は、重水素と重水素の組合せで三重水素と1個の陽子になるものです。単純とは言え、この反応を起こさせるには8億Kというとてつもない高温が必要です（以下の図は、重水素と三重水素の組合せでヘリウムの原子核と中性子になる反応）。

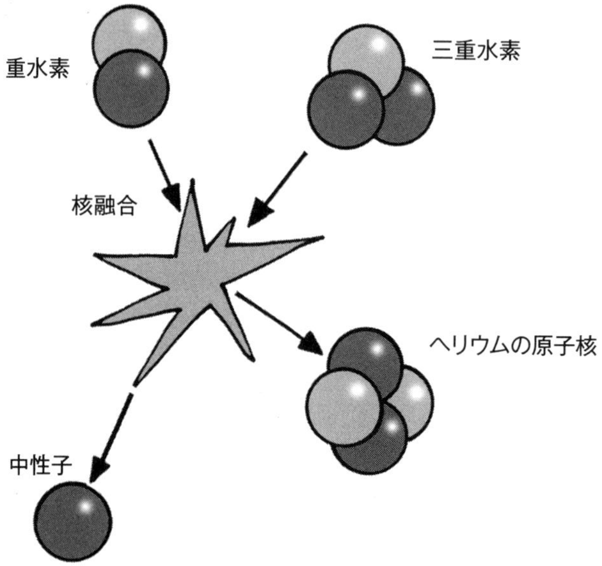

エネルギー生産の究極の目標

物理学者たちは、核融合炉を用いてこのような極限状態を地球上で再現しようとしています。それでも実現までにはまだ何十年もかかるでしょう。最も進んだ核融合装置でさえ、投入するエネルギーより得られるエネルギーのほうが少なく、それも何ケタもの違いがあります。

賢人の言葉

両方向を見てほしいと思う。星々に関する知識への道のりは原子から続いている。そして原子に関する大切な知識には星々を通って到達した。
——サー・アーサー・エディントン、1928年

核融合電力は、エネルギー生産の究極の目標になっています。核分裂に比べて核融合反応は比較的クリーンで、うまくいけば効率も高くなります。わずかな原子から（アインシュタインの$E=mc^2$の方程式に従って）膨大なエネルギーを生みだせ、廃棄物はわずかで、原子炉から生じる非常に重い元素のような厄介な廃棄物はありません。核融合電力は温室効果ガスも排出せず、自己完結型で、燃料となる水素や重水素を入手できれば、信頼のおけるエネルギー源となります。しかし完璧なものではなく、主反応の副産物として放射性をもつ中性子が発生し、それを処理する必要があります。

反応は信じられないほど高い温度を伴うため、焼けつくようなガスを制御するのが最も難しく、たとえ核融合に成功しても、その巨大な装置は一度に数秒しか動かせません。立ちはだかる技術の壁を破ろうと、科学者の国際チームが協力し、フランスにさらに大きい核融合炉の建設を計画しています。ITER（国際熱核融合実験炉）と呼ばれるこの実験施設は、核融合エネルギーを商業用として実用化できるかどうかを試験することになっています。

重い元素の作られ方

恒星は自然の核融合炉です。ドイツの物理学者ハンス・ベーテは、恒星が水素の原子核（陽子）をヘリウムの原子核（2個の陽子と2個の中性子）に変えて輝いているプロセスを明らかにしました。この反応には他の素粒子（陽電子とニュートリノ）も関与し、最初にあった陽子が中性子に姿を変えます。

恒星の内部では核融合の圧力鍋によって、まるでレシピに従うように、次々と重い元素が作られていきます。星は最初に水素を「燃やし」、次にヘリウムを、さらに鉄より軽いその他の元素を燃やしながら重い元素を作り、最後には鉄より重い元素も生みだします。

太陽のような恒星は主に水素を融合してヘリウムにしながら輝いています。このプロセスはゆっくり進み、重い元素はほんのわずかしか作られません。もっと大きい星になると、さらに炭素、窒素、酸素などの元素が加わって、反応が加速されていきます。そうなると重

い元素も短時間で作られるようになります。ヘリウムがあれば、それから炭素を作ることができます(3個のヘリウム4原子が、不安定なベリリウム8を経て炭素になります)。炭素があれば、ヘリウムと組み合わせて酸素、ネオン、マグネシウムができます。このようなゆっくりした反応が、星の寿命のほとんどをかけて進むことになります。鉄より重い元素ができる反応は少し違いますが、ともかくだんだんに、周期表の重い元素へと原子核が作られていきます。

最初の星はどうやってできた?

最初の軽い元素が作られたのは、星の中ではなく、ビッグバンの火の玉の中でした(266ページを参照)。できたての宇宙はあまりにも高温で、原子さえも安定して存在することはできませんでした。やがて宇宙が少しずつ冷えるにつれて、まず陽子と中性子が結合した重水素の原子核が生まれ、その後、ヘリウム、そしてわずかながらリチウムやベリリウムもできました。これらの元素が、あらゆる星の、そして存在するあらゆる物の、最初にあった材料です。

星は、宇宙空間に分布している原子が重力により集まってきてできます。宇宙初期には、まだ宇宙空間は現在ほどには膨張していなかったので(現在の1000分の1程度)、ガスの密度も現在の宇宙空間よりははるかに濃いものでした。したがって第一世代の巨大な星が容易に形成され、そこでは活発な核融合によって、ヘリウムより重い原子核が生成しました。それらは、*超新星として私たちが観測できる爆発によって、宇宙にまき散らされました。ビッグバン以降、1、2億年の後のことだと思われています。第二世代以降の星は、それらの重い元素も取り入れて作られています。

*超新星
用語解説を参照

核融合は宇宙全体の基本的な動力源です。私たちがそれを利用できるなら、エネルギーの悩みは解消するでしょう。しかしそれは星々の巨大な力をこの地球上であやつることなので、簡単ではありません。

賢人の言葉

私たちは、ほんのちょっぴりの星の物質が偶然冷えてしまったもの、失敗した星のかけらだ。
——サー・アーサー・エディントン（1882～1944年）

常温核融合は可能か？

1989年、科学界は論議を呼ぶ発表に揺れ動いた。旧チェコスロバキア出身のイギリスの化学者マーチン・フライシュマンとアメリカ出身のフランスの化学者スタンリー・ポンスが、巨大な反応炉ではなく試験管の中で、核融合反応が起きたと発表したのだ。ふたりは重水（各水素原子を重水素によって置き換えた水）を入れたビーカーに電流を流し、「常温」核融合によるエネルギーを生みだしたと確信していた。実験では投入した以上のエネルギーが得られ、それは核融合によるものだと主張した。この発表は大騒動を巻き起こしたが、ほとんどの科学者はフライシュマンとポンスがエネルギー収支の計算を誤ったのだと考えている。この他にも、実験室での核融合がときどき発表されては議論の的になってきた。2002年にはインド出身の科学者ルディ・タレヤクハンが、ソノルミネッセンスで核融合が可能だとした。これは液体中の気泡が超音波によって高速振動する（と同時に熱せられる）と、光を発する現象だ。研究室のフラスコの中で実際に核融合を起こせるかどうかについては、まだ結論は出ていない。

まとめの一言

宇宙にあるほとんどの元素は星内部の核融合で作られた

CHAPTER 36 標準モデル

知ってる?

陽子と中性子は素粒子ではない?

陽子、中性子、電子は、素粒子物理学の
氷山の一角にすぎません。陽子と中性子はさらに
小さいクォークでできていて、電子にはニュートリノという
もう一種の粒子が伴い、力は光子をはじめとした
ボース粒子によって仲立ちされています。
「標準モデル」は、これらの粒子すべてを
ひとつの系譜にまとめ上げます。

timeline

B.C.400 年頃
デモクリトスが原子という考え方を提唱

1930
ヴォルフガング・パウリがニュートリノの存在を予想

古代ギリシャ人にとっては、原子が物質の最小の構成要素でした。原子に含まれているもっと小さい中身が明らかになったのは19世紀も終わりになってからで、最初に電子が、続いて陽子と中性子が見つかりました。では、これら3つの粒子が物質の究極の構成要素、つまり素粒子なのでしょうか？

そうではありません。陽子と中性子はまだ大きい粒であり、これらはさらに小さいクォークという粒子でできています。素粒子はこれだけではありません。光子が電磁気力を運ぶように、たくさんの他の素粒子が他の基本的な力を媒介しています。電子は知られている限りではこれ以上細かく分かれない粒子ですが、ほとんど質量のないニュートリノという仲間が存在します。粒子にはまた、反粒子（194ページを参照）というおまけまであります。まったく複雑に聞こえ、実際に複雑でもありますが、これら過剰なほどの素粒子は、素粒子物理学の標準モデルと呼ばれるひとつの枠組みで理解することができるのです。

素粒子の発掘

20世紀のはじめ、物理学者たちは物質が陽子と中性子と電子でできていることを知っていました。デンマークの物理学者ニールス・ボーアは量子論によって、まるで太陽のまわりを巡る惑星のように、原子核のまわりの一連の殻に電子がどのように配置されているかを説明していました。原子核の性質はさらに奇妙なものでした。陽子は反発し合う正の電荷を帯びているというのに、小さくて硬い核には中性子に加えて何十個もの陽子が窮屈に詰め込まれ、まさに強い核力によってまとめ上げられています。けれども放射能の発見によって、核がどんなふうに（核分裂で）壊れたり（核融合で）結合したりするかがわかってくると、さらに多くの現象を説明する必要が生まれてきました（200～211ページを参照）。

1956
ニュートリノの検出

1960年代
クォークの提唱

1995
トップ・クォークの発見

まず、太陽では核融合によって水素がヘリウムになっていますが、そのとき陽子の一部は中性子に変り、別の粒子が発生します。それが陽電子と、もうひとつ、ニュートリノです。1930年に、中性子が崩壊して陽子と電子になるベータ崩壊を説明するために、ニュートリノの存在が予想されました。ニュートリノそのものが発見されたのは1956年になってからで、それはほとんど質量をもちません。1930年代には未解決の問題がたくさん残されていました。そうした問題を追究する中で、1940年代と50年代には次々と新たな素粒子が発見されていきました。

このような探究から生まれたのが標準モデルで、素粒子の家系図と呼べるものです。基本粒子には3つの基本タイプがあり、「クォーク」で構成される「ハドロン」、電子を含んだ「レプトン」、そして光子のように力を伝えるボース粒子(ボソン)です。クォークとレプトンには、それぞれに対応する反粒子もあります。

陽子や中性子は「クォーク」からなる

1960年代になると、陽子や中性子に電子をぶつけてみた物理学者たちは、その中にもっと小さい粒子があることに気づき、クォークと呼びました。クォークはつねに3個で1組です。その3個は「色」と呼ばれる性質によって区別されます。電子や陽子が電荷をもつように、クォークは正負の電荷の他に、3種の「色荷(カラーチャージ)」をもち、それは赤、青、緑と呼ばれます。クォークが(やはり色荷をもつ)別の粒子を発生して別のクォークに変わるとき、色荷の合計は不変です。色荷は目に見える光の色とは関係なく、ただ独創的な物理学者が、クォークの不思議な性質にふさわしい名前をつけているだけです。

クォークの名の由来

クォークという名前は、ジェイムズ·ジョイスの小説『フィネガンズ·ウェイク』にあるカモメの鳴き声を表す一節からとったものだ。小説には、「3つのクォーク」、3回の歓声をあげると書かれている。

賢人の言葉

可能な統一理論はたったひとつだとしても、それは規則と方程式の集まりにすぎない。その方程式に生命の火を吹き込み、それが説明する宇宙を作るものは、なんだろうか?
——スティーヴン·ホーキング、1988年電荷が力を生むように、クォークがもつ色荷も力を発生させます。色力（カラー・フォース）は、「グルオン」と呼ばれる粒子によって伝えられます。色力はクォークが離れていても弱まらず、クォークは見えないゴム紐でつながれているかのように互いに引き合っています。色力による結びつきはとても強いので、クォークは単独でいることはできず、必ず色荷が中性（無色）になるような組合せで結合しています。可能な組合せには3個のクォークが集まったバリオン（陽子や中性子など：ギリシャ語で「重い」を表すbaryから命名）と、クォークと反クォークの対（中間子：メゾン）があります。

クォークには色荷があると同時に、6種の香り（フレーバー）もあります。それらはふたつずつ3対に分類され、それぞれを世代と呼びます。最も軽い世代がアップ・クォークとダウン・クォーク、次に軽いのがチャーム・クォークとストレンジ・クォーク、そして最も重い対がトップ・クォークとボトム・クォークです。アップ、チャーム、トップの各クォークは$+\frac{2}{3}$の電荷をもつのに対し、ダウン、ストレンジ、ボトムの各クォークは$-\frac{1}{3}$の電荷をもちます。陽子の+1、電子の−1に比べて、クォークの電荷のほうが小さくなっています。陽子（2個のアップと1個のダウン）や中性子（2個のダウンと1個のアップ）を構成するには3個のクォークが必要です。

電子は「レプトン」のひとつ

2番目のタイプの素粒子はレプトンと呼ばれ、電子を含んでいます。ここにもだんだんに質量の増える3つの世代があり、電子、ミュー粒子、タウ粒子がそれぞれの世代に分類されます。ミュー粒子は電子より約200倍重く、タウ粒子には電子の約3500倍の重さがあります。これらの3粒子にはすべて、−1の電荷があります。またそれぞれの世代には、電荷をもたないニュートリノ（電子ニュートリノ、ミュー・ニュートリノ、タウ・ニュートリノ）も含まれます。ニュートリノにはほとんど質量がなく、他との相互作用はあまりありません。また気づかないうちに地球を通り抜けられるので、とらえるのも難しくなっています。すべてのレプトンに反粒子があります。

力は粒子のやり取りで生じる

基本的な力は、粒子のやり取りが媒介することによって生じます。電磁波を光子の流れと考えることができるように、弱い核力はWボソンとZボソンが運び、強い核力はグルオンが運ぶと考えることができます。光子と同様、これらの粒子もボース粒子で、すべて同時に同じ量子状態で存在することが可能です。クォークとレプトンはフェルミ粒子なので、同時に同じ量子状態になることはできません（178～180ページを参照）。

粒子の粉砕

こうしたさまざまな素粒子について、どうやって知ることができるのでしょうか？　20世紀の後半、物理学者たちは力ずくで原子を粉々に打ち砕き、その内部の仕組みと構成粒子を明らかにしてきました。素粒子物理学は、精密なスイス製の腕時計をハンマーでたたいてつぶし、その破片を見て仕組みを探るようなものだと言われています。粒子加速器は巨大な磁石を使って粒子を超高速まで加速し、その粒子ビームをターゲットにぶつけたり、反対方向からやってくる粒子ビームと正面衝突させたりします。控え目な速度にすると粒子は少しだけ砕け、最も軽い世代の粒子が放出されます。質量が大きいことはエネルギーが大きいことを意味するので、粒子のもっと後の（重い）世代の粒子を生成するには高エネルギーの粒子ビームが必要になります。

次に、加速器の中で生まれた粒子を確認する必要があるわけですが、それには粒子が磁場を通過するときの飛跡を記録に取るという方法が用いられます。磁場があるところでは、正の電荷を帯びた粒子は一方の方向に曲がり、負の電荷を帯びた粒子は逆の方向に曲がります。検出器を通過する速度と、磁場による曲がり方によって、粒子の質量もわかります。軽い粒子はほとんど曲がらず、重い粒子になると輪になるほどのらせんを描くこともあります。検出器でそれぞれの性質を解読し、理論から予測できる性質と比較することによって、素粒子物理学者たちはひとつひとつの粒子を見分けることができます。

賢人の言葉

人の心に創造的な要素が浮かびあがる様子は…
巨大なサイクロトロンに一瞬にして素粒子が出現するときのように
不思議なもので、それは微小な幽霊のようにまた消えてしまう。
――サー・アーサー・エディントン、１９２８年標準モデルにまだ組み入れられていないのは重力です。重力を媒介する粒子「重力子」があると想定されていますが、まだ予想にすぎません。光とは異なり、重力に粒子の性質があるという証拠はまだ見つかっていません。一部の物理学者たちは、標準モデルに重力も加えた理論を組み立てようとしています。けれどもまだその道のりは遠いようです。

	フェルミ粒子		
クォーク	up u アップ	charm c チャーム	top t トップ
クォーク	down d ダウン	strange s ストレンジ	bottom b ボトム
レプトン	electron e 電子	muon μ ミュー粒子	tau τ タウ粒子
レプトン	electron neutrino ν_e 電子ニュートリノ	muon neutrino ν_μ ミュー・ニュートリノ	tau neutrino ν_τ タウ・ニュートリノ

	ボース粒子
力を伝えるもの	photon γ 光子
力を伝えるもの	W boson W Wボソン
力を伝えるもの	Z boson Z Zボソン
力を伝えるもの	gluon g グルオン
	Higgs boson ? ヒッグス粒子

まとめの一言

陽子と中性子は、ともに3つのクォークからなる

知ってる？

CHAPTER 37 ファインマン図

素粒子の反応を読み解くのに便利な図とは？

ファインマン図は、複雑な素粒子物理学の方程式を解くときに便利な、巧みなグラフです。素粒子の相互作用を、3本の線が1点で交わる図で描くことができます。3本のうち2本は入ってくる粒子と出ていく粒子を、残る1本は力を媒介する粒子を表します。これらをいくつも加えていって、物理学者たちは発生する現象の確率を求めることができます。

timeline

1927
量子場の理論の研究が始まる

リチャード・ファインマンはカリスマ性のあるカリフォルニアの素粒子物理学者で、物理学の研究で有名なだけでなく、わかりやすい講演と巧みなボンゴ演奏でもよく知られています。ファインマンは素粒子の相互作用を記述する新しい記法を考えだし、それはとても単純明快なため、今もなお広く利用されています。複雑な数学の方程式をグラフ化するために、ファインマンは単純に矢印を用いました。ひとつの矢印が1個の素粒子で、1本は入ってきて、1本は出ていき、それに相互作用を示すもう1本のギザギザした波線を加えます。つまり素粒子の相互作用のそれぞれを、1点（頂点）で交わる3本の線で描くことができます。この形をいくつか組み合わせれば、もっと複雑な相互作用を構成することもできます。

ファインマン図を理解しよう

ファインマン図では、関与する粒子の経路を示す一連の矢印を用いて、素粒子の相互作用を描きます。通常は時間が左から右に向かって進むよう描くので、入ってくる電子や出ていく電子には右向きの矢印を使います。それらは普通、運動を示すために傾斜させます。反粒子は、粒子が時間を逆戻りしているものとみなして、反対に右から左を指す逆向きの矢印を用います。いくつかの例を見てみましょう。

① 最初は、電子が光子を放出している図です。入射する電子（左側の矢印）が三つ又の交差点で電磁相互作用を経験し、そこで散乱された電子（右側の矢印）と光子（波線）が生まれます。実際の粒子を描いているのではなく、相互作用の力学を描いているのです。陽子が光子を放出する場合も、同じように描くことができます。

1940年代
量子電磁力学（QED）が構築される

1945
原子爆弾が研究され使用される

1975
量子色力学（QCD）が提唱される

② 次は、入射する電子（またはその他の粒子）が光子を吸収し、もっとエネルギーの大きい第2の電子が出てくる例です。

③ 次の図では矢印が左向きなので、これらは反粒子に違いありません。この図は、反電子（陽電子：左側の矢印）が光子を吸収して、別の反電子（右側の矢印）を生んでいることを示します。

④ さらに、電子と反電子が結合して消滅（対消滅という）すると、そのエネルギーが光子になって出てきます。

⑤ 最後の図のようにふたつ以上の頂点を組み合わせれば、一連の事象を示すことができます。ここでは粒子と反粒子が対消滅して光子を生み、その光子が別の粒子と反粒子の対に変わっています（対生成という）。

ファインマンはこの図をたいそう気に入ったので、自分の乗っているバンの車体にいくつも描いていた。そして誰かにその理由を聞かれると、ただ「ぼくはリチャード・ファインマンだからさ」と答えた。

これらの頂点を使って、数多くの異なった種類の相互作用を表すことが可能です。クォークやレプトン（217ページを参照）をはじめ、どんな粒子についても、電磁気力、弱い力、強い力の相互作用を描くことができます。それらはすべて、いくつかの基本的な規則に従っています。エネルギーは保存されなければならず、図に入る線と出る線は実際に出現する粒子でなければなりませんが、途中の段階にはどんな素粒子があっても構いません。

⑥ 下の図は中性子のベータ崩壊を描いたものです。左にあるのは中性子（n）で、2個の「ダウン」（d）クォークと1個の「アップ」（u）クォークで構成されています。それが相互作用によって、2個の「アップ」クォークと1個の「ダウン」クォーク、さらに電子（e^-）と反ニュートリノ（$\overline{\nu}_e$）に変わります。ここにはふたつの相互作用が含まれています。中性子のダウン・クォークはアップ・クォークに変わって、弱い力を媒介するW*ボソン（波線）を放出します。次にWボソンが電子と反ニュートリノに崩壊します。Wボソンは最終状態には現れませんが、途中の段階に介在しています。

＊ボソン

ボース粒子のこと。180ページ、および用語解説を参照

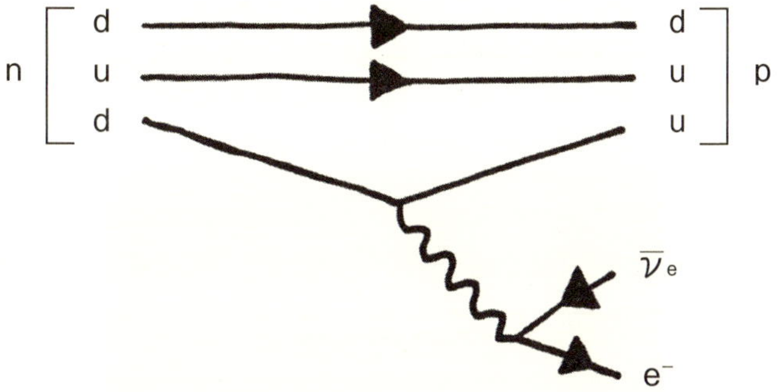

反応の発生確率は図からわかる

これらの図は相互作用を目に見えるようにする便利なグラフというだけでなく、その相互作用が起こる確率の計算法も示してくれます。複雑な方程式を扱う際の強力な手段にもなります。ある反応が

起こる確率がどれくらいかを求めようとするなら、最終状態にたどり着くまでの過程がいくつあるかを知る必要があります。この図が本領を発揮するのはここです。相互作用のバリエーションをすべて描き、さまざまな相互作用を使って始状態から終状態にたどり着けるまでのさまざまな過程をすべて描くことによって、この反応が発生する確率を求めることができます。

QED(量子電磁力学)

ファインマンがこのような図を思いついたのは、1940年代にQED(量子電磁力学)を組み立てている最中のことでした。彼の考え方は、光の伝播に関するフェルマーの原理にとてもよく似ています(95ページを参照)。フェルマーの原理は、光は可能なすべての経路をたどるが、最も確率が高いのは最も短時間で到着する経路であり、その周辺ではほとんどの光が同期して進むというものです。

QEDは光子の交換によって媒介される電磁気的相互作用を説明するもので、電磁場と素粒子の理論を量子力学と組み合わせたものです。ファインマンがグラフ表記を思いついたのは、すべての可能な過程について確率を求めようとしていたときでした。QEDが確立された後、物理学者たちはこの図をクォークの色場にまで広げ、QCD(量子色力学)と呼ばれる理論が生まれました。そしてその後QEDが弱い力と結びついて、「電弱」統一理論が生まれています。

ペンギン図

素粒子物理学者ジョン・エリスは自分の論文の中でひとつのファインマン図を描き、これをペンギン図と呼んだ。その名の由来はバーで学生と交した約束で、ダーツの試合に負けたら次の論文にペンギンという言葉を使うという賭けをした結果だった。エリスはページ上に縦方向に図を並べ、少しだけペンギンに似ていると考えた。そしてその名がそのまま残ることになった。

人物紹介　**リチャード・ファインマン（1918～88）**

リチャード・ファインマンは才気あふれる物理学者だったが、おどけた一面も持ち合わせていた。プリンストンの入学試験では満点をとって、アインシュタインらの注目を引いたという。マンハッタン計画に若手として加わったファインマンは、風防ガラス越しに見れば紫外線を遮断するから安全だと考えて、核実験を直接見たと述べている。ロス・アラモスの砂漠に閉じ込められて退屈すると、物理学者が選びそうな自然対数の底e＝2.71828…などの数字から、書類棚の暗証番号を推測して楽しんだ。いたずら心から棚の中にメモを残したので、同僚たちは仲間にスパイがいるのではないかと心配したらしい。また趣味でドラムの演奏を始め、変わり者だという評判も立った。戦後はカリフォルニア工科大学に移って教えることを楽しみ、「説明上手」と呼ばれて、有名な『ファインマン物理学』をはじめとした多数の著作を生みだしている。スペースシャトル・チャレンジャーの爆発事故調査委員会にも加わり、いつものように率直に発言した。QEDの他に、超流動や弱い力の物理学を確立した業績もある。研究生活も半ばにさしかかったころには、「There's plenty of room at the bottom（原子レベルには発展の余地がある）」という講演で量子計算とナノテクノロジーの幕開けを説いている。ファインマンはまた冒険好きでもあり、旅が好きだった。記号に強く、マヤの象形文字の解読を試みたこともある。同僚の物理学者フリーマン・ダイソンはファインマンのことを「半分天才で半分バカ」と書いたことがあるが、後にこれを「とことん天才でとことんバカ」と訂正した。

まとめの一言

素粒子反応は
矢印と波線で表現できる

CHAPTER 38 ヒッグス粒子

知ってる？

物にはなぜ質量がある？

物理学者ピーター・ヒッグスは、1964年にスコットランドの高地を散歩しながら、粒子に質量をもたらす方法を考えつきます。ヒッグスは自分でこれを「ある大そうなアイデア」と呼びました。
粒子はヒッグス場と呼ばれている場の中を泳ぐときに遅くなり、より大きな質量をもつように見えると考えたのです。
ヒッグス場によって表される粒子がヒッグス・ボソン（ヒッグス粒子）で、ノーベル賞受賞者レオン・レーダーマンはこれを「神の粒子」と呼びました。

timeline

1687
ニュートンの『プリンキピア』が質量を含む方程式を提示

なぜ物には質量があるのでしょうか？ トラックが重いのは、たくさんの原子でできていて、そのそれぞれが比較的重いからでしょう。鋼鉄には鉄の原子が含まれていて、それらは周期表の下のほうにあります。でも、なぜ原子には重さがあるのでしょうか？ 原子はほとんど空っぽの空間にすぎません。なぜ陽子は電子やニュートリノより、あるいは光子より、重いのでしょうか？

4つの基本的な力（相互作用）の存在は1960年代にはもうよく知られていましたが、それらを媒介すると思われる粒子の性質は、すべて大きく異なっていました。電磁的相互作用で力を伝えるのは光子、強い力ではグルオンがクォークを結びつけ、WボソンとZボソンが弱い力を伝えます（217ページを参照）。けれども光子とグルオンには質量がないのに、WボソンとZボソンはとても重い粒子で、陽子の100倍ほどの質量があると思われていました（当時は未発見）。なぜそんなに大きな違いがあるのでしょうか？ この相違は、電磁気と弱い力の理論を組み合わせて電弱理論に統一しようとするとき、特に大きな問題になりました。電磁気（光子）の理論のような考え方では、力を伝える粒子に質量があってはなりません。それらの粒子はなぜ、光子と同じようではなかったのでしょうか？

動きをスローにする場

ヒッグスの「大そうなアイデア」は、これらの力を伝える粒子が、背景にある場を通過することによって重くなっているというものでした。今ではヒッグス場と呼ばれているこの場は、ヒッグス粒子と呼ばれているボース粒子も表します。コップにビーズを落とした場面を想像してみましょう。コップに水が入っていると、空っぽで空気が入っているときより、ビーズが底に着くまでに長い時間がかかります。水の中ではビーズの質量が増すかのように、重力が液体を通してビーズを引っ張るには長い時間がかかります。私たちが水をかき分けて

1964
ヒッグスが粒子に質量をもたらすものを洞察

2007
大型ハドロン衝突型加速器がCERNに建設される

歩くのも同じことで、足は重く感じ、動きは遅くなります。コップに入っているのが水ではなくシロップなら、ビーズが沈むまでにもっと長い時間がかかるでしょう。ヒッグス場もこれと同じで、粘性のある液体のような働きをします。ヒッグス場が充満している様子は、カクテルパーティー会場を映画スターが歩くシーンによって想像することもできます。スターが進む速さは社交的な相互作用によって遅くなり、部屋を横切るのは難しくなります。ヒッグス場は、力を運ぶ他の粒子の動きを遅くして、それらに質量をもたらしています。それは光子に対してよりWボソンとZボソンに対して強く働いて、それらのほうを重く見せています。

ヒッグス場が、力を伝える他のボース粒子に質量をもたらすのだとしたら、ヒッグス粒子そのものの質量はどれだけでしょうか？　残念ながら、理論はヒッグス粒子そのものの質量を予測していません。ただし、素粒子物理学の標準モデルでそれが必要であることは予測しています。この粒子はまだ発見されていません。ヒッグス粒子とその性質に関するたゆみない研究から、その質量は実験ですでに達成されているエネルギーより大きいことはわかっています。つまり非常に重い粒子ということになりますが、正確な質量を知るには発見を待つしかありません。

動かぬ証拠を求めて

ヒッグス粒子を探すのに使われる新しい装置は、スイスにあるCERN（ヨーロッパ合同原子核研究機関）の大型ハドロン衝突型加速器「LHC」です。CERNはジュネーブ近郊の巨大な素粒子物理学研究施設で、その地下100メートルにはいくつかの円型トンネルがあり、その中で最大の全長27キロメートルに及ぶ地下トンネルにLHCが設置されています。LHCでは大きな磁石を使って陽子のビームを進路に沿って曲げながら、加速してどんどん高速にしていきます。このようにして逆向きのふたつの陽子ビームを作って最大速度になったとき、互いをぶつけ合って正面衝突させます。衝突で生まれる巨大なエネルギーによって質量の大きい粒子が放出され、それらはごく短命ですが、その崩壊によって生成される粒子が検知装置

賢人の言葉

行うべきことは明らかに、それを最も単純なゲージ理論である電磁気学と照らし合わせてみること——その対称性を破って実際に何が起こるかを確かめることだった。
——ピーター・ヒッグス（1929年〜）

LHCの巨大な粒子検知装置（CMS検出器）

によって記録されます。無数にある他の粒子の痕跡に隠された、ヒッグス粒子の存在の徴候を探るのがLHCの目標です。物理学者は何を探せばよいのかわかっていますが、それを突き止めるのはなお困難を極めています。十分に大きなエネルギーがあればヒッグス粒子は姿を見せるかもしれませんが、ほんのわずかな時間で別の粒子となって消えてしまうでしょう。そのため物理学者たちはヒッグス粒子そのものを見るというより、粉々になった断片という動かぬ証拠をとらえてから、それらをもう一度つなぎ合わせてその存在を推論しなければなりません。

対称性の破れ

ヒッグス粒子はいつ姿を見せるのでしょうか？　どのようにしてここから光子や他のボース粒子にたどり着けるのでしょうか？　ヒッグス粒子は非常に重いはずなので、膨大なエネルギーがあるときのみ出現でき、それも、ごく短時間だけです。理論によれば、宇宙ができたばかりのころには、すべての力がひとつの「スーパー・フォース」で表されていました。宇宙が冷えていくにつれ、「対称性の破れ」と呼ばれるプロセスを経て4つの基本的な力が分離してきました。

対称性の破れと聞くと、なかなか想像できないもののように感じますが、実際にはとても単純です。ひとつの出来事をきっかけにして、系から対称性がなくなる地点を表します。たとえば、ナプキンと食器が整えられた丸いディナーテーブルを考えてみましょう(下の図を参照)。どの席に座ってもテーブルは同じに見えるという点で、それは対称です。けれどもひとりの人がナプキンを取り上げると、対称性は消えてしまいます——その位置を基準にして自分の席を見分けられるようになります。つまり対称性の破れが起きたのです。このたったひとつの出来事が、連鎖反応を引き起こすことがあります——他の全員が、最初の出来事に合わせて、自分の左側にあるナプキンを取り上げることになるかもしれません。最初に取られたのが右側にあるナプキンなら、全員が右側のナプキンを取るでしょう。結果として生じるパターンは、それを引き起こした最初のランダムな出来事によって決まります。これと同じように、宇宙がどんどん冷えていくにつれて、一連の出来事が力をひとつずつ切り離していきました。

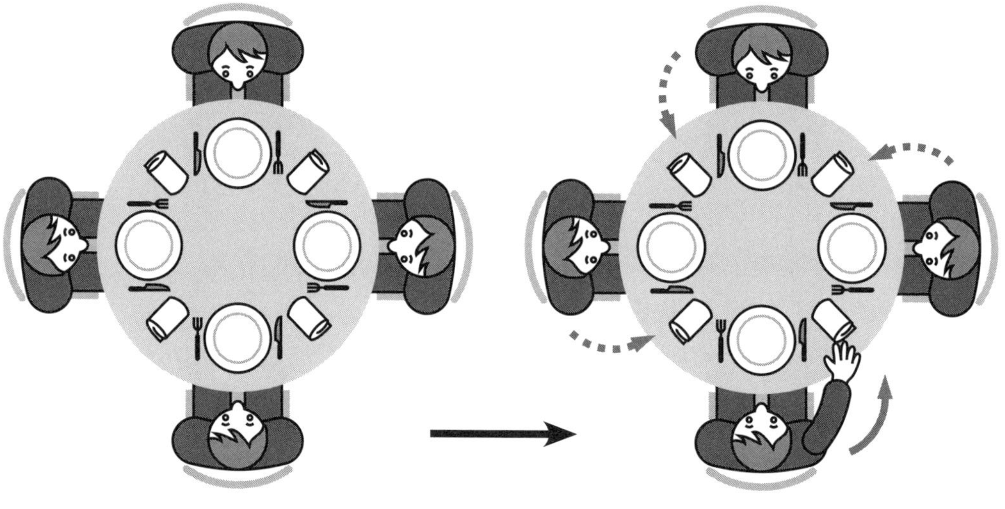

左右どちらのナプキンをとる?
対称性がある状態

各人が右のナプキンを選択
対称性が破れた状態

科学者がLHCでヒッグス粒子を検出できないとしても、それはそれで興味深い結果です。ニュートリノからトップ・クォークまで、標準モデル（212ページを参照）が説明する必要のある質量の違いは14桁にもなります。これは、まだ見つかっていないヒッグス粒子を用いてさえ難しいことです。この神の粒子が見つかればすべてがうまくいくかもしれませんが、もしなければ、標準モデルを修正しなければなりません。そしてそれには新しい物理学が必要になります。私たちは標準モデルに含まれるほとんどの粒子をすでに発見していますが、ヒッグス粒子がたったひとつ残された「ミッシング・リンク」です。

磁石における対称性の破れ

磁石は非常に高温のときは、物質全体としての磁性はない。中にあるすべての原子の向きが無秩序であり、磁場の方向がランダムだからである。しかし温度がキュリー温度と呼ばれる一定の温度より下がると、各原子の（磁気双極子の）向きがどちらかにそろって（つまり対称性が破れて）、全体としての磁場が生まれる。

まとめの一言

質量の謎を解く鍵は、神の粒子「ヒッグス粒子」にあり

CHAPTER 39 弦理論（ひも理論）

万物は見えない
ひもでできている？

標準モデルは不完全な部分がまだありながらも、
現段階で観測されている素粒子の反応をうまく説明して
いますが、一方には標準モデルが破綻するか肯定されるかの
検証がなされる前から、新しい物理学を探っている学者もいます。
あるグループの物理学者たちは基本的な粒子を、
単なる点ではなくひも（弦）の振動として扱うことによって、
そのパターンを説明しようとしています。この考えは
メディアの興味をとらえ、弦理論（ひも理論）として
知られるようになりました*。

＊ここでは超弦理論（超ひも理論）を含めた広い意味で弦理論としている

timeline

1921
カルツァ＝クライン理論が電磁気力と
重力を統一するための理論として提唱される

1970
南部陽一郎が相対論的な
ひもを用いて強い力を説明

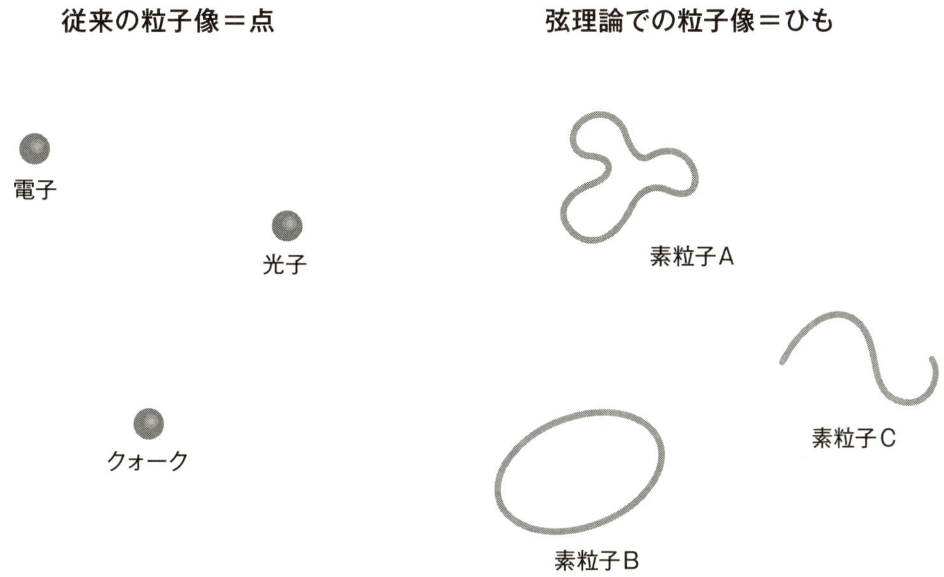

弦理論の提唱者たちは、クォークや電子、光子といった粒子が、自然界の最も基本的な粒子であると考えることに満足していません。これらの粒子がもっている質量や電荷のパターンは、さらに深いレベルの存在を示唆しています。これらの科学者は、粒子は単なる点ではなく、振動するひもと考える人もいます。

10次元や11次元の振動とは？

弦理論のひも（弦）は、たとえばギターの弦のようなものではありません。ギターの弦は空間の3次元で振動します。あるいは上下に限って考えれば、2次元の振動とみなすこともできます。ところが素粒子のひもは、私たちには見えませんが、科学者たちは10次元や11

1970年代中頃
弦理論から量子重力理論が導かれる（米谷民明）

1984～6
弦理論の急速な発展がすべての粒子を「説明」

1990年代
ウィッテンなどが11次元のM理論を提唱

次元という空間で、ひもの振動を計算しています。私たちの世界は3次元の空間と1次元の時間でできています。しかし弦理論の提唱者は、目に見えないずっと多くの次元があって、それらはクルクル巻き上がっているために、私たちが気づかないだけだと考えています。粒子のひもが振動するのは、それらも含めた多次元の空間の中だと考えます。

ひもは、両端が切れている場合と閉じたループになっている場合がありますが、その他はすべて同じです。素粒子のさまざまな違いは、ひも自体の素材ではなく、ひもの振動のパターンや配置によってのみ生まれます。

型破りな考え方

弦理論は、完全に数学上の考え方です。誰もひもを見た者はなく、本当にあるかどうかを確認する方法もわかりません。この理論が正しいかどうかを試せる実験は、今のところありません。したがってこの理論はまだ、科学者の間では窮屈な立場にあります。

オーストリア出身のイギリスの哲学者カール・ポパーは、科学は主に反証によって進歩していくと考えました。何かのアイデアを思いついたら、それを実験で検証し、誤っていることがわかれば何かを除外できるので、新しいことを学んで科学は前進できます。観察結果がモデルにぴったり一致していれば、新しいことは何も学べなかったことになります。弦理論はまだ完全に確立されていないので、明らかに反証可能な仮説はありません。理論のバリエーションがあまりにも多いため、本物の科学ではないと論じる科学者もいます。この理論が有用かどうかの議論は雑誌の投稿欄や新聞までもにぎわしていますが、弦理論の提唱者たちはその探究に価値があると考えています。

弦理論は「万物の理論」か？

弦理論は、粒子とその相互作用の全容を単一の枠組みで説明しようと試みることによって、「万物の理論」に近づこうとしています。万物の理論とは、自然界の4つの基本的な力（電磁気力、重力、強い力、

賢人の言葉

こうした余分な次元をもつこと、そのためにひもが数多くの異なった方向に振動できることが、私たちの知っているすべての粒子を説明できる鍵になる。

——エドワード・ウィッテン（1951年～）

弱い力）すべてを統合して、粒子の質量やその性質すべてを説明する、単一の理論です。アインシュタインは1940年代に量子論と重力を統合しようとしましたが、失敗に終わり、その後も成功した者はいません。アインシュタインは不可能だとされる研究をして時間を無駄にしたと冷笑されました。弦理論は重力も方程式に組み込んでいるので、その潜在的な威力を確信する科学者たちが探究を続けています。しかし明確に系統立てられたと言うにはほど遠く、ましてや検証されるまでには、はるかな道のりが残されています。

弦理論はもともと、クォークという粒子が確立していなかった時代に、陽子や中性子のモデルとして提唱されていたある理論が、ひもの運動の理論とみなせるとわかったことから始まりました（南部・後藤理論）。この話は、陽子や中性子の理論としては残りませんでしたが、相対論と量子論を統合した理論になる可能性があることがわかり（米谷たち）、標準モデル（212ページを参照）では成功していない、重力まで含む4つの力を統一できる理論の候補として脚光を浴びるようになりました。しかし、粒子を点とみなしてきたこれまでの量子論とは根本的に違うので、未解決の多くの難しい問題を抱えています。

一部の、「万物の理論」を目指している物理学者は極端な還元主義者であり、構成要素を理解できれば世界全体がわかると考えます。また、振動するひもで構成されている原子を理解できれば、化学や生物学などのすべてを推測できることになるとも考えています。一方には、こうした考えはまったくバカげているという科学者たちもいます。原子についての知識で、どうやって社会理論や進化や税金について解説できるのか、原子から単純にすべてを上にたどれるわけではない、というわけです。そしてそのような理論は、世界を素粒子の相互作用から聞こえる無意味な雑音としてとらえており、虚無的で誤っていると批判します。極端な還元主義者の観点は、ハリケーンやカオスのパターンなどの巨視的な振る舞いを無視していますが、アメリカの物理学者スティーヴン・ワインバーグは次のように表現しています。「冷ややかで、人間味がない。それでもそのまま受け入れなければならない。それは、私たちが好きだからではなく、それが

賢人の言葉

彼らが何も計算していないのが嫌いだ。彼らが考え方を確かめないのが嫌いだ。実験と一致しないことについて、彼らが説明をでっち上げるのが嫌いだ——「でも、まだ正しいかもしれない」と言うために、取り繕っている。

——リチャード・ファインマン（1918～88年）

弦理論の拡張版 —— M理論

ひもは、本質的には線だ。けれども多次元空間では、ひもは形状の極端な場合であり、その形状には面やその他の多次元的な広がりを含むこともある。弦理論をさらに拡張したM理論と呼ばれている理論では、幅広い形状のものが対象となる。Mはひとつだけの言葉を表しているわけではなく、メンブレーン（膜）やミステリー、マザーなど、いろいろな意味にとればいいということだ。空間を移動する粒子は線を描く。そして点のような粒子をインクの中に投げ込めば、線形の道筋をたどる。それを世界線と呼ぶ。ひも、たとえばループは、インクの中を動くと円筒形を描く。それを「世界面をもつ」と表現する。これらの面が接触する位置、ひもが切れて再びつながる位置では、相互作用が発生する。M理論は実際には、11次元空間での、これらの面や、さらなる多次元的広がりの相互作用の研究ということになる。

点粒子の軌跡

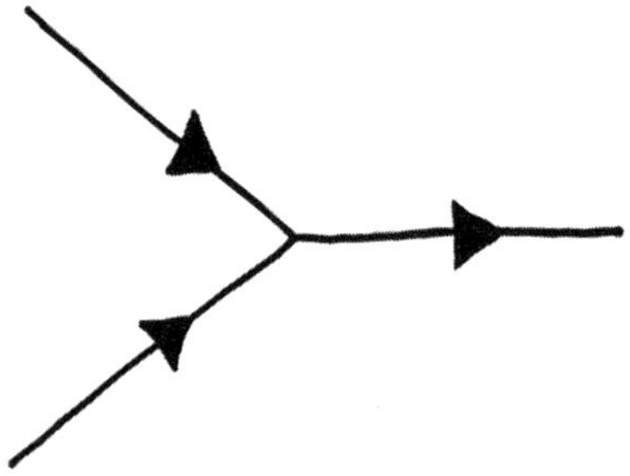

ひも（ループ）の軌跡

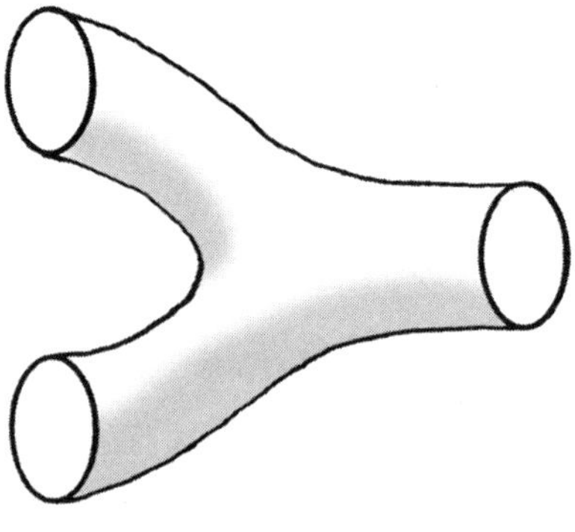

世界の動き方だからだ*」。

弦理論は、いまだ変動期にあります。最終的な理論は生まれていないため、そこに到達するにはまだまだ時間がかかるかもしれません。物理学はあまりにも複雑化し、組み込むべきものが山ほどあるからです。宇宙にはハーモニーが鳴り響いているとみなすのは魅力的です。けれどもその支持者たちは、時に無味乾燥と言える状態に陥ってしまうこともあります。事細かな詳しい部分に夢中になりすぎて、もっとスケールの大きいパターンの重要性をないがしろにしてしまうためです。もっと強力な展望が現れるまで、弦理論は傍流にとどまることになるかもしれません。けれども科学の性質からすれば、彼らが見ていること、それも、普通の場所ではないところを見ているのは、素晴らしいことです。

＊ワインバーグが、ここでいう極端な還元主義者というわけではない。標準的な還元主義者であるワインバーグの主張は、たとえば、『究極理論への夢——自然界の最終法則を求めて』（スティーヴン・ワインバーグ著、小尾信弥他訳、ダイヤモンド社、1994年）で見られる（編集部・監訳者注）

まとめの一言

弦理論（ひも理論）は「万物の理論」の有力候補

CHAPTER 40 特殊相対性理論

知ってる？

超高速で動く物体の時間は遅れる？

ニュートンの運動の法則は、クリケットのボールから自動車さらには彗星まで、ほとんどの物体がどのように動くかを説明しています。けれどもアルバート・アインシュタインは1905年に、物が超高速で動くと奇妙な作用が現れることを示しました。物体の動く速さが光速に近づいていくと、より重くなり、長さが縮まり、ゆっくりと年をとるようになります。光より速く進めるものは何もありません。これらは、時間と空間の本質的な性質の結果です。

timeline

1881
マイケルソンとモーリーがエーテルの存在を確認できず

1905
アインシュタインが特殊相対性理論を発表

音の波は空気中を響き渡りますが、原子が存在しない真空では伝わることができません。そのため、「宇宙では叫んでも聞こえない」ことになります。しかし光は、真空を伝わって広がることができます。太陽や星が見えることでわかります。宇宙には電磁波を伝播するような、何か空気のような働きをする特別な媒体が、いっぱい詰まっているのでしょうか？ 19世紀終わり頃の物理学者たちはそう考え、宇宙には光を拡散させる気体がまき散らされていると確信して、それを「エーテル」と呼んでいました。

光はつねに同じ速度で進む

しかし1887年になると、有名な実験によってエーテルは存在しないことが証明されました。地球は太陽のまわりを巡っているので、宇宙での位置はつねに変化しています。エーテルが空間内で静止しているとして、アメリカの物理学者アルバート・マイケルソンとエドワード・モーリーは地球とエーテルとの相対的な移動を検出する精密な

双子のパラドックス

時間の遅れを人間に当てはめて考えてみよう。たとえば、双子の兄が超高速のロケットに乗り、十分に長い時間だけ宇宙を旅する場合、地球にいる弟よりゆっくり年をとることになる。兄が後に地球に帰還したときには、まだ若くて元気なのに、弟は中年になっているだろう。そんなことはあり得ないと思うかもしれないが、これはパラドックスではない。宇宙旅行をした兄は弟とは違い、ロケットの中で、そうした効果が起こるほど強力な力を経験するからだ。こうした時間のずれによって、ある基準で同時に起こっているように見える出来事は、別の基準ではそうは見えない。高速で動いていると時間の進みが遅くなり、長さが縮む。しかし高速で動いている人自身は、その効果に気づかない。止まっている人から見て、そうなっている。

1971
飛行機に乗せて飛ばした時計で時間の遅れが実証される

実験を考えだしました。ひとつの光線をふたつに分けて、それぞれを互いに直角な経路を進ませ、遠くの鏡に反射させて戻ってきたところで干渉させるという実験でした。川の流れに対して直角に泳いで対岸まで往復してくるほうが、川幅と同じ距離だけ流れに逆らって泳いでから戻ってくるより短い時間ですむことから、ふたりも光について同じ効果が生まれるものと期待しました。地球がエーテルの中を移動しているなら、川の流れの中にいるのと同じだと考えたのです。ところが、ふたつの光線の経路をどのように向けても変化は現れず、干渉の程度は変わりませんでした。光がどの方向に進もうと、地球がどのように動いていようと、光の速度は変化しなかったということです。この実験はエーテルが存在しないことを意味するものでしたが、そのことが認識されるには、アインシュタインの登場を待たなければなりませんでした（下記和田先生のちょっと一言参照）。

マッハの原理（2ページを参照）のように、これは物体の運動に対する固定した基準がないことを意味していました。水や音の波とは違い、光はつねに同じ速度で進んでいるようでした。実に奇妙で、速度は差し引きされるという普段の経験からかけ離れています。時速50キロで走る車の中にいて、別の車が時速65キロで追い越していくときには、自分が静止していて相手が時速15キロで横を通り過ぎていくように見えます。ところが人がたとえ時速数百キロで進んだとしても、光はいつも同じ速さで進んでいるというのです。上空を飛ぶジェット機の座席にいるときも、自転車のペダルを踏んでいるときも、手に持った懐中電灯を照らせば光は秒速30万キロで進みます。

アルバート・アインシュタインはこの光速の不変性に取り組み、1905年に特殊相対性理論を発表しました。当時はまだ無名で、スイスの特許庁に勤めていたアインシュタインは、仕事の合間を縫って、まったく新しい方程式を導きました。特殊相対性理論はニュートン以降

賢人の言葉

世界で最も理解しがたいことは、ともかく世界を理解できることだ。
——アルバート・アインシュタイン
（1879〜1955年）

和田先生のちょっと一言

アインシュタインの回想によれば、彼はマイケルソンたちの実験よりは、マクスウェル理論で電磁波の速度が一定になるという理論上の結論に影響を受けたとのことである。

最大のブレークスルーで、物理学に革命をもたらしました。アインシュタインの出発点は、光速が一定不変であり、観測者がどんなに速く移動していても変わらないという前提です。光の速さが変わらないのなら、それを埋め合わせるために他の何かが変わるに違いないと、アインシュタインは考えました。

空間と時間の概念を変える必要がある!

アインシュタインは、ヘンドリック・アントン・ローレンツ、ジョージ・フィッツジェラルド、アンリ・ポアンカレが確立した考え方に従って、光速に近い速さで移動している観測者の異なる視点を埋め合わせるには空間と時間の概念を変えなければならないことを示しました。空間の3次元と時間の1次元で構成された4次元の世界で、アインシュタインの想像力が生き生きと躍動したのです。速度は距離を時間で割って求めますが、その値が光速を超えないようにするためには、距離を縮め、時間を遅くしなければなりません。そこで、光速に近い速さで飛び去っていくロケットは短く見え、ロケット内で経過する時間は外の人間にとってゆっくり進んでいます(下記和田先生のちょっと一言参照)。

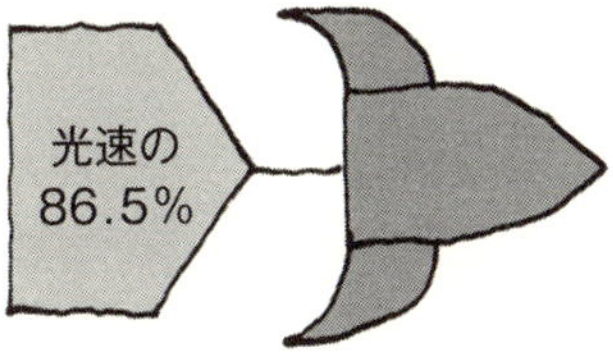

アインシュタインが考えだしたのは、異なる速さで進んでいる観測者に関して、運動の法則をどのように書き換えられるかでした。エーテルのような観測の基準となる静止した枠組みはなく、すべての運動は相対的なもので、特権的観測者はいないとしました。電車に乗っていて、隣の

和田先生のちょっと一言

アインシュタインはローレンツの影響を受けているが、彼の最新の論文は読んでいなかった。ポアンカレはアインシュタインよりもわずかに早く、特殊相対論の結論と同じ式を発表していたが、アインシュタインはそれも知らなかった(特許局に勤務していた時代である)。特殊相対論を最初に提示したのは誰か、という問題は、その意味で微妙だが、アインシュタインの論理がもっともすっきりしていたためか、プランクの支持もあって、特殊相対論の創始者は一般にはアインシュタインとされている。

電車が動くのが見えたとき、実際に動いているのは自分の乗っている電車なのか隣の電車なのかはわかりません。さらに、自分の乗っている電車がプラットフォームに停車しているのがわかっても、自分が動いていないと見なすことはできません。ただ、そのプラットフォームに対して動いていないだけです。地球は太陽のまわりを移動していますが、私たちはそれを感じません。同じく、太陽が銀河系を横切って移動しているのも、この天の川銀河が巨大なおとめ座銀河団の方に引かれているのも、まったく気づいていません。私たちが経験しているのはすべて、自分とプラットフォームとの、あるいは星々の間で回転している地球との、相対的な動きにすぎないのです。

アインシュタインはこれらのさまざまな観測基準を慣性系と呼んでいます。慣性系は、加速が加わらずに一定速度で互いに動いている空間です。時速50キロで等速で走っている車に乗っているときにはひとつの慣性系にいることになり、等速である限り、時速100キロで走る電車（別の慣性系）や時速500キロで進むジェット機（また別の慣性系）に乗っているのと同じように感じます。アインシュタインは、すべての慣性系の中で、同じ物理の法則が通じると述べました。ペンを落とせば、そこが車の中でも、電車や飛行機の中でも、同じように真下の床に落ちます。

より遅く、より重く

物質が移動できる最高速度である光速に近い速さの相対運動を理解するために、アインシュタインは時間の進みが遅くなると予測しました。時間が遅れるなら、ふたつの互いに運動する慣性系の中にある時計は、異なる速さで進むことになります。このことは1971年に実験によって証明されました。4つの同じ原子時計をジェット機に積み、ふたつは東回り、ふたつは西回りに、世界を2周させた実験です。それぞれの時計が刻んだ時刻をアメリカの地上に置いた時計と比較したところ、動いた時計のほうが地上の時計よりわずかに遅れており、アインシュタインの特殊相対性理論に一致していました（次のページの和田先生のちょっと一言参照）。

物体が光速の壁を越えられないことのもうひとつの説明は質量の増

賢人の言葉

エーテルの導入は不必要であることが判明する…特殊な特性をもった絶対静止空間というものの存在は必要なく、また電磁気的プロセスが起こる真空内の各点に、その移動速度を指定する速度ベクトルをつける必要もないからだ。

——アルバート・アインシュタイン、1905年加です。物体は光速に達すると無限に重くなって、それ以上の加速が不可能になります。質量をもった物体は光速に達することはできず、ただその速さに近づけるだけですが、近づけば近づくほどどんどん重くなって、加速が難しくなっていきます。光は質量のない光子でできているので、影響を受けることはありません。

$E=mc^2$

アインシュタインの特殊相対性理論は、それまでの考え方を根本から覆すものでした。質量（m）とエネルギー（E）が等価であるという考え方（$E=mc^2$）は、時間の遅れと質量に関係するさまざまな内容とともに、大きな衝撃を与えました。この理論を発表した当時、アインシュタインは科学の世界では無名でしたが、ドイツの物理学者マックス・プランクがその論文を読みました。アインシュタインの理論が受け入れられ、脇に追いやられずにすんだのは、プランクがその考えを取り入れたからかもしれません。プランクはアインシュタインの方程式に美を見出し、アインシュタインが世界的な名声を得られるよう、背中を押したのです。

賢人の言葉

光の速さより速く進むことはできないし、進んでみたいとも思わない。そんなことをすれば帽子が吹き飛ばされっぱなしだから。

――ウディ・アレン（アメリカの映画監督 1935年～）

和田先生のちょっと一言

この飛行機の実験は、動く時計は遅れるという特殊相対論の予言の他に、（重力が弱い）上空では時計は進む、という一般相対論（242ページを参照）の予言も試験された。このふたつの効果を個別に確かめるため、東回りに飛ぶ飛行機上の時計と、西回りに飛ぶ飛行機上の時計と、地上に置いた時計の3つが比較され、両方の予言が正しいことが確かめられた。

まとめの一言

光速に近い物体の時間は遅れ、進行方向に縮み、重くなる

CHAPTER 41 一般相対性理論

空間と時間

知ってる？

時空は広げたゴムシートと同じ？

特殊相対性理論に重力を組み込んだアインシュタインの一般相対性理論は、空間と時間の観念を土台から揺るがすものでした。ニュートンの法則を超え、ブラックホール、ワームホール、重力レンズの世界を切り開いたのです。

timeline

1687
ニュートンが万有引力の法則を発表

1915
アインシュタインが一般相対性理論を発表

高いビルから飛び降りた人が、重力によって地上に向かって加速している様子を想像してください。アルバート・アインシュタインは、自由落下しているこのような状態では、本人が重力を感じていないはずであることに気づきました。言い換えれば無重力の状態です。現在、宇宙飛行士の訓練では、これとまったく同じ方法で宇宙の無重力状態を再現しています。ジェット機を（「嘔吐彗星」という魅力的な名で呼ばれています）、ジェットコースターのような軌道を描いて飛ばすのです。機体が上昇している間、乗客は座席に押しつけられ、重力より大きい力を感じます。ところが機首を下げて急降下するときには、乗客は重力から解放され、機内の空間で浮遊することができます。

賢人の言葉

時間と空間と重力は、物質から離れて存在することはない。
——アルバート・アインシュタイン、1915年

人生最高の思いつき

アインシュタインは、加速度が重力と同じものだと気づきました。つまり、特殊相対性理論が、互いに一定速度で移動している基準（慣性系）で何が起こるかを説明しているのに対して、重力は基準の加速度的運動によって生じる力なのです。アインシュタインはこれを、「人生最高の思いつき」と呼びました。

それから数年間にわたり、アインシュタインはこの考えを突き詰めていくことになります。信頼できる仲間と話し合い、考えを具体化するために最新の数学的定式化を用いて、自分自身が一般相対性理論と名づけた重力の理論全体をまとめ上げました。研究を発表した1915年は特に忙しく、ほとんどすぐに何度か修正を加えました。同僚たちはアインシュタインの前進ぶりに驚いたと言われています。その理論からは、検証が可能ないくつかの奇妙な予想も生まれました。たとえば、光が重力場によって曲がる、あるいは水星の楕円軌道全体が太陽の重力に影響されてゆっくりと回転しているというものです。

1919
日食の観測でアインシュタインの理論が検証される

1960年代
ブラックホールの証拠が宇宙で発見される

質量のある物体が時空をゆがめる

一般相対性理論では、空間の3次元と時間の1次元を合わせて、4次元の時空と考えます。このような時空という存在は、表面に板のないテーブルの上にピンと張ったゴムシートを想像すると、わかりやすくなります。質量をもった物体は、シートの上に乗せた重いボールのようなものです。質量のある物体がどのように時空をゆがめるかを見てみましょう。まず、地球を表すボールをシートに乗せた場合を想像してみます。ボールの重さで、平らだったゴムシートの表面にくぼみができます。そこにもっと小さいボールを投げ入れると、たとえばこれが小惑星なら、くぼみの坂を転げ落ちて地球の方に進んでいくでしょう。これは、小惑星が重力を受ける様子を示しています。もし小さい方のボールが十分な速さで動き、重いボール（地球）のくぼみが十分に大きいなら、怖いもの知らずの競輪選手が急傾斜したト

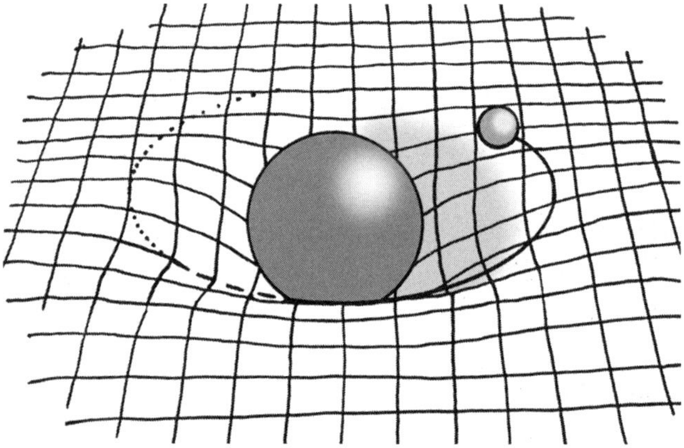

和田先生のちょっと一言

ゴムシートでの説明は直感的でわかりやすいが、誤解を招く点もある。実際にゆがむのは空間ではなく、時間も合わせた広がり、「時空」である。そしてそのうちの空間部分のゆがみよりも、時間方向のゆがみのほうが効果が大きい。時間方向のゆがみとは、各点で時間の経過の速さが異なるという現象である。ただし物体ではなく光の動きの場合は、空間方向と時間方向のゆがみが同程度の効果をもつ。

ラックをグルグルまわれるように、この小さいボール（天体）も月のような円軌道を維持できるはずです。宇宙全体も、巨大なゴムシートに例えることができます。惑星と恒星と銀河がそれぞれシートの上にくぼみを作り、そばを通る小さい天体を引き寄せたり、その進路を曲げたりします。ゴルフボールがコースの凹凸に沿って転がっていくようなものです（前のページの和田先生のちょっと一言参照）。

アインシュタインは、こうした時空のゆがみによって、光が太陽のような大きい天体の近くを通るときに曲がると考えました。そこで、太陽の後ろにある恒星を観測すると、そこからやってくる光が太陽の質量のそばを通過するときに屈折するために、少しずれた位置に見えると予測しました。1919年5月29日、皆既日食の機会をとらえてアインシュタインの予想を検証しようと、世界の天文学者たちが集まりました。そして観測の結果、バカげているとまで言われたその理論が真実に近いことが実際に証明され、この日はアインシュタインにとって忘れることのできない、輝かしい1日になりました。

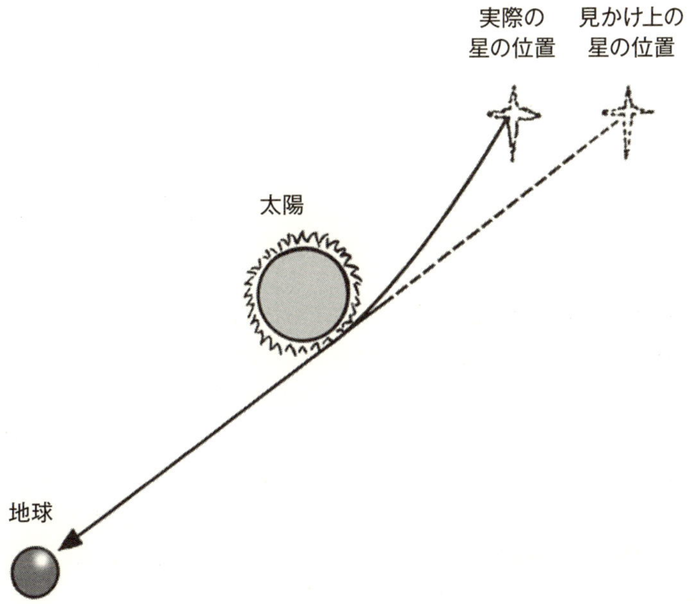

アインシュタイン・リング

光線が曲がることは、宇宙を横切って地球に届く光で確認されています。非常に遠距離にある銀河からやってくる光は、巨大銀河団や極端に大きい銀河のように膨大な質量がある領域を通過するとき、明らかに曲がります。背景にある光の点はにじんで、弧を描きます。質量の大きい銀河団や銀河はレンズと同じ働きをするので、この効果は重力レンズと呼ばれています。背景の銀河が、間にある重い天体の真後ろに位置していると、遠くの銀河の光がにじんで完全なリング状に見え、これにはアインシュタイン・リングの名がつけられています。これまでにハッブル宇宙望遠鏡が、重力レンズが見せる美しい光景を何枚もの写真に収めてきました。

アインシュタインの一般相対性理論は、今では宇宙全体をモデル化するために広く用いられています。時空は丘陵や渓谷や深い穴が並んだ、ひとつの景色と考えることができます。一般相対性理論は、これまでさまざまな観測によって検証され、そのすべてで正しさが裏づけられてきました。最も多く検証されている領域は、重力が極端に大きい場所、あるいは極端に小さい場所かもしれません。

ブラックホール(248ページを参照)は、時空のシートにあるとても深い井戸です。あまりにも深く切り立っているので、近づいたものはすべて、光さえも吸い込まれ、逃れることはできません。それらは時空にあいた穴で、特異点と呼ばれています。時空のゆがみはチューブ状のワームホールを作っているかもしれませんが、まだ誰も見た者はいません。

その逆に、重力が極端に小さい場所では、最終的に重力は微細な(量子論的な)粒子の効果に分解されると考えられています。光がひとつひとつの光子でできていることに似ています。しかしまだ、重力が粒子で構成されていることを検証できた者はいません。重力の量子論は発展しつつある分野ですが、裏づけがないため、量子論と重力の統一はまだ先が見えない状態です。研究人生の最後まで量子重力理論に全力を注ぎ続けたアインシュタインでさえ、やり遂げることはできず、統一の問題は未解決のまま残されています。

賢人の言葉

それゆえ、重力場と基準の加速との、完全な物理的等価性を仮定する。この仮定により、相対性原理は基準が一様に加速度運動するケースにまで拡大される。

——アルバート・アインシュタイン、1907年

時空シートを伝わる波 —— 重力波

一般相対性理論を別の側面から見ると、時空のシートの中で生じる波の理論といえる。この波は重力波と呼ばれ、特にブラックホールや、パルサーのように密度が高くて回転しているコンパクトな星から放出される可能性がある。天文学者たちはパルサーの回転がだんだんに遅くなるのを観測し、回転のエネルギーが重力波によって失われていると解釈しているが、まだ波自体は検出されていない。物理学者たちは地上や宇宙空間に巨大な検出器を建設し、レーザー光を使って、重力波の通過を突き止めようとしている。重力波が検出されたなら、アインシュタインの一般相対性理論の正しさが、さらに確証されることになる。

まとめの一言

質量が大きいほど
時空は大きくゆがむ

CHAPTER 42 ブラックホール

空間と時間

知ってる？

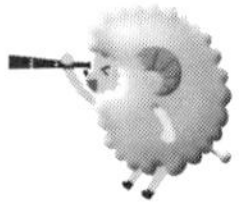

ブラックホールから逃れる方法は？

ブラックホールに落ちるのは気持のいいものではないでしょう。手足もバラバラになってしまうのに、落ちたとたん、それを見ている友達からは瞬間的に凍りついたように見えます。ブラックホールははじめ、脱出に必要な速度が光速を超えてしまう「凍結した星」として考えだされましたが、今ではアインシュタインの時空のシートにある穴、つまり「特異点」とされています。想像の世界だけではなく、私たちの天の川銀河をはじめとした銀河の中心には巨大なブラックホールがあります。死んだ星の亡霊であるもっと小さいブラックホールなら、宇宙のあちこちに点在しています。

timeline

1784
ミッチェルが「暗黒星」の可能性を推測

1930年代
「凍結星」の存在の予測

空に向かってボールを投げ上げると、ボールはある高さまで達してから落ちてきます。力を入れて投げるほど、ボールは高く上がります。地球の重力を振り切るほどの速さを加えてやれば、ボールは宇宙に向かって飛んでいくでしょう。そのときに必要となる速さを「脱出速度」と呼び、秒速およそ11キロメートルです。ロケットを地球外に向けて打ち上げるなら、この速度が必要になります。地球より小さい月からなら脱出速度はもっと小さくなり、毎秒2.4キロメートルで済みます。逆に地球より大きい惑星からだと、脱出速度は上がります。もしもその惑星が極端に重ければ、脱出速度は光の速さに達するか、光の速さを超えてしまうために、光さえもその重力の引く力を逃れることはできません。そのように質量が大きくて密度の高い、光も逃れられないような物体を、ブラックホールと呼びます。

運命の分かれ目——事象の地平面

ブラックホールという考え方が生まれたのは18世紀、イギリスの地質学者ジョン・ミッチェルとフランスの数学者ピエール・サイモン・ラプラスによってでした。やがてアインシュタインが相対性理論を提唱すると、ドイツの天文学者カール・シュヴァルツシルトはブラックホールがどんなものかを具体的に示しました。アインシュタインの一般相対性理論によれば、空間と時間はつながり合った、広大なゴムシートのようなものです(242ページを参照)。物体の重力はその質量に応じてシートをゆがめます。重い惑星は時空のくぼみにあり、その惑星がもつ重力は、他の物体がくぼみに転がり落ちていくときに感じる力のことです。その力により物体の進路はゆがめられたり、周回する軌道に乗ったりするかもしれません。

では、ブラックホールとはなんでしょうか？ あまりにも深くて急なために、近づいたあらゆる物がまっすぐ落ちていき、二度と戻れないようなくぼみです。時空のシートにある、バスケットボールのゴールの

1965
クエーサーの発見

1967
ホイーラーが「凍結星」をブラックホールと改名

1970年代
ホーキングがブラックホールの蒸発を提唱

網（そこからボールを出すことはできません）のような穴です。

ブラックホールの遠くを通り過ぎるだけなら、引っ張られて軌道が曲がるかもしれませんが、中に落ちることはありません。けれども近い場所を通れば、渦巻き状に吸い込まれてしまうでしょう。光の光子でさえ同じ運命をたどります。このふたつの運命の分かれ目となる境界を、「事象の地平面」と呼びます。事象の地平面より中に入った物は、光も含めて、すべてブラックホールに落ちていきます。

ブラックホールに落ちる様子は、「スパゲッティ化」と表現されています。穴の斜面が非常に切り立っているために、ブラックホール内にはとても強い重力傾斜があります。もしも足が先に落ちると、そんなことが起こらないよう願っていますが、その足は頭より強い力で引かれるので、身体はまるで拷問にかけられたように引き伸ばされます。さらにひねりも加わるので、チューインガムのように伸びたあげく、グチャグチャのスパゲッティのようになってしまうでしょう。あまり嬉しい最期とは言えないようですね。一部の科学者は、間違えてブラックホールに転げ落ちるかもしれない不幸な人を守る方法を考えました。身を守れるらしい方法のひとつは、重い鉛の救命リングの着用です。リングが十分に重くて高密度ならば、重力傾斜に対抗し、身体の形を、そして命を、保ってくれるかもしれません。

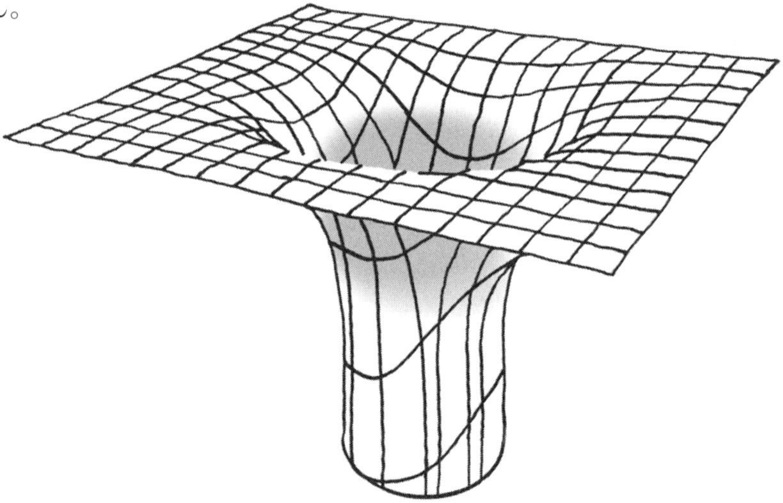

賢人の言葉

神はサイコロを振るだけでなく、
時にはまったく見えないところに投げる。
——スティーヴン・ホーキング、1977年

物体が凍りついたように見える「凍結星」

「ブラックホール」という名前は1967年にアメリカの物理学者ジョン・ホイーラーが、凍結星をもっと魅力的で覚えやすい名前にしようと考えついたものです。凍結星は、1930年代、アインシュタインとシュヴァルツシルトの理論から予測されるようになりました。事象の地平面に近い時空の不思議な振る舞いのせいで、輝く物質は穴に落ちていきながら、だんだん動きを遅くしていくように見えます。外で見ている観測者まで光の波が届くのにかかる時間が、どんどん長くなっていくからです。物体が事象の地平面を越えようとするとき、外の観測者にとっては(物体上の)時間が止まり、物体が凍りついたように見えます。そこで、事象の地平面の中に落下すると同時に凍りつくという意味で、凍結星というものが予想されたのです。

インド出身のアメリカの天文物理学者スブラマニアン・チャンドラセカールは、太陽の質量の1.4倍を超える恒星は燃え尽きると最終的につぶれてブラックホールになると予測しましたが、今ではパウリの排他原理(176ページを参照)による量子圧によって支えることができれば、つぶれずに、白色矮星や中性子星になることがわかっています。そのため、ブラックホールになるには太陽の3倍以上の質量が必要となります。このような凍結星またはブラックホールが本当に存在する証拠が見つかったのは、1960年代になってからのことです。

ブラックホールはどうやって確認する?

ブラックホールが光を吸い込んでしまうなら、どうやってその存在を確かめられるのでしょうか? 方法はふたつあります。ひとつは、他の物体を引きつける様子から判断します。そしてもうひとつは、ガスが吸い込まれるときに熱を発し、消える前に輝く様子を観測するものです。

最初の方法は、この天の川銀河の中心に潜んでいるブラックホールを確認するのに使われました。近くを通過する恒星が急に速度を高めてから、長く伸びた軌道を描いて投げだされるように見えたためです。天の川銀河の中心にあるブラックホールは、太陽100万個分

の質量が半径1000万キロ（30光年）ほどの範囲に集まっていると見られています。銀河の中心にあるブラックホールは、超大質量ブラックホールと呼ばれています。それらがどうやって形成されたかはわかりませんが、銀河の成長に影響を与えているらしいことはわかっています。最初からそこにあったかもしれないし、何百万個という星が1点に向けて収縮していって、ブラックホールになったのかもしれません。

ブラックホールを確認するふたつ目の方法は、そこに落ちながら燃える熱いガスが発する光を観測するものです。宇宙で最も明るい星であるクエーサーは、遠い銀河の中心にある超大質量ブラックホールに吸い込まれるガスによって輝いています。それより小さい、太陽数個分の質量しかないブラックホールも、中心に向かっているガスから放出されるX線で確認することができます。

宇宙の各所をつなぐワームホール

時空シートにあるブラックホールの底には、何があるのでしょうか？先端がとがって行き止まりになっているのか、あるいはシートに本当に穴があいているのか。しかし理論家たちは、もし別の穴につながっていたらどうなるのかと疑問を投げかけています。隣どうしにあるふたつのブラックホールでは、2本の長いチューブが時空シートからぶら下がっている様子を想像することができます。それらのチューブの先がつながれば、ブラックホールのふたつの入り口の間に1本のチューブ、つまりワームホールができたことになります。「救命」リングを身につけて一方のブラックホールに飛び込めば、もう一方のブラックホールから飛びだせるでしょう。このアイデアは、時空間を移動する方法としてたくさんのSF小説で使われてきました。ワームホールはまったく別の宇宙につながっているかもしれません。宇宙の各所を結びつける可能性は無限にありますが、救命リングだけは忘れないでください。

賢人の言葉

自然のブラックホールは、宇宙にある最も完璧な巨視的物体だ。それを構成している要素は、私たちの時空の概念だけだ。

——スブラマニアン・チャンドラセカール、1983年

ブラックホールの蒸発

奇妙に聞こえるかもしれないが、ブラックホールは最終的に蒸発する。1970年代にスティーヴン・ホーキングが、ブラックホールは完全な暗黒ではなく、量子効果によって粒子を放射すると指摘した。こうして質量が徐々に失われるので、ブラックホールは縮み、最後には消滅する。ブラックホールのエネルギーは、つねに粒子と、その反粒子の対を生みだし続ける。これがブラックホールの事象の地平面近くで起こると、一方の粒子は中に落ちるが他方の粒子（あるいは反粒子）は外に逃げることもある。外から見ると、ブラックホールが粒子を放出しているように見え、それはホーキング放射と呼ばれている。この放射エネルギーがブラックホールを消滅させることになる。この考え方はまだ理論上のもので、実際にはブラックホールが最終的にどうなるか、まだ誰にもわかっていない。ブラックホールは比較的、一般的に存在することから、このプロセスには長い時間がかかると思われる。ブラックホールはなかなか蒸発しないようだ。

まとめの一言

事象の地平面を越えると光ですら脱出不可能

CHAPTER 43 オルバースのパラドックス

知ってる？

夜空はなぜ暗い？

夜空はなぜ暗いのでしょうか？
宇宙が無限の広がりをもち、永遠の昔から
存在していたのなら、夜空全体が太陽のように
輝いていてもいいはずです。でもそうではありません。
夜空を見上げれば、宇宙の歴史のすべてを見渡せます。
星の数に限りがあるのは事実で、それは
宇宙の大きさにも年齢にも限りがあることを
示しています。オルバースのパラドックスは、
近代宇宙論とビッグバン・モデルへの
道を切り開きました。

timeline

1610
ケプラーが夜空の暗さに言及

1832
オルバースがオルバースのパラドックスを定式化

宇宙全体の地図を描き、その歴史を見渡すのは難しいことで、高価な人工衛星や遠くの山頂に設置した巨大な望遠鏡、あるいはアインシュタインのような明晰な頭脳が必要だと思うかもしれません。けれども実際には、晴れた夜に外に出るだけで、一般相対性理論と同じくらい深淵《しんえん》なことが見えてきます。夜空は真っ暗です。みんな当たり前だと思っていることですが、夜空が暗くて太陽のように明るくないという事実は、宇宙について実にたくさんのことを語っているのです。

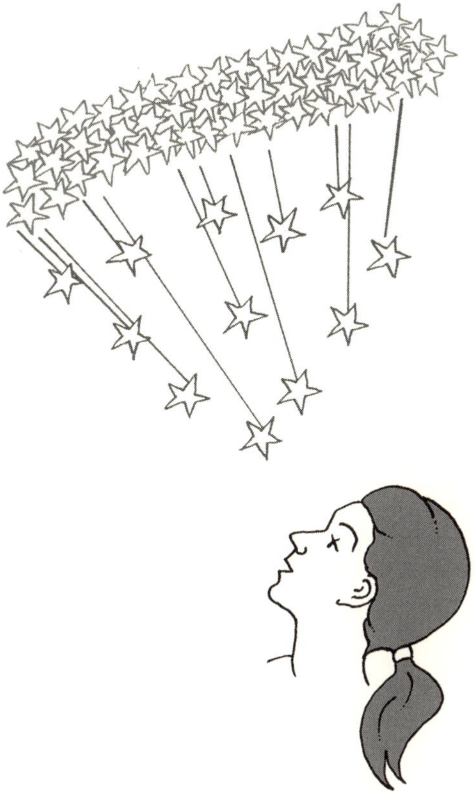

星々はなぜ夜空を埋め尽くさない？

もしも宇宙が無限の大きさをもち、あらゆる方向にどこまでも広がっているなら、どの方向を見ても星が見えるはずです。夜空のどこに視線を向けても、視線の先には星があるはずです。地球から遠ざかるほど、どんどん多くの星が宇宙空間を埋めていきます。森の樹木を見ているようなものです。近いほど木が大きく見えるので、目の前では幹を1本1本見分けられますが、遠くなるにつれて視界を木々が埋め尽くしていきます。だから森が本当に大きければ、その向こうにある景色を見ることはできません。宇宙が無限に大きければ、それと同じことが起こるでしょう。星の間隔は樹木ほど近くはありませんが、最終的には視界のすべてを遮るだけの数はあることになります。

もしもすべての星が太陽のようだったら、空の全面が星の光で埋まるはずです。遠くにあるひとつひとつの星はかすかですが、遠くにいく

1912
ヴェスト・スライファーが銀河の赤方偏移を測定

ほどたくさんの星があります。それらの星の光がすべて集まれば太陽くらい明るい光になるので、夜空全体が太陽と同じように明るいはずです(下記和田先生のちょっと一言参照)。

明らかに、それは事実ではありません。暗い夜空のパラドックスは17世紀にヨハネス・ケプラーによって提起されましたが、定式化したのはドイツの天文学者ハインリッヒ・オルバースで、1823年のことでした。このパラドックスの答えには深みがあります。いくつかの異なる説明があり、そのどれもが、いまでは解明されて現代の天文学者によって受け入れられている真実を含んだものです。それでも、目に見えるこんなに単純なことが、こんなにたくさんのことを教えてくれるのは、驚きというほかはありません。

パラドックスの答え

最初の説明は、宇宙が無限に大きくないというものです。どこかで行き止まりになっていると考えます。だとすれば星の数には限りがあり、どこに視線を向けても星にぶつかるということにはなりません。森のはずれ近くに立てば、または小さな林の中にいれば、木々の向こうにある景色が見えるということです。

別の説明は、遠くなるほど星の数が少なくなるので、光が集まって明るい光になることはないというものです。光は一定の速度で進むため、遠い星からやってくる光が地球に届くまでには、近い星の光より長い時間がかかります。太陽の光は8分で地球にやってきますが、次に近い恒星であるケンタウルス座のアルファ星の光は4年かかり、天の川銀河の反対側にある星からの光となると、何と10万年もの年

和田先生のちょっと一言

星の分布が一様だとすると、距離が2倍になれば、その距離にある星の数は4倍になる。一方、星の明るさがすべて同じだとすれば、地球から見た、星ひとつのみかけの明るさは4分の1になる。つまり、ある距離にある星すべてから地球にやってくる光の量は、4×(1/4)=1で、いくら遠方に行っても変わらない。したがって、無限の遠方まで同じように星があるとすれば、夜空の明るさは無限大になってしまう。

アンドロメダ銀河
Courtesy NASA/JPL/California Institute of Technology

月を費やして地球まで届きます。隣の銀河アンドロメダからの光は200万年で、これが肉眼で見られる最も遠い天体です。つまり、宇宙の遠くを見つめるほど遠い昔を見ていることになり、遠い星は近い星より若いことになります。これらの若い星々が、太陽のような近くの星より少なくなっていくなら、オルバースのパラドックスは解決します。太陽のような星は100億年ほどの寿命をもつので（大きい星ほど寿命は短く、小さい星ほど長くなります）、星には限られた寿命があるという事実もパラドックスを説明しています。星は、ある一定の時より前には存在していませんでした。まだ生まれていなかったからです。星は永劫の時を存在してきたのではありません。

遠方の星を太陽より暗くしているものに、赤方偏移（112ページを参照）もあると考えられます。宇宙の膨張によって光の波長が伸び、遠い星の光ほど赤みがかって見えるのです。そのため、遠くの星は近くの星より、少しだけ温度が低く見えます。これも、宇宙の最外部の領域から地球までやってくる可視光線の量を制約している要因のひとつです。

遠くからくる光は、異星人の文明が出す煤煙《ばいえん》や、鉄の針、不思議な灰色のほこりによって遮られているという、さらに奇妙な考えを表明した人もいます。しかし吸収された光は必ず熱となって再び放出され、スペクトルのどこかに現れるはずです。天文学者たちは夜空に舞い降りるあらゆる波長の光を、電波からガンマ線まですべてチェックしていますが、見える星の光が遮られている様子は見つかっていません。

まだ道半ばの宇宙

こうして、ただ夜の空が暗いという事実からだけで、宇宙は限られた時間だけ存在し、限られた大きさをもち、または、そこにある星々は永遠にあったわけではないことがわかります。

現代の天文学はこのような考えに基づいています。わかっている最も年老いた星はおよそ130億歳なので、宇宙はそれより前にできたことになります。しかしオルバースのパラドックスは、130億年よりあまり長い年月をさかのぼれないことを物語ります。もしそれよりずっと前から宇宙があるなら、これより前に何世代もの星があるはずですが、それはありません。

遠くにある銀河の星は、赤方偏移によって近くにある銀河の星よりずっと赤みがかっているので、光学望遠鏡で見るのは難しく、また宇宙が膨張していることを実証しています。これまでにわかっている最も遠い銀河は、あまりにも赤くて見えなくなってしまい、赤外線の波長で検出できるだけです。これらの証拠はどれも、宇宙はおよそ140億年前に巨大な爆発によって生まれたという、ビッグバン学説(266ページを参照)を裏づけています。

暗い夜空を取り戻せ!

街の光が明るさを増すにつれ、真っ暗な夜空の美しさを見るのはどんどん難しくなっている。人は大昔から晴れた夜に空を見上げ、いっぱいに広がった漆黒の闇を背景に、明るく輝く星々を楽しんできた。頭上を横切るのは天の川で、今ではこれを見つめながら、遠く銀河の中心を眺めているのを知っている。50年前には大都市でも最も明るい星々や天の川の筋が見えていたが、最近は町中ではほとんど星が見えず、田園地帯でさえ夜空が黄色いスモッグに覆われているのが現状だ。これまで何世代にもわたって人々の心を動かしてきた景観が、見えなくなっている。一番の原因は街灯で、中でも、下だけでなく上の方向も照らして光を無駄にしているものが厄介だ。天文学者も参加する国際ダーク・スカイ協会など、世界中のさまざまなグループが、光害を防止して宇宙の眺めを守ろうと呼びかけている。

ユリーカ

エドガー・アラン・ポーは、1848年に書いた散文詩『ユリーカ』で、次のように夜空の考察を行っている。

「星が無限に連なっているのなら、
夜空の背景が一様に光を放って輝いているはずだ。
この銀河系が美しく輝いているように――夜空の背景には、
星が存在しない場所など、1点たりともあり得ないのだから。
こんな事情があるとき、
無数の方向を望遠鏡でのぞいたときに見える、
虚無の空間を理解する唯一の方法は、
目に見えない背景は果てしなく遠いので、
そこからやってくる光が、まだここまで
届いていないと考えることだ」

まとめの一言

**宇宙の大きさが無限なら
夜空は星で埋め尽くされる**

CHAPTER 44 ハッブルの法則

空間と時間

知ってる?

夜空の銀河は私たちから遠ざかっている?

エドウィン・ハッブルは、私たちの銀河の外にあるほとんどすべての銀河が、私たちから遠ざかっていることにはじめて気づいた人物です。しかも、ハッブルの法則によれば、遠くにある銀河ほど速く遠ざかっています。宇宙を股にかけたこの離散劇こそ、宇宙が膨張していることの最初の証拠となり、私たちの宇宙観と宇宙の運命とをガラリと変えた、驚くべき発見でした。

timeline

1918
ヴェスト・スライファーが星雲の赤方偏移を測定

1920
シャプレーとカーティスが天の川銀河の大きさをめぐる公開討論を行う

16世紀、地球は太陽のまわりをまわっているとコペルニクスが主張したとき、人々は大きな不安に襲われました。人間がいるのは、宇宙の中心ではないことがわかったからです。けれども1920年代にはアメリカの天文学者エドウィン・ハッブルが望遠鏡の観測結果をまとめ、さらに不安をかき立てるようなことを発表しました。宇宙全体が、静止しているのではなく膨張している証拠を示したのです。ハッブルが他の銀河までの距離を測り、私たちの住む天の川銀河との相対的な速さを調べると、どの銀河も地球から猛スピードで遠ざかっていることがわかりました。どうやら地球は宇宙の嫌われ者らしく、少しずつでも近づいてくるのは、近隣にある数えるほどの銀河だけでした。そして遠くにある銀河ほど逃げ足は速く、その速度は地球からの距離にほぼ比例していました(ハッブルの法則)。距離に対する速さの割合は一定で、ハッブル定数と呼ばれています。天文学者たちの測定により、現在ではハッブル定数は75キロメートル毎秒毎*メガパーセクに近い値とされています。つまり無数の銀河は絶えず、この割合で天の川銀河から後退しています。

*メガパーセク
パーセクは距離の単位で、1パーセクは約3.26光年。1メガパーセクは、その100万倍

星雲は宇宙のどこにある？―― 公開討論会

20世紀になる前、天文学者は私たちの住んでいる天の川銀河のことさえ、正確には理解していませんでした。この銀河の中にある何百個という星を測定し終えた一方で、星の間にあるぼんやりにじんだシミのような光に気づき、それを星雲と呼んでいました。星雲の一部は、星の生死に関係のあるガス雲の塊でしたが、それとは違って見えるものもありました。渦巻きや楕円の形で、雲より整って見えたのです。

1920年にふたりの著名なアメリカ人天文学者が、これらの星雲が宇宙のどこにあるのかをめぐって公開討論会を開きました。ハーロー・シャプレーは、空に見える天体はすべて天の川銀河の中にあり、

1922
アレクサンダー・フリードマンが膨張宇宙のモデルを発表

1924
セファイド変光星の発見

1929
ハッブルとミルトン・ヒューメイソンがハッブルの法則を発見

それが宇宙の全体だと論じました。それに対するヒーバー・カーティスは、星雲の一部は遠くに離れた「島宇宙」、つまり天の川銀河の外にある外部の「宇宙」だと主張しました。「銀河(ギャラクシー)」という名前は、この星雲の宇宙を示すために後からつけられたものです。両者ともに自分の主張を裏づける証拠を示したので、その日のうちに討論の決着はつきませんでした。そして後にハッブルの観測により、カーティスの予想が正しかったことが明らかになります。渦巻き状の星雲は、実は外部の銀河であって、天の川銀河の中にはありませんでした。宇宙は突然、果てしない背景へと広がっていきました。

賢人の言葉

天文学の歴史は、視野の拡大の歴史だ。
——エドウィン・ハッブル、1938年

銀河までの距離の測り方

ハッブルはウィルソン山天文台の100インチ・フッカー望遠鏡を使って、アンドロメダ星雲の中にある周期的に明るさの変わる星を観測しました。アンドロメダ星雲は、今では天の川銀河にとてもよく似た渦巻き銀河であることが知られ、天の川銀河と同じ銀河群に含まれる兄弟分でもあります。周期的に明るさの変わる星は変光星と呼ばれますが、その中でもケフェウス(セフェウス)座で見つかった代表的な星にちなんでセファイド変光星と呼ばれるグループは、今でも距離の測定に欠かせない貴重な存在です。セファイド変光星では、変光の程度と周期はその星のもつ明るさと対応しているため、光がどのように変化するかを観測すれば、実際にはどれだけ明るいかを求めることができます。そして実際の明るさがわかれば、地球から見た明るさとの違いから、その星までの距離を計算することができます。遠くで光る電球があり、それが100ワットの電球だと知っていれば、目の前にある100ワットの電球の明るさと比べて、どのくらい遠くにあるかを求められるのと同じです。

この方法でハッブルはアンドロメダ銀河までの距離を測りました。その距離はシャプレーが示した天の川銀河の大きさよりはるかに長かったので、その外にあると判断せざるを得ませんでした。この事実は単純とはいえ、革新的な意味をもっています。宇宙は果てしなく大きくて、天の川銀河と同じような別の銀河が、他にもいっぱいあるというのです。宇宙の中心に太陽が居座っただけで教会や人々は不安になったのですから、天の川が、無数にある銀河のうちのひとつにすぎなくなって、人間の自尊心はどれだけ傷ついたことでしょう。

その後ハッブルは、他のたくさんの銀河までの距離を測定しました。またそれらの銀河から届く光がほとんどすべて赤方偏移し、その程度は銀河までの距離に比例していることを発見しました。赤方偏移は、移動している物体の、光のドップラー効果と言えるものです（110ページを参照）。水素原子などのスペクトルが、すべて予想より赤方に偏移していることは、それらの銀河がすべて大急ぎで遠ざかっていることを意味していました。走り去っていく救急車のサイレンが低くなるのと同じです。地球に近づいているのは近くにある、（天の川銀河を含む）「局所」銀河群内の銀河だけで、他はすべて遠ざかっているというのは、奇妙な話でした。しかも遠い銀河ほど速く遠ざかっています。人々は、これらの銀河が、私たちを中心として遠ざかっているとする考えはとりませんでした。そう考えるのでは、私たちが宇宙の中で特別な立場にあるとみなすことになります。そうではなく、宇宙そのものが、巨大な風船が膨らんでいくように膨張しているのだと結論づけました。銀河は風船についた水玉模様のようなもので、風船が大きくなるにつれて、互いの間が離れているだけなのです。互いに離れるように動いていれば、どこから見ても（私たちから見ても）、他の銀河が自分から遠ざかっているように見えます。

宇宙膨張のイメージ

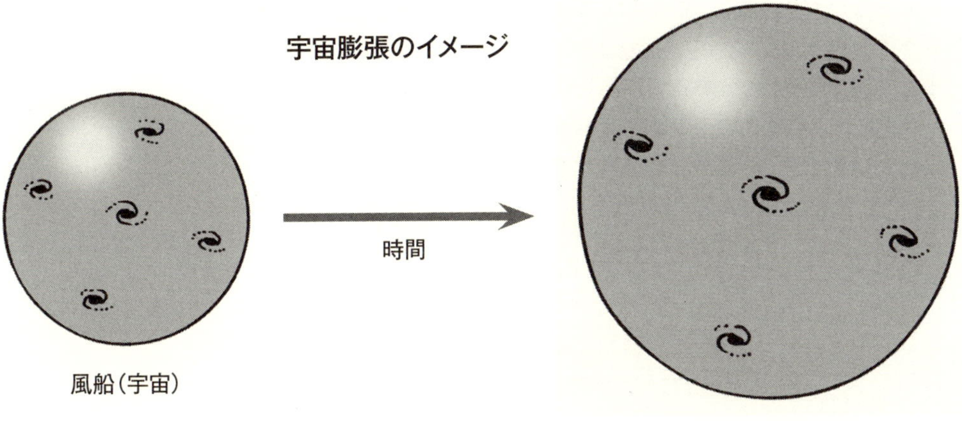

どれだけ遠く、どれだけ速い？

今日でもまだ、天文学者にとって、宇宙の膨張速度を正確に求めることは大きな目標です。そのためには、ある天体がどれだけ遠くにあって、どれだけの速さで進んでいるか、つまりどれだけの赤方偏移を見せているかを知る必要があります。赤方偏移は原子スペクトルから簡単に測定することができます。星の光に含まれている特定の原子遷移で発生する光の波長を、実験室で求められた既知の波長と比較すれば、その差が赤方偏移です。距離を知るのはこれより難しい作業になります。遠くの銀河にあって、実際の大きさがわかっているものか、実際の明るさがわかっているもの（宇宙の標準光源）のどちらかを観測しなければならないからです。

天文学的距離を推測するには、さまざまな方法があります。セファイド変光星は、ひとつひとつの星を見分けられる近くの銀河で役立ちます。けれどももっと遠くでは、また別の技術が必要になります。すべての異なる測定方法をまとめれば、「宇宙の距離はしご」と呼ばれる巨大なものさしになります。ただし、それぞれの方法にはそれぞれの特性があるので、宇宙に向けて長く伸ばしたはしごの精度には、まだ不確定な部分が数多く残されています。

ハッブル定数は現在、およそ10％の誤差で求められています。ここまで正確にわかるには、ハッブル宇宙望遠鏡による銀河の観測と宇宙マイクロ波背景放射（266～277ページを参照）が大きく貢献してきました。宇宙の膨張は、宇宙を生みだした大爆発であるビッグバンから始まり、その後誕生した銀河はずっと、互いに離れ離れに飛び去り続けています。ハッブルの法則は宇宙の年齢の目安を示してくれました。一時も休まず膨張を続けているわけですから、その膨張を逆にたどれば、どのくらい昔に始まったかを求められるはずです。それはだいたい140億年ほど前だとわかってきました。膨張は幸いなことに、宇宙をバラバラにしてしまうほど速いものではありません。その逆に質量が大きすぎて自重で収縮してつぶれてしまうこともなく、宇宙はその間で見事なバランスを保っているのです。

賢人の言葉

それらはだんだん小さく、だんだんかすかに、そしてどんどん多くなっていくのがわかる。こうして宇宙深く、もっともっと遠くへ進んでいき、やがて最大の望遠鏡でとらえることのできる最もかすかな星雲のところまでやってくると、そこはまさに、私たちが知っている宇宙のフロンティアである。

——エドウィン・ハッブル、１９３８年

ハッブル宇宙望遠鏡

ハッブル宇宙望遠鏡は、これまでで最もよく知られた衛星天文台であることは間違いない。この望遠鏡で撮影した星雲や遠くの銀河、そして星をグルリと囲んだ円盤の美しい写真は、もう20年近く数多くの新聞の一面をにぎわしてきた。1990年にスペースシャトル・ディスカバリー号から打ち出された宇宙船（望遠鏡）は、ちょうどロンドンの2階建てバスくらいの大きさで、長さ13メートル、直径4メートル、重さは11トンだ。鏡の直径が2.4メートルある天体望遠鏡と、可視光線、紫外線、赤外線で鮮明な画像を撮影できるカメラおよび電子検知器一式を備えている。ハッブル宇宙望遠鏡の威力は、大気圏外にあるため、撮影した写真が大気によってぼやけずに済むことにある。老朽化してきたハッブル宇宙望遠鏡の運命は、まだ定まっていない*。NASAは機器を改修するかもしれないが、それにはスペースシャトル乗組員による船外活動が必要になる。

使命を終える際には、後世のために宇宙望遠鏡を救出するか、安全な方法で海に落下させるという方法がとられるだろう。

＊2009年5月18日、スペースシャトル・アトランティスの乗員が、望遠鏡の修理と性能向上のための船外活動を完了した。これによってハッブル宇宙望遠鏡の寿命は少なくとも2014年まで延びた。修理はこれが最後になる予定（訳注）

まとめの一言

ほとんどすべての銀河は距離に比例した速度で遠ざかる

CHAPTER 45 ビッグバン

知ってる?

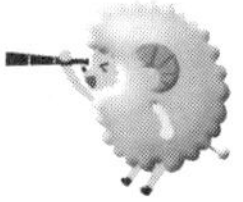

宇宙の歴史はどこまでわかった?

「大爆発」の瞬間に宇宙が誕生し、私たちのまわりにあるすべての空間、物質、時間が作られました。ビッグバンは、一般相対性理論の計算から予測された理論ですが、私たちの銀河系からの他の銀河の遠ざかり、宇宙にある軽元素の量、空から降り注ぐマイクロ波と、証拠が集まっています。

timeline

1927
フリードマンとルメートルが膨張宇宙論を提唱

1929
ハッブルが宇宙の膨張を発見

1948
アルファーとガモフが宇宙マイクロ波背景放射を予言
ビッグバンでの元素合成の計算

賢人の言葉

テレビのチャンネルを放送局のない位置に合わせると、画面にはザーザーと雑音が流れる。その中のおよそ1％は、大昔からあるこのビッグバンの名残だ。今度、何も映らないと文句を言いたいときがあったら、宇宙の誕生を見ているということを思いだそう。

——ビル・ブライソン（アメリカの作家）、2005年

ビッグバンは究極の爆発です。この瞬間に宇宙が誕生しました。現在、私たちのまわりには宇宙が膨張している証拠が見られるため、以前は宇宙がもっと小さく、もっと熱かったことが予想されます。それを論理的にたどった結論が、宇宙全体は1個の点から生まれたという考え方でした。点火の瞬間、空間と時間と物質とがすべてまとめて、宇宙の火の玉の中で作られました。それから少しずつ、約140億年もの長い歳月、この超密な熱い雲は膨張しながら冷えてきました。そして今、そのかけらが星々や銀河となって夜空を彩っているのです。

冗談ではない

「ビッグバン」という呼び名は、この理論をバカにした発言から生まれたものです。イギリスの高名な天文学者フレッド・ホイルは、宇宙のすべてが1粒の種から育ったなどという考え方はバカげていると思っていました。そこで1949年に放送されたBBCのラジオ番組で、ロシア帝国出身のアメリカの物理学者ジョージ・ガモフがアインシュタインの一般相対性理論から導いた方程式を用いて提唱した仮説を、あり得ない無理な理論だ、「宇宙が大爆発（ビッグバン）で始まったなどと言っている」と嘲笑しました。ホイルが考えていた宇宙は、もっと永続的なものだったのです。ホイルは、宇宙は永続的な「定常状態」であると主張し、物質と空間は絶えず作られては膨張し、無限の過去から存在してきたと見なしていました。それでも、「ビッグバン」に有利なさまざまな証拠が見つかり、1960年代になるとホイルの定常宇宙論は道を譲らざるを得ませんでした。

膨張する宇宙

3つの重要な観測結果が、ビッグバン・モデルが正しいことを裏づけてきました。ひとつ目は1920年代にエドウィン・ハッブルが観測結

1949
ホイルが
「ビッグバン」と命名

1965
ペンジアスとウィルソンが
宇宙マイクロ波背景放射を検出

1992
COBEが宇宙マイクロ波
背景放射の温度のムラを発見

果から導きだした、ほとんどの銀河が天の川銀河から遠ざかっているという結論です。視点を遠くに移すと、すべての銀河がハッブルの法則(260ページを参照)に従って互いに遠ざかる傾向にあり、まるで時空の構造自体が伸び、広がっていくように見えます。こうして空間が伸びると、ある点から出た光が地球に届くまでの時間は、ふたつの点の間の距離が固定している場合より長くなります。この効果は光の周波数(波長)の偏移として観測することができ、地球上に届いた光は遠くの恒星や銀河を出たときの光より赤く見えるため、「赤方偏移」と呼ばれています(112ページを参照)。赤方偏移は、天文学的距離を推測するのに利用することができます(下記和田先生のちょっと一言参照)。

軽元素はこうして生まれた

ビッグバンの直後、生まれたばかりの宇宙まで時間を巻き戻してみると、あらゆるものが、沸きたつ灼熱の大釜に詰め込まれていました。最初はあまりの高温と高密度のために、原子さえも安定ではいられませんでした。宇宙が大きくなって温度も下がってくると、クォーク、グルオン、その他の素粒子がまじり合った粒子の濃密なスープが生じました(212ページを参照)。まず、わずかな時間のうちに、クォークが結びついて陽子や中性子が形成されます。そして誕生から3分以内には、宇宙的な核反応によって陽子と中性子が結合し、原子核が作られました。このとき、はじめて水素以外の元素の原子核が核融合によって誕生しました。宇宙がさらに冷えて融合に必要な温度より下がったので、ベリリウムより重い元素の原子核は合成されませんでした。そのため宇宙ははじめ、ビッグバンの結果作られた水素、ヘリウム、そして微量の重水素、リチウム、ベリリウムの原子

和田先生のちょっと一言

銀河が遠ざかっていることは、(アインシュタインが初期に考えた)静的宇宙論には反するが、ホイルの定常宇宙論を否定することにはならない。ホイルの理論では、宇宙空間は膨張するが、たえず新しい物質が無から生みだされているので、物質の密度は不変であると主張される。ホイルは、最初の爆発というビッグバン理論には反対したが、宇宙の膨張という事実は受け入れていた。

核であふれていました。これらを軽元素と呼びます。

1940年代にアメリカの物理学者ラルフ・アルファーとジョージ・ガモフがビッグバンで作られた軽元素の割合を予測しました。その基本的な図式は、天の川銀河にある、古くからゆっくり燃えている恒星や原始ガス雲を測定した最新の結果でも正しいことが確かめられています。

マイクロ波の輝き

ビッグバン理論を支えているもうひとつの柱は、1965年に発見されたビッグバン自身のかすかな名残です。アメリカの物理学者アーノ・ペンジアスとロバート・ウィルソンは、ニュージャージー州にあるベル研究所で電波受信機を使った研究をしているとき、どうしても取り除くことのできない弱いノイズがあることに気づいて、不思議に思いました。空のあらゆる方向からやってくる、絶対温度にして数度の電磁波(マイクロ波)の発生源があるようでした。

ふたりは近くのプリンストン大学の天文物理学者ロバート・ディッケにこれを伝え、見つけたノイズは、予測されていたビッグバンの名残であることがわかりました。ふたりが偶然見つけたのは宇宙マイクロ波背景放射、つまり、まだ若くて高温だった頃の宇宙が残した光子の海だったのです。それまで同じようなアンテナを立てて背景放射を見つけようとしていたディッケは、少しだけ残念そうに、「君たちに先を越されたよ」と言いました。

ビッグバン理論では、1948年にジョージ・ガモフ、ラルフ・アルファー、ロバート・ハーマンがマイクロ波背景放射の存在を予測していました。原子核は宇宙誕生後の最初の3分間で融合されましたが、原子が形成されるにはその後40万年の歳月がかかっています。ようやく負の電荷をもつ電子が正の電荷をもつ原子核と結合して、水素や軽元素の原子が生まれると、それまで空間を満たして光の通路をふさいでいた電荷をもつ粒子がなくなり、霧が晴れたように宇宙は透明になりました。それからずっと、光は自由に宇宙を飛びまわれるようになり、私たちはその時点まで振り返って見ることができます。

若き日の宇宙の霧は高温(3000Kほど:56ページを参照)でした

が、宇宙が膨張するにつれてその放射は赤方偏移していき、現在の温度は絶対温度3度より低くなっています。こうした、大きな3つの基本事項がこれまで崩されていないため、ビッグバン理論はほとんどの天文物理学者によって広く受け入れられています。これらの観測結果すべてをビッグバン以外のモデルで説明するのは難しいことです。

宇宙の運命はビッククランチ？ ビックチル？

ビッグバンより前には、何が起きたのでしょうか？ 時空はビッグバンで生まれたので、この質問には意味がありません。「地球はどこから始まっている？」や「北極の北はどこ？」と尋ねるのにちょっと似ています。それでも数理物理学者たちは、M理論や弦理論の数学を用い、多次元（11次元のことが多い）宇宙でビッグバンの引き金を引いたものについて考えています。このような多次元にあるひもや膜（メンブレイン）の物理的性質やエネルギーに目を向け、素粒子物理学と量子力学のアイデアを組み入れて、爆発を引き起こす状況を推測するのです。量子物理学と並行して、一部の宇宙論学者は並行宇宙の存在についても議論しています。

ビッグバン・モデルでは、定常宇宙モデルとは違い、宇宙は進化していきます。宇宙の運命は、重力によってひとつにまとまろうとする物質の量と、それをバラバラにしようとする他の物理的力とのバランスによってほとんど決まります。重力が勝てば宇宙の膨張はいつか止まり、逆に収縮を始めて、ビッグバンの巻き戻しで幕を閉じることになるでしょう。これはビッグクランチと呼ばれています。宇宙は、ビッグバンとビッグクランチのサイクルを繰り返すことになるかもしれません。その反対に、膨張する力やその他の反発力（暗黒エネルギーなど：284ページを参照）が勝てば、最後にはあらゆる恒星や銀河や惑星が離れ離れになり、この宇宙はブラックホールと粒子でできた暗黒の砂漠になってしまうでしょう。これはビッグチルと呼ばれています。最後に、「ゴルディロックス（ちょうどいい）宇宙」もあります。そこでは引き合う力と反発する力のバランスがとれ、宇宙は永遠に膨張を続けますが、その速さは徐々にゆっくりになっていきます。現

賢人の言葉

宇宙には筋の通った計画がある。
私にはそれがなんのための計画かはわからないが。
——フレッド・ホイル
（イギリスの天文学者で作家 1915～2001年）

代の宇宙論によって最も可能性が高いとされているのは、このような終幕です。私たちの宇宙は、ちょうどいい宇宙なのです（しかし278ページも参照）。

ビッグバン後の時刻表

ビッグバン後	状況	温度
137億年*	現在	2.726K
2億年	「再電離」：初期の星の熱が水素をイオン化	50K
38万年	「再結合」：ガスが冷えて原子を形成	3000K
1万年	放射（電磁波）優勢時代が終了	1万2000K
1000秒	孤立した中性子が崩壊	5億K
180秒	「元素合成」：水素からヘリウムなどの軽元素の合成	10億K
10秒	電子‐陽電子が対消滅	50億K
1秒	ニュートリノが独立	100億K
100マイクロ秒	パイ中間子が消滅	1兆K
50マイクロ秒	「QCD相転移」：クォークが中性子や陽子を形成	2兆K
10ピコ秒	「電弱相転移」：電磁力と弱い力に差が生じる	1000兆〜2000兆K
⋮		

Big ban

これより前は温度が高すぎて、現在の物理の知識ではまだ解明できていない。

＊277ページで紹介する探査機WMAPの観測により、宇宙の年齢は137億歳であることが明らかになった

まとめの一言

宇宙は137億年前の大爆発《ビッグバン》で生まれ、現在も膨張中

CHAPTER 46 宇宙のインフレーション

空間と時間

知ってる？

宇宙は
どこまで行っても
平らで一様？

宇宙はなぜどの方向でも同じに見えるのでしょうか？
平行した光が宇宙を横切るとき、なぜそれらは平行を保ち、
私たちはそれを異なる星として見ることができるのでしょうか？
答えはインフレーションにあると考えている
物理学者たちがいます―― 赤ちゃん宇宙はわずかな時間に
急速に膨らんだので、シワが伸び、その後の膨張は
正確に重力のバランスをとってきました。

timeline

1981
グース・佐藤がインフレーションを提唱

私たちが住んでいる宇宙は、ある意味で特殊です。空を見上げて遠く宇宙に目を向ければ、たくさんの星やはるか彼方の銀河が、ゆがまずにはっきり見えます。そうでない可能性も十分にありました。アインシュタインの一般相対性理論によれば、重力は時空シートを曲げ、光線は湾曲した道筋に沿って進みます(242ページを参照)。そのために光線が入り乱れて、私たちが見上げる宇宙は、鏡の間で見える像のようにゆがんでしまう可能性もあるのです。ところが光線は、銀河の周囲を通るとき屈折することを除けば、全体としてほとんど一直線に宇宙を横切っています。私たちが見通す視界は、見える限界までずっとゆがむことなく、はっきりしています。

宇宙は平坦なところ

相対性理論では時空は湾曲する面だと考えますが、天文学者によれば、実際の宇宙は平らであるといわれます。宇宙では、平行な光線が空間をどんなに遠くまで進んでも平行なままであり、どこまでも続く平野を進むようなものだというのです。時空はゴムシートに例えることができ、そこに重い物体を置けばシートはくぼんで、そのくぼみが重力を表します。実際の宇宙の形状は、テーブルの表面のようにほとんど平らに広がったシートで、散らばった物質によるわずかな凸凹があちこちについているようなものです。そのため宇宙を横切る光は、質量の大きい天体の横を通るとき少しだけ避けるように動くことを除けば、比較的まっすぐ進みます

もしも物質の量が多すぎたなら、あらゆるものがシートに重くのしかかってくぼみを作り、最後にはシート全体が崩れ落ちて、膨張は反転してしまうでしょう。このシナリオに従うと、最初は平行だった光線がやがて1点に集まっていきます。逆にもしも物質の量が少なすぎたなら、シートに乗る重みが足りず、時空のシートは広がって、さらに膨張していくでしょう。平行な光線は、空間を横切りながら拡散し

1992
COBE(宇宙背景放射探査機)が
温度のゆらぎを検出

2003
WMAP(ウィルキンソン・マイクロ波異方性探査機)が
宇宙マイクロ波背景放射の精密な全天画像を作成

ていきます。ところが私たちの現実の宇宙はその中間で、たゆまず膨張しながらも、構造をまとめておけるだけの、ちょうどいい量の物質を備えています。宇宙は正確に釣り合いを保っているように見えます（277ページのコラムを参照）。

宇宙はどこも一様に見える！

宇宙のもうひとつの特徴は、どの方向を見てもだいたい同じに見えることです。銀河は一か所に集中せず、あらゆる場所に散らばっています。一見、驚くほどのことではないように思えるかもしれませんが、これは意外な事実です。不思議なのは、宇宙はとても大きく、光速で走ったとしても一番遠い反対側どうしでは情報をやりとりできないことです。宇宙はこれまでに約140億年しか存在していませんが、端から端までの距離は140億光年以上あります。そのために光は、空間を伝わる信号としては最速で進むにもかかわらず、まだ宇宙の反対側にまで到達していません。そのため、宇宙の一方の端は、もう一方の端がどんなふうに見えるのか知りようがありません。それなのに宇宙はどこも同じようになっています。これが「地平線問題」です。地平線とは、宇宙が誕生して以降、光がある点から進むことのできた最も遠い距離です。つまりこの宇宙には、私たちが決して見ることのない領域があるわけです。そこからの光は、時間が足りずに私たちのもとまで届きません。

銀河は宇宙に均一に散らばっている

宇宙はまた、極めて滑らかな場所でもあります。銀河は空全体にわたって均一にばらまかれています。目を細めて夜空を見れば、空全体がまんべんなく光り、いくつかの大きな塊が光っているわけではありません。これもまた、そうなる必要性はありませんでした。銀河は重力の作用を受け、長い時間をかけて育ってきました。生まれるきっかけは、ビッグバンで残されたガスの中で、周囲よりわずかに密度の高い部分があったことです。その部分が重力によってつぶれるようにして粒子が集まって恒星ができ、あるいは銀河になりました。最初に周囲より密度が高かった銀河の種は、超高温の初期宇宙に含まれていた粒子のエネルギーに起きた微小なゆらぎという、量子

賢人の言葉

フリーランチ（ただで手に入るもの）などないと言われている。でも、宇宙は究極のフリーランチだ。

——アラン・グース（1947年～）

効果によって生じたものです。それでもそうしたゆらぎが強まって、現在のように広く散在した星の海ではなく、ウシの背中のような大柄な銀河の模様ができる可能性もあったはずです。しかし今、夜空を彩る銀河は数少ない巨大山脈のように偏って集まっているのではなく、草原のモグラ塚のように全体にわたって散らばっています。

宇宙は急激に膨張した？

宇宙が平らで一様で滑らかであるという問題（平坦性問題と地平線問題）は、ひとつの考え方によってすべて解決することができます。それが「インフレーション宇宙論」です。

1981年にアメリカの物理学者アラン・グースと日本の物理学者である佐藤勝彦が、これらの問題を解決する理論としてインフレーションを提唱しました。宇宙は隅から隅まで情報が伝わらないほど大きいのにすべての方向で同じに見えるという地平線問題は、宇宙がかつては非常に小さく、領域全体で光が十分に情報を伝え合えたことを物語っています。今では、もうそのような状態ではないことから、

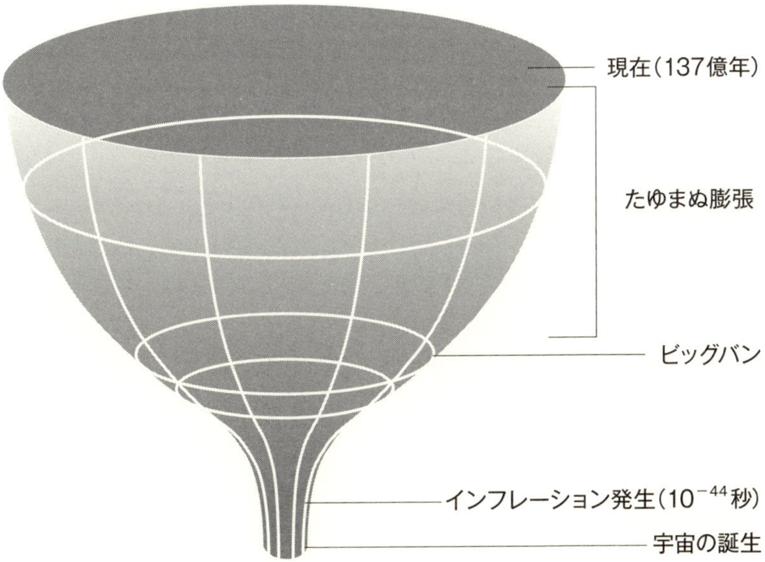

ごく短期間のうちに膨張し、大きくてバランスのとれた宇宙になったに違いありません。ただし膨張（インフレーション）の期間は桁外れに短く、その速さは光速をも超えていたはずです。ほんの一瞬で大きさが倍に、また倍にと急激な膨張を果たしながら、量子的ゆらぎによるわずかな密度のゆらぎが拡大されていきます。風船を膨らますと、印刷した模様がだんだんにぼやけていくように、この膨張によって宇宙は滑らかになりました。インフレーションはまた、その後の重力と最終的膨張とのバランスも決定づけ、膨張はそれからずっとゆったりしたペースで進むことになります。インフレーションは、宇宙誕生のほとんど直後（10^{-44}秒後）に発生しました。

インフレーションが実際にあったかどうかはまだ証明されず、その根本原因もよく理解されていません――理論家の数だけモデルがあります――が、その解明は次世代の宇宙観測の目標となるでしょう。たとえば、宇宙マイクロ波背景放射とその偏光をさらに詳細に示す地図の作成作業も計画されています。

WMAPがとらえた宇宙マイクロ波背景放射の全天画像
Courtesy NASA/WMAP Science Team

賢人の言葉

何もないところから量子のゆらぎによって
すべてがどのように作られたのか、そして私たち人間が
こうして座り、話し、意図的に物事をしているほど複雑に、150億年を
かけてどのように物質が有機的にまとまることができたのか、
物理の法則で説明できるのは最高だ。

——アラン・グース（1947年～）

宇宙の幾何学

2003年と2006年に行われたWMAP《ダブリュー・マップ》（ウィルキンソン・マイクロ波異方性探査機）による観測など、最新のマイクロ波背景放射の観測から、物理学者は宇宙全体の時空の形状を測定できるようになっている。マイクロ波の分布の中にあるゆらぎのサイズを、ビッグバン理論によって予想できる長さと比較して、物理学者は宇宙が「平ら」であるとする。それなら、平行に放たれた光線は何十億年もかけて宇宙を端から端まで横切っても、平行なままになる。

宇宙マイクロ波背景放射

これらの問題すべてを包み込む観測に、宇宙マイクロ波背景放射の観測がある。この背景放射はビッグバンの火の玉の名残で、赤方偏移によって今では2.73Kの温度になっている。全天にわたって正確に2.73Kと一様に分布し、この温度からずれている高温部分でも低温部分でも、その差は10万分の1と、ごくわずかしかない。この温度測定は、これまでどの天体に対してなされたものよりも正確な測定だ。宇宙がとても若かったとき、宇宙の離れた領域は光速でさえ連絡をとることはできなかったとすれば、この一様性は驚くべきものだ。全体が正確に同じ温度を保っているというのは、不思議としか言いようがない。この問題はインフレーション理論によって解決されるが、この理論によれば、温度の微小なゆらぎは、若い宇宙にあった量子のゆらぎの古い痕跡である。

まとめの一言

宇宙誕生直後の急膨張《インフレーション》が今の宇宙の形状を決めた

CHAPTER 47 暗黒物質

知ってる？

宇宙の中身は謎だらけ？

宇宙にある物質の約9割は光を発したり反射したりせず、暗黒です。暗黒物質は重力の作用によってその存在が確認されますが、光の波や物質にはほとんど反応しないため、まだその正体はわかっていません。科学者たちは、MACHO（暗くなった恒星やガス状惑星など——マッチョ）やWIMP（相互作用の弱いなんらかの素粒子——弱虫）をその候補として考えており、暗黒物質の発見は物理学の最前線となっています。

timeline

1933
ツヴィッキーがかみのけ座銀河団で暗黒物質を「観測」

かみのけ座銀河団

Courtesy NASA, ESA, and the Hubble Heritage Team (STScI/AURA)

暗黒物質(ダークマター)という名はとらえがたい雰囲気を漂わせていますが、その定義はとても現実的なものです。宇宙にあって私たちが目にするほとんどの物質は、光を発したり反射したりするので、光って見えます。恒星は光子を放出して瞬き、惑星は太陽からの光を反射して輝きます。そのような光がなければ私たちの目には見えません。月が地球の影に入ると暗くなります。星が燃え尽きた残骸は、ぼんやりかすみます。木星のような大きな惑星でさえ、太陽から離れて遠い宇宙をさまよえば、見えなくなるでしょう。宇宙にある物の大半が光っていないのは、それほど驚くべきことではないのかもしれません。そのように光らない物質が、暗黒物質です。

1975
ヴェラ・ルービンが銀河の回転が暗黒物質の影響を受けていることを指摘

1998
ニュートリノは微少な質量をもつと推定される

2000
銀河系でMACHOの発見

暗黒物質の存在はどうやってわかった？

暗黒物質を直接見ることはできませんが、他の天体と引き合う重力や暗黒物質によって曲げられた光線などから、その質量を検出することが可能です。空に月があるのを知らなかったとしても、その重力が地球の軌道をわずかに変えているので、そこに質量をもった天体があることを予測できるでしょう。実際に、親星の軌道をふらつかせる重力によって、遠くにある恒星を巡る惑星が発見されています。

1930年代には、スイスの天文学者フリッツ・ツヴィッキーが近くの銀河団を観測し、そこには銀河団に含まれているすべての恒星の明るさを合計した質量より、はるかに大きい質量が存在することに気づきました。銀河団には未知の暗黒物質があり、その質量は構成要素になっている輝く恒星や熱を帯びたガスなどの明るい物質の数十倍から数百倍にものぼると予測したのです。暗黒物質がそれほど多いのは意外で、宇宙のほとんどが星でもガスでもない、別のものでできていることになります。では、この暗黒の物質とはなんなのでしょうか？ それはどこに隠れているのでしょうか？

ひとつひとつの渦巻状銀河を見ても、やはり見えない質量があります。周縁部のガスは、銀河がそこに含まれている恒星の質量すべてを合計した重さだと想定した場合より、速く回転しています。つまり銀河の質量は、光のみで予測できる質量を上回っています。ここでも、目に見える恒星やガスの10倍程度の暗黒物質が存在することになります。暗黒物質は銀河全体に広がっているばかりでなく、その質量が非常に大きいために、銀河の中にある個々の星の動きも支配しています。さらに星の集まりの外側にまで広がって、渦巻状銀河の平たい円盤を取り囲む周縁部の「ハロー」を埋め尽くしています。

暗黒物質は光る物質よりはるかに多い

天文学者はこれまで、個々の銀河の中だけでなく、相互の重量によって引き合っている数千個の銀河を含んだ銀河団や、1億光年以上の広がりをもった銀河群や銀河団の集まりである超銀河団についても、暗黒物質を探ってきました。暗黒物質は重力が働く場所すべて

全宇宙のエネルギー収支

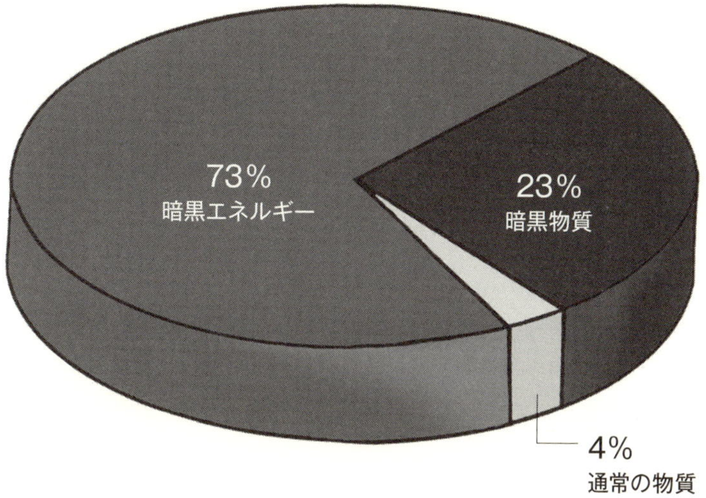

に、規模にかかわりなく、存在します。暗黒物質を全部合わせると、光る物質よりはるかに多いことがわかりました。

宇宙の運命は、宇宙全体の重さに左右されます。ビッグバンの爆発によって引き起こされた膨張の勢いにブレーキをかけているのは、重力の引く力です。ここから3つの結末を予想することができます。宇宙が重すぎて重力が勝ち、最後には自重で崩れ落ちるか(ビッグクランチで終わる閉じた宇宙)、質量が小さすぎて永遠に膨張し続けるか(開いた宇宙)、あるいはぴったりバランスがとれて、重力によって膨張が少しずつ遅れながら長い間止まらないかのいずれかです(266ページを参照)。この宇宙には膨張を緩めながら決して止めないだけの適切な量の物質があるという、最後の場合が最も好ましく思えます。

WIMPとMACHO

暗黒物質は、何でできているのでしょうか? まず、暗黒のガス雲、薄暗い星、光っていない惑星などが候補になります。これらはMACHO《マッチョ》(MAssive Compact Halo Objects ── 重くてコンパクトなハロー領域にある天体）と呼ばれています。あるいは、新しい種類の素粒子である可能性もあります。こちらはWIMP《ウィンプ》（Weakly Interacting Massive Particles――相互作用の弱い質量をもった粒子――wimpという語の意味は弱虫）と呼ばれ、他の物質や光にはほとんど影響を及ぼしません。

天文学者たちは、この天の川銀河の中を動くMACHOを発見してきました。木星ほどのMACHOならば、重力効果によってその存在を見出すことができます。巨大ガス惑星や暗くなった恒星が、背景にある星の前を横切ると、その重力が周囲にある星の光を曲げます。MACHOが星の真正面の位置にきたとき、曲がった光が焦点を結び、星がとても明るく輝きます。このような現象を「重力レンズ」と呼んでいます。

相対性理論に従えば、MACHOはゴムシートに乗せた重いボールのように時空をゆがめ、周囲を通る光の波面を押し曲げます（242ページを参照）。天文学者は夜空の無数の星の前をMACHOが通過するときに起きる、こうした明るい光を探そうと努力を続けています。すでにいくつか見つけましたが、まだ数が少ないので、天の川銀河の暗黒物質すべてを説明することはできません。

MACHOは、陽子、中性子などのバリオン（通常の物質）で構成されています。宇宙にあるバリオンの量の上限は、水素の同位体である重水素を追跡することによって求められます。宇宙にある原始ガス雲で重水素の量を測定することによって、ビッグバンのときに存在した陽子と中性子の密度を推測することができるのです。重水素生成のメカニズムは詳しくわかっているからです。そして、陽子と中性子は宇宙全体の質量の数パーセントにすぎないことが判明しました。宇宙の残りは、WIMPなど、まったく違う形のものだということになります。

今、最も注目されているのがWIMPと呼ばれるタイプの粒子の探索です。これらの粒子は相互作用が弱いので、本質的に、なかなか見つかるものではありません。可能性のひとつは、すでによく知られている粒子ですが、ニュートリノです。物理学者は20世紀の終わりにニュートリノの質量がゼロではないことを発見しましたが、それは非常に小さいことも突き止めました。ニュートリノは宇宙の質量の一部を担っていますが、やはりすべてではありません。まだ他にも発見されていない正体不明の粒子が存在することになり、たとえばアクシオンやフォティーノと呼ばれている素粒子物理学の新顔などが候補となります。暗黒物質が解明されれば、物理学の世界はさらに明るく照らされるようになるでしょう。

賢人の言葉

宇宙の大半が暗黒物質と暗黒エネルギーでできているのに、私たちはそのどちらもなんであるかを知らない。
——ソール・パールマター
(アメリカの天文学者)、1999年

全宇宙のエネルギー収支

今日、宇宙にある物質のうち、バリオン(陽子や中性子などの通常の物質)は約4%に過ぎないことがわかっている。また、全体の23%は正体不明の暗黒物質だ。それがバリオンでできていないことはわかっているが、何でできているかは解明されていない。候補として、WIMPと仮に名づけられたなんらかの素粒子が挙げられている。宇宙のエネルギーの残り部分は、また別の、暗黒エネルギーで構成されている。

まとめの一言

正体不明の暗黒物質の量は通常の物質の5倍以上

CHAPTER 48 宇宙定数

知ってる?

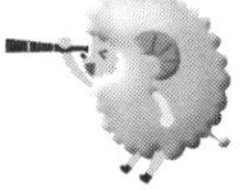

アインシュタインの生涯最大の過ちとは?

アインシュタインは一般相対性理論の方程式に
宇宙定数を導入したことを、生涯最大の過ちと呼びました。
宇宙定数の項は重力の影響を埋め合わせることによって、
宇宙の膨張速度を速めたり遅らせたりすることが
できます。アインシュタインは結局、これを必要ないものと
みなし捨て去りました。ところが1990年代に見つかった
新たな証拠によって、再びこの定数の導入が必要になっています。
天文学者たちは謎めいた暗黒エネルギーが宇宙を
膨張させていることに気づき、近代天文学は
書き換えられようとしています。

timeline

1915
アインシュタインが
一般相対性理論を発表

1929
ハッブルが宇宙は膨張していることを示し、
アインシュタインが宇宙定数を放棄

賢人の言葉

70年にわたって、私たちは宇宙の膨張が衰えている速さを測定しようとしてきた。ようやく測定を終えると、膨張は加速していることがわかった。
——マイケル・S・ターナー（アメリカの天文学者）、2001年

アルバート・アインシュタインは当初、この宇宙はビッグバンによって生まれたのではなく、膨張のない静的な宇宙であると考えていました。ところがそのための方程式を書こうとして、問題にぶつかります。重力があるだけでは、宇宙のあらゆる物が最終的には1点に向けて崩壊してしまうことになるのです。実際の宇宙は明らかにそのようなものではなく、安定しているように見えました。そこでアインシュタインは理論にもうひとつ、重力と拮抗する反発力として「反重力」の項（宇宙定数の項）を追加しました。ただ方程式を正しく見せるためだけに導入したもので、そのような力を知っていたからではありません。けれどもこの方程式では、すぐに問題が生じました。

もしも重力に拮抗する力があるとするなら、制約のない重力が崩壊を起こすように、反重力は簡単に増幅して、重力の結合力でまとまらない宇宙の領域をバラバラにしてしまうことになります。アインシュタインはそのような宇宙の分裂を見過ごすよりも、第二の反発力の項を無視することにし、この項を導入したことが誤りだったと認めました。他の物理学者たちもこれを除外するようになり、この定数は過去のものとして忘れ去られました。あるいは、そう思われていました。この項は排除されたわけではなく、可能性としてはあることが認識されながらも、実際に計算するときには宇宙定数はゼロに設定されていました。

加速膨張している宇宙

1990年代に天文学者のふたつのグループが、宇宙の形状を測定するために遠い銀河にある超新星を調べていて、遠方の超新星が本来より暗く見えることを発見しました。寿命を終えた星が明るく輝いて爆発している超新星には、さまざまな種類があります。その中のIa型超新星は明るさが予測できるため、距離を推測するのに役立っています。ハッブルの法則の確立にあたって銀河までの距離を測

1998
超新星のデータが
宇宙定数の必要性を示唆

定するのに使われたセファイド変光星のように(260ページを参照)、Ia型超新星に固有の明るさがわかるので、その星までの距離を求められます。こうして超新星までの距離を数多く観測した結果、近くの場合は予測通りだったのに対して、遠方の超新星は、光のスペクトルからハッブルの法則を使って推定した理論値よりも暗く見えたのです。まるで、あるべき位置より遠くにあるかのようでした。

こうして遠くの超新星が数多く見つかれば見つかるほど、ハッブルの法則からのずれが明確になり、宇宙の膨張がハッブルの法則のように一定ではなく加速していることを示し始めました。この発見は宇宙論に大きな衝撃を与え、現在もまだ議論が重ねられています。

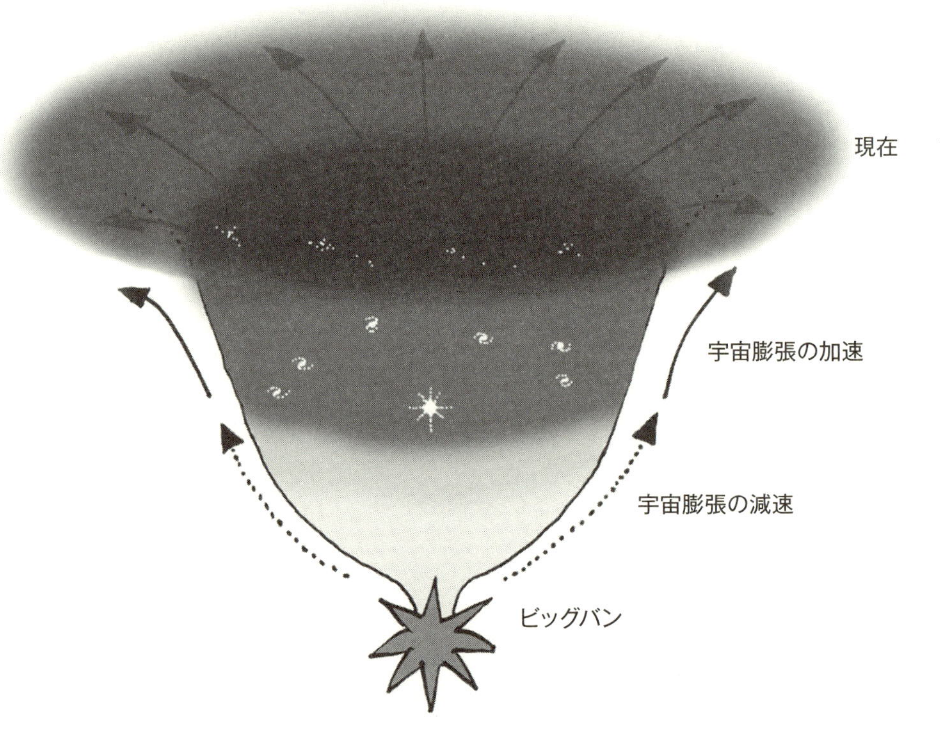

賢人の言葉

それ［暗黒エネルギー］は空間そのものに付随している何かであって、重力で引きつける作用をもつ暗黒物質とは異なり、逆に反発する効果をもち、宇宙自体を拡散させている。

――ブライアン・シュミット（アメリカの天文学者）、２００６年

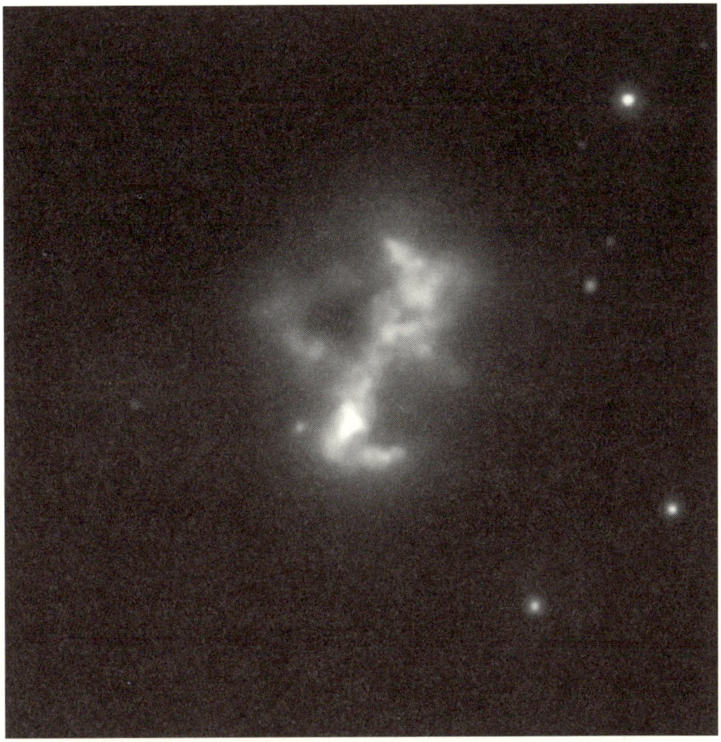

Ia型超新星残骸（SNR 0104）

Courtesy NASA/CXC/Penn State/S.Park & J.Lee(X-ray);NASA/JPL-Caltech(IR)

超新星の観測で得られた結果をアインシュタインの方程式に合わせるには、宇宙定数を0からおよそ0.7にまで増やさなければなりませんでした。宇宙マイクロ波背景放射など、宇宙に関する他のデータから判断すると、超新星の結果は宇宙定数、つまり重力に対抗する新たな反発力が必要なことを示していました。ただしそれは、とても弱い力です。なぜそんなに弱いかは、今もまだわかっていません。もっと大きい値をとり、重力を打ち負かして完全に空間を支配しない理由は、特に見当たらないからです。しかし実際にはその力は重力に非常に近く、私たちが見ている時空にほんのわずかな影響を与えているにすぎません。宇宙定数の存在が意味するエネルギーは、「暗黒エネルギー」と呼ばれています。

謎だらけの暗黒エネルギー

暗黒エネルギーの起源はまだわかっていません。わかっているのは、それが真空に付随するエネルギーで、物質がない領域に負の圧力を生んでいるということだけです。超新星の観測からおおよその強さは求められましたが、それ以上のことはほとんどわかりません。それが本当に定数なのか、つまり、（重力や光速度のように）宇宙全体にわたっていつも同じ値をとるのか、それとも時によって変化し、ビッグバンの直後と今、さらに将来では値は異なるのか、わかっていません。時間の経過に伴う強さの変化にはあらゆる可能性があります。このとらえどころのない力がどのようにして出現するのか、あるいはビッグバンの物理学の中でどのように登場するのか、物理学者にとっての最新の研究課題となっています。

現在では宇宙の形状と構成について、以前よりはるかに詳しく説明できるようになりました。暗黒エネルギーの発見は宇宙論の帳尻を合わせ、全宇宙のエネルギー収支のずれを埋めました。今では、全体の4％が通常のバリオン物質、23％が正体不明の非バリオン物質（暗黒物質）、73％が暗黒エネルギーであることがわかっています。

全宇宙のエネルギー収支

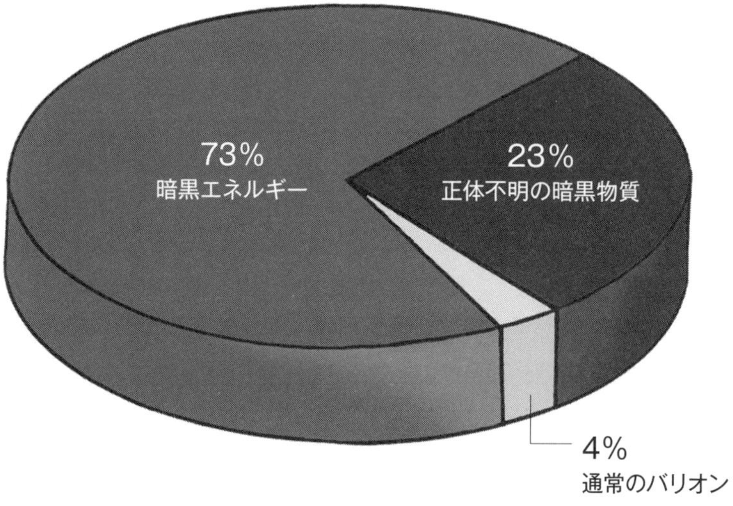

これらの数値が合わさって、「臨界質量」に近い、バランスのとれた「ゴルディロックス宇宙」に必要な適量になっています（270ページを参照）。

しかし暗黒エネルギーの性質が謎めいているため、宇宙の合計質量がわかったとしても、将来の予測は難しくなります。将来、暗黒エネルギーの影響が強まるかどうかによって、状況が変わるからです。宇宙の膨張が加速していることを認めるとして、今の時点では、暗黒エネルギーが重力と同じだけの重要性をもって宇宙を支配しています。しかしある時点で、加速が勢いを得て、重力を凌駕するかもしれません。そうなると宇宙は永遠に膨張し、しかも速度をどんどん高めていくという運命をたどるでしょう。恐ろしいシナリオもいくつかあって、いったん重力が振り切られてしまうと、やっとのことでまとまっていた銀河団はバラバラに飛び散り、最後には銀河も分裂し、星は蒸発して原子の霧に変わります。ついには負の圧力が原子も砕いて、後にはどんよりした素粒子の海だけが残されます。

今、宇宙論のジグソーパズルがピタリとはまり、宇宙の形状を示すたくさんの数値を測定してはいますが、まだ解明できていない大きな疑問があります。私たちは宇宙の96%を占めるものが何かも知らないし、新しい反重力が本当はなんであるかも知りません。まだ、現状に満足してゆったり構えている場合ではないのです。宇宙はなかなか謎を明かしてはくれません。

賢人の言葉

ただし、この付加項［宇宙定数］を導入しなくても、空間の曲率をプラスにできることは強調しておく。その項は、物質を準静的に分布させる目的にのみ必要となる。
——アルバート・アインシュタイン、1918年

まとめの一言

アインシュタインの宇宙定数は暗黒エネルギーとして再登場

CHAPTER 49 フェルミのパラドックス

空間と時間

知ってる?

地球外生命は存在する?

地球以外の宇宙のどこかで生命が見つかれば、
世紀の大発見となるに違いありません。
イタリアの物理学者エンリコ・フェルミは、宇宙年齢の長さと宇宙の広大さ、また数十億年にわたって無数の恒星や惑星が存在していることを考えた場合の、地球外生命の存在の可能性の高さを考えると、人間はなぜまだ彼らと接触していないのか不思議に思いました。
これがフェルミのパラドックスです。

timeline

1950
フェルミが地球外文明との接触のなさに疑問を抱く

1961
ドレイクがドレイクの方程式を導く

物理学教授だったエンリコ・フェルミは1950年に昼食の席で仲間たちと談笑しながら、「彼らはいったいどこにいるんだろう？」と尋ねたと言われています。私たちの銀河には1000億ほどの恒星があり、宇宙には数千億という銀河があるので、恒星の数は全部で優に兆の単位を超えています。惑星をもつ恒星の割合が少ないとしても、全体を見ればかなりの数の惑星があることになります。その惑星のうち生命が生まれる割合がわずかだとしても、宇宙には数百万という文明が生まれていることになります。ではなぜ、私たちはまだそのどれにも出会ったことがないのでしょうか？ なぜ彼らは私たちに連絡をしてこないのでしょうか？

通信可能な地球外文明がある確率は？

1961年にアメリカの天文学者フランク・ドレイクが、銀河系宇宙にある別の惑星に通信可能な地球外文明が存在している確率を求める方程式を導きました。これはドレイクの方程式として知られています（295ページのコラムを参照）。この式は、別の文明が今もどこかにある可能性を示していますが、その確率はまだまだ不確かなものです。アメリカの天文学者で作家のカール・セーガンはかつて、天の川銀河には100万もの地球外文明があるかもしれないと発言していましたが、後にこの数を下方修正しており、それ以来一般にはこの値は1、すなわち人類だけであると推定されています。フェルミがこの質問をしてから半世紀以上たった今も、まだ宇宙からの声は聞こえません。高度な受信システムがあるのに、誰からの連絡もまだありません。地球周辺の探査が進むにつれて、孤独はさらに深まっているように思えます。月にも火星にも、小惑星にも、また太陽系のもっと外側にある惑星やその月にも、明らかな生命の兆しは見つかっていません。最も単純なバクテリアの痕跡さえありません。遠くの恒星から届く光にも、そのまわりをまわってエネルギーを採取する巨大な

1996
南極で見つかった隕石に、
火星に原始生命体があった痕跡を発見

機械の存在を示すような干渉は見えません。ただ見ていないから、気づいていないというわけではありません。地球外知的生命体の探査には、大きな注目が寄せられているのです。

生命の探査

では、生命の兆しを探すにはどうすればよいのでしょうか？　第一歩は、太陽系の中で微生物を探すことです。科学者たちは月の石を綿密に調べてきましたが、生命の痕跡をもたない、ただの岩でした。火星からの隕石に細菌の名残があるとされていますが、隕石にある卵型をした泡が本当に地球外生命の痕跡で、地球に落下してからついたり自然な地質学的プロセスでできたりしたものではないという証明は、まだなされていません。石の標本が手に入らなくても、探査機や着陸船についているカメラが火星や小惑星、今ではもっと遠くにある月――土星を巡るタイタン――の表面まで、徹底的に調べあげてきました。

しかし、火星の表面は火山性の砂と岩ばかりの乾ききった砂漠で、チリのアタカマ砂漠のようではありませんでした。タイタンの表面は湿っていて、液体メタンで濡れた状態ですが、今のところ生命の兆しは見えません。木星の月のひとつ、エウロパは、太陽系での今後の生命探査のターゲットとして注目されています。凍りついた表面の下に、液体の水をたたえた海があるかもしれないからです。宇宙科学者たちは氷の殻に穴をあけてその下を調査するミッションを計画中です。太陽系の遠い軌道を巡る惑星がもつ月には、地質学的にとても活発なものが他にも見つかっています。それらは巨大ガス惑星をまわる軌道上に働く潮汐力によって強く圧迫されたり引き伸ばされたりし、熱を発散しています。そのため太陽系外縁部では液体の水がそれほど珍しくない可能性もあり、いつの日か生命が見つかるかもしれないという期待は高まります。その領域に向かう探査機は、地球からの外来微生物で汚染を引き起こすことがないよう、徹底的に殺菌されています。

それでも、微生物は電話をかけたりしません。もっと高度な動物や植物はいないのでしょうか？　現在、遠くの恒星を巡る惑星が次々に

賢人の言葉

私たちは一体何者なのだ？ よく見れば、私たちが暮らしているのはちっぽけな惑星で、それは銀河系に埋もれたごく平凡な星のまわりを巡っており、その銀河系は人の数よりはるかに多くの銀河がひしめく宇宙の片隅に、見捨てられたように押し込められている。

――ワーナー・フォン・ブラウン（アメリカの科学者）、１９６０年

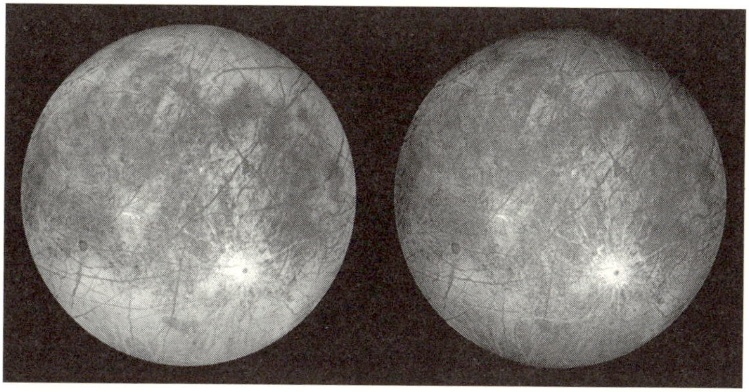

木星の衛星エウロパ
Courtesy NASA/JPL/DLR

発見されているので、天文学者たちはそこからやってくる光を分析し、生命の存在を示すような化学反応をとらえようと計画しています。光のスペクトルからオゾンや葉緑素があることを発見できるかもしれませんが、それにはNASA(アメリカ航空宇宙局)の地球型惑星探査機のような次世代の宇宙探査ミッションでようやく可能になる、詳細な観測が必要になります。こうしたミッションがいつか、地球の兄弟分を見つける日がやってくるかもしれません。もし見つかった場合、そこには人や魚が、あるいは恐竜が住んでいるのでしょうか? それともただ生命のいない空っぽの大陸と海だけがあるのでしょうか?

地球外生命がお気に入りのテレビ番組は?

他の惑星で生まれた生命は、もし地球に似た惑星であったとしても、地球上の生命とは異なる進化を果たしたかもしれません。地球でラジオとテレビの放送が始まって以来、その信号は地球から宇宙へと広がり、光速で進み続けています。だから[*1]アルファ・ケンタウリのテレビ好きが4年前のアース・チャンネルを見ているとしたら、たぶん映画『コンタクト』の再放送を楽しんでいるでしょう。白黒映画の電波なら[*2]アルクトゥルスにまで達しているはずで、[*3]アルデバランではチャーリー・チャップリンが人気かもしれません。こうして地球は惜しみなく信号を送り続けているので、それを受け取れるアンテナ

*1 アルファ・ケンタウリ
地球から4光年の距離にある、ケンタウルス座の恒星

*2 アルクトゥルス
地球から36光年の距離にある、うしかい座の恒星

*3 アルデバラン
地球から65光年の距離にある、おうし座の恒星

さえもっていればいいのです。他の高度な文明は、同じことをしていないのでしょうか？ 電波天文学者たちは近くの恒星から届く不自然な信号の痕跡を探っています。

電波のスペクトルは広いので、宇宙ならどこでも同じはずの、水素の遷移のエネルギーに近い周波数に焦点を当てています。規則正しい、組織的な、それでいて既知の天体が発しているのではない発信を探そうとしています。1967年、ケンブリッジの大学院生ジョスリン・ベルは、ある恒星から規則的に変化する電波信号がやってくるのを見つけて驚きました。地球外文明のモールス信号に違いないと考えた人もいましたが、実際には新しい種類の自転する中性子星であることが判明し、今ではそのような星をパルサーと呼んでいます。無数の恒星をひとつずつ調べるこのプロセスには長い時間がかかるため、アメリカではSETI（地球外知的生命体探査）という特殊プログラムが開始されました。長年にわたるデータ分析でも、まだ変わった信号は見つかっていません。他の電波望遠鏡による探査でも、天の声らしき信号はとらえられていません。

未だ解けないフェルミのパラドックス

こうして私たちがさまざまな通信手段や、生命の兆しを見つける方法を考えついても、他の文明が人間の呼びかけに答えたり、独自の信号を送ってきたりする様子はありません。なぜでしょうか？ なぜフェルミのパラドックスは今もまだ解けていないのでしょうか？ それにはいくつもの考え方があります。おそらく、生命が存在したとしても、通信ができるほど高度な文明を築いている期間はとても短いでしょう。なぜでしょうか？ 知的生命は、必ず短期間のうちに自滅するからかもしれません。知的生命は自己破壊的で長く生き残らないので、自分が通信でき、しかも通信できる相手が近くにいる確率は、非常に小さくなってしまうと思われます。あるいはもっと被害妄想的なシナリオもあります。エイリアンは人間などに連絡したくないだけで、人間をわざと仲間はずれにしているのかもしれません。単に忙しすぎて、まだ連絡しようとしていないだけかもしれません。

賢人の言葉

私たちの太陽は、この銀河にある１０００億の星のひとつ。私たちの銀河は、宇宙にある１０００億の銀河のひとつ。このような膨大な空間の中で私たちだけが唯一の生命だと考えるなど、おこがましいもいいところだ。

――カール・セーガン、１９８０年

法則メモ　ドレイクの方程式

$$N = N^{*} \times f_p \times n_e \times f_i \times f_l \times f_c \times f_L$$

N――天の川銀河にあって、その電磁波放射を検出可能な文明の数

N^{*}――この銀河系にある恒星の数

f_p――恒星のうち、惑星系をもつ恒星の割合

n_e――惑星系ひとつあたりの、生命に適した環境をもつ惑星の数

f_i――適した環境をもつ惑星のうち、実際に生命が出現する割合

f_l――生命が出現する惑星のうち、知的生命体が出現する割合

f_c――文明のうち、存在していることを伝える検出可能な信号を宇宙に送れるほどテクノロジーが発達する割合

f_L――惑星の寿命の間に、そのような文明が宇宙に向けて検出可能な信号を送れる期間の割合（地球の場合、この割合は非常に小さい）

まとめの一言

未だ地球外生命存在の証拠なし

CHAPTER 50 人間原理

空間と時間

知ってる？

人間が存在できない宇宙もある？

人間原理では、自然界のもろもろの法則がこのようになっているのは、もしそうでなかったら、それを観測できる人間がここには誕生しなかったはずだからと考えます。それは、核力の強さから暗黒エネルギーや電子の質量まで、物理学のそれぞれのパラメーターがなぜ現在の値になっているのかという疑問に対する、ひとつの答え方です。それらの要素のたったひとつがほんの少し違っていただけでも、宇宙は人間が住める環境にはなっていなかったでしょう。

timeline

1904
アルフレッド・ウォレスが
宇宙における人間の位置を論じる

強い核力が今と少しでも違っていたら、陽子と中性子が結合して原子核を作ることはなく、原子はできていなかったでしょう。そうすれば化学は存在しません。炭素もないので、生物学も、人間も存在しません。もし私たちが存在しないなら、誰が宇宙を「観測」して、量子論的な確率のスープではないものにしたでしょうか?

同様に、原子が存在し、宇宙が現在と同じような構造まで進化したとしても、もし暗黒エネルギー(284ページを参照)がもう少しだけ強かったなら、銀河も星もすでに散り散りに飛び去っていたでしょう。つまり、力の強さや粒子の質量といった物理定数の値がわずかに変わるだけでも、思いもよらない大きな影響を引き起こすのです。見方を変えれば、宇宙は絶妙に調整されているように見えます。4つの力はすべて、人類がこれまで進化するのに「ちょうどいい」値をとっています。約140億歳で、暗黒エネルギーと重力がうまくバランスをとり、素粒子が今のような形態をとっている宇宙に私たちが住んでいるのは、ちょっとした偶然なのでしょうか?

宇宙はごく自然な姿をしているだけ

人間だけが特別だと感じ、宇宙のすべてが人間のために今ここにあるという、いささかごう慢な前提をするのではなく、人間原理では宇宙が今の姿をしているのはごく自然なことだと説明します。力のどれかが少しだけ今と違っていたとしたら、私たちはただここに存在せず、その状態を見ることもないだけです。惑星は数多くあっても、私たちが知る限りでは、生命に適した環境をもっているのはたったひとつしかありません。それと同じで、宇宙はさまざまな方法で作られる可能性があったとしても、私たちが存在できるのは今ここにあるこの宇宙しかありません。また同じく、私の両親が出会わなかったら、エンジンがその時までに発明されていなくて父親が北に旅することができず、そこで出会うはずの母親に出会わなかったら、私は

1957
ロバート・ディッケが宇宙は
生物学的要因によって縛られていると論じる

1973
ブランドン・カーターが
人間原理を論じる

ここにはいないでしょう。それは宇宙全体が、私が存在できるためだけに、このように進化してきたという意味ではありません。ただ私が存在するという事実が起こるには、それまでにエンジンが発明されていたことをはじめ、無数の条件の重なりが必要でした。

人間原理は、むしろ哲学者にとって馴染みの論法ですが、実際にはアメリカの物理学者ロバート・ディッケとイギリスの物理学者ブランドン・カーターが物理学と宇宙論の議論として用いたものです。そのひとつのタイプである弱い人間原理は、パラメーターが違っていたら人間は存在しないはずだから、人間が存在するという事実が、宇宙の物理的な性質を制限していると論じています。別のタイプである強い人間原理は、私たち人間が存在することの重要性を強調し、生命の誕生は宇宙が出現することからの必然の論理的帰結だったとします。たとえば、観測によって量子宇宙が具体的な形になるには、観測者が必要です。さらにイギリスの天文学者ジョン・バロウとアメリカの物理学者フランク・ティプラーは別のバージョンを提唱し、宇宙の基本目的は情報処理だから、宇宙という存在は情報を処理できる生物を生みださなければならなかったと指摘しました。

多くの宇宙が並行して存在する?

人間が出現するためには、前の世代の星で炭素が作られる時間を確保するため、宇宙はそれなりの年齢に達している必要がありました。強い核力と弱い核力は、原子核物理や化学のプロセスがうまく機能するように、まさにこのようになっていなければなりませんでした。重力と暗黒エネルギーもバランスをとって、宇宙をバラバラにするのではなく、恒星を誕生させる必要がありました。さらに恒星は、惑星を生みだすくらい長生きをし、惑星が遠い軌道をまわれるくらい十分な大きさをもっている必要がありました。十分な距離があるからこそ、水や窒素、酸素、そして生命を育むために必要なさまざまな分子がそろう、適度な温度の惑星になるのです。

物理学者はこうした値が今とは違う場合の宇宙を想像できるので、一部の人々は、それらの宇宙も今ある宇宙と同じように、並行して存在しているのかもしれないと考えています。多数の並行宇宙、つまり

賢人の言葉

物理的、宇宙論的なすべての数量について観測されている値は、そうなる可能性が大きいからそうなっているのではなく、炭素を基本にした生命が進化できる場所があること、また…宇宙がこれまで果たしてきたことをするのに十分な寿命があることという、必要条件によって要求される値をとっている。

——ジョン・バロウとフランク・ティプラー、1986年

マルチバースが存在し、私たちはその中のただひとつに住んでいるというわけです。

並行宇宙という考え方は、人間が存在できない別の宇宙も存在できるという点で、人間原理と調和します。それらは、観測によって結果を生じさせるために量子論が必要としているのと同じ形で分かれるのかもしれません。

賢人の言葉

アップルパイをゼロから作るには、まず宇宙を作らなければならない。
――カール・セーガン、1980年

人間原理は正しいか？

人間原理には批判もあります。「こうなっているんだからこうなんだと言っているだけだ、何も特別なことを言っているわけではない」、という意見があります。方程式によって自動的にパラメーターが調整されて私たちの宇宙が選び出されるというメカニズムを求めている人々もいます。たとえば弦理論やM理論の提唱者たちは、パラメーターの微調整のために、ビッグバン以前にさかのぼることを考えています。彼らはビッグバンより前にあった、宇宙の量子的な状態を、さまざまな宇宙が混在する景観（ランドスケープ）としてとらえ、その景観の中を宇宙が進んでいったときに、どの宇宙に到達する可能性が最も高いのか、と尋ねます。たとえば切り立った山からボールを転がしたら、谷底など、他よりボールが最後にたどり着きやすい場所があるでしょう。宇宙はエネルギーを最小にしようとして、百数十億年後に人間が出現しているかどうかなど関係なく、ごく自然に一定のパラメーターの組合せを選んだのかもしれません。

人間原理の提唱者と、私たちの宇宙ができた数学的理由を追究している科学者たちは、どのようにしてここに至ったかについて、またそれが尋ねるべき興味深い質問かどうかについて、意見を異にしています。ただ、何が引き金を引いて今の宇宙が出現したにせよ、それから百億年以上たってこの宇宙ができているのは人間にとって幸運なことでした。生命を生みだすために必要な化学物質が作られるには、長い時間がかかるのは当然です。けれども、宇宙の歴史の中で、暗黒エネルギーが比較的穏やかで重力とのバランスをとっている今という時期に、私たちがこの地球上に生きているということは、単なる幸運な偶然では済まされないでしょう。

人間存在のためのバブル

私たちが住む宇宙の他にたくさんの並行宇宙（バブル）があれば、人間存在のジレンマを避けることができる。それぞれのバブルでは、物理学のパラメーターが少しずつ異なっている。それらのパラメーターによって、各バブルがどう進化するか、生命が生まれるのに適した居心地のよい場所ができるかどうかが決まる。私たちの知る限り、生命はなかなか好き嫌いが激しいので、選ぶバブルはほんの少しだろう。それでもたくさんのバブルがあれば、確率の問題として、私たちの存在もあり得ないものではない。

並行して存在する様々な宇宙

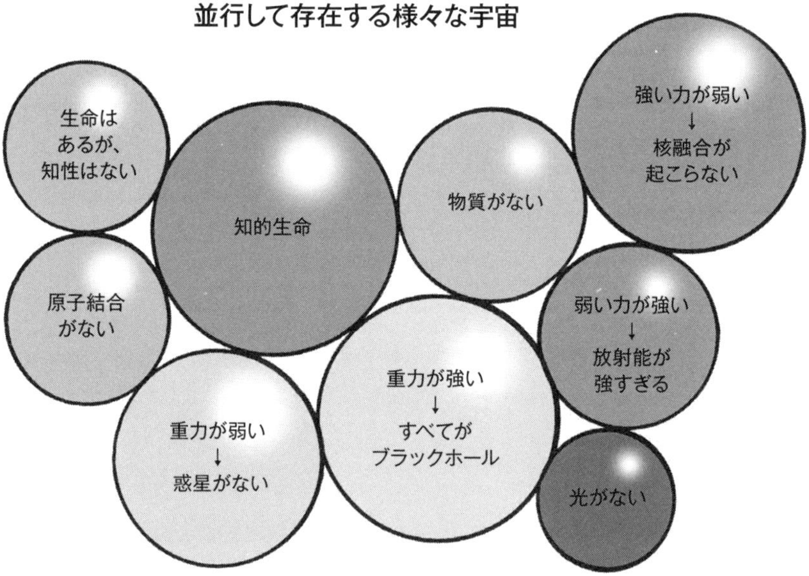

まとめの一言

たまたま人間が存在できる絶妙な宇宙に私たちはいるのかも

用語解説

*日本語版の刊行にあたり、原著をもとに内容・構成を変更しております(編集部)

圧力[Pressure]
単位面積あたりの力と定義される。気体の圧力とは、原子または分子が容器の内面に及ぼす力。

位相[Phase]
波と波の相対的なずれを、波長に対する割合で表したもの。波長ひとつ分だけずれた場合が360度の位相のずれであり、ずれが180度の場合、ふたつの波は完全に逆位相となる(干渉も参照)。

宇宙[Universe]
時空のすべて。その定義ではあらゆるものを含むが、一部の物理学者は、私たちが住む宇宙とは別の並行宇宙があるとしている。私たちの宇宙は、膨張の速度と星々の年齢、宇宙マイクロ波背景放射の観察から、およそ140億歳とされている。

宇宙の年齢[Age of the universe]
宇宙を参照。

宇宙マイクロ波背景放射
[Cosmic microwave background radiation]
宇宙空間を満たしている弱いマイクロ波。ビッグバンの名残で、ビッグバン以来ずっと冷やされて、絶対温度3度にまで赤方偏移している。

運動量[Momentum]
質量と速度の積。運動の大きさを表すひとつの量。

エネルギー[Energy]
変化を引き起こす潜在能力を決定づける性質。全体としては保存されるが、さまざまな異なるタイプに変換することができる。

エントロピー[Entropy]
無秩序さの尺度。何かの秩序が整っているほど、エントロピーは低い。

応力[Stress]
引っ張りやねじれによって物体の内部に生じる力を、単位面積あたりの量として表したもの。

回折[Diffraction]
海の波が防波堤の隙間を通って港に入るときのように、波が障害物の先を通過したあと広がる現象。

加速度[Acceleration]
一定時間における速度の変化。

絡み合い[Entanglement]
ある時点で関係していた複数の粒子の性質の相関関係は、その後、いくら粒子間の距離が増えても消えないという、量子論の基本的な性質。エンタングルメント、量子もつれ、とも呼ばれる。

干渉[Interference]
さまざまな位相をもつ波が重ね合わさり、強め合ったり(同位相)打ち消し合ったり(逆位相)すること。

慣性[Inertia]
質量を参照。

観測者[Observer]
量子論では、実験を行ってその結果を観測する人。

気体[Gas]
結合していない原子や分子の集まり。気体には境界がないが、容器に閉じ込めることができる。

銀河[Galaxy]
重力によって集まっている無数の星のグループ、または大集団。さまざまな形状のものがある。私たちの住む天の川銀河は渦巻銀河。

クォーク[Quark]
素粒子のひとつで、これが3つ結合して陽子と中性子を構成する。クォークでできている粒子をハドロンと呼ぶ。そのうちでも、クォーク3つからできている粒子が、陽子や中性子などのバリオン。

屈折[Refraction]
波の進行方向が曲がること。プリズムを通過するときなど、光が異なる媒質を通ることで速さが変わるために起こる。

原子[Atom]
独立して存在できる元素の最小単位。原子には、(正の電荷をもつ)陽子と(電荷をもたない)中性子でできた中心の硬い原子核と、そのまわりを取り囲む(負の電荷をもつ)電子の雲がある。

原子核[Nucleus]
原子の硬い中心部分。そこでは陽子と中性子が強い核力で結びついている。

光子[Photon]
光の粒子としての姿。

黒体放射[Black-body radiation]
黒い物体が放射している光。その物体の温度で決まる独特のスペクトルをもつ。

時空[Space-time]
相対性理論において、空間に時間を加えた幾何学的広がり。ゴムシートとして図式化されることが多い。

質量[Mass]
含まれている原子の数やエネルギーの量によって決まる物体の性質。慣性とは、質量を加速に対する抵抗という観点で説明したもの。慣性が大きい、つまり質量が大きい物体ほど動かしにくい。

周波数[Frequency]
ある点を単位時間に通過する波の山の数。

重力[Gravity]
質量をもつ粒子が互いに引き合う基本的な力。重力は、アインシュタインの一般相対性理論によって説明されている。

真空[Vacuum]
何も粒子がない空間。自然界に完全な真空は存在せず、宇宙空間でも1立方センチメートルあたり数個の原子がある。物理学者は実験室で真空に近い状態を作ることができる。

スペクトル[Spectrum]
光(電磁波)に含まれている、電波から赤外線、可視光線、紫外線さらにX線、ガンマ線までの、一連の波全体。

赤方偏移[Redshift]
ドップラー効果、または宇宙の膨張により、後退していく物体から届く光の波長が長くなること。天文学では、遠方の恒星や銀河までの距離を測定する方法となっている。

速度[Velocity]
速さとその方向を示すベクトル。物体が単位時間あたりにその方向に移動する距離。

多世界仮説[Many-worlds hypothesis]
量子論で、ある種の事象の発生ごとに複数の並行宇宙が枝分かれし、私たちはそのうちのひとつの枝にいるという考え。

弾性[Elasticity]
弾性材料はフックの法則に従う。つまり加えられた力に比例した長さだけ伸びる。

力[Force]
持ち上げる、引く、または押すことによって、何かの運動を引き起こすもの。ニュートンの第2法則によれば、力と、それが生みだす加速は比例する。

超新星[Supernova]
一定の質量以上の恒星が寿命を終えるとき、爆発して強く輝いている状態。

電気[Electricity]
電荷の流れ。電圧(エネルギー)をもち、電流(流れ)をもたらし、抵抗によって遅らされたり遮られたりする。

同位体[Isotope]
原子核内の陽子の数は同じだが、中性子の数が異なるため、原子量が異なる元素。

波と粒子の二重性[Wave-particle duality]
時には波のように、時には粒子のように振る舞う、ミクロな粒子や光で見られる挙動。

場[Fields]
空間の各点がもつ性質。その性質の伝播によって遠くに力が伝わる。電場、磁場、重力場など。

波長[Wavelength]
波の山から山(谷から谷)までの距離。

波動関数[Wave function]
量子力学で、位置の広がりなど、粒子のすべての情報を含む数学的関数。

波面[Wavefront]
波の山をつないでできる線。

反射[Reflection]
光線が鏡で跳ね返るように、波が物体の表面に当たって反転すること。

ひずみ[Strain]
物体に力を加えたときの変形を、単位長さあたりの量で表したもの。

フェルミ粒子[Fermion]
パウリの排他原理に従う粒子。2個のフェルミ粒子は同じ量子状態をもつことができない(ボース粒子も参照)。フェルミオンとも呼ばれる。

ボース粒子[Boson]
複数の粒子が同じ量子状態を占めることができる粒子(フェルミ粒子も参照)。ボソンとも呼ばれる。

ランダムさ[Randomness]
ランダムな結果は偶然のみで決定される。特定の結果が優先的に起きる傾向はない。

乱流[Turbulence]
流体の流れが速くなりすぎて不安定になると発生する流れ。乱流が起きると大小の渦に分かれる。

量子[Quantum]
微小なエネルギーの塊。原子や光がエネルギーを増減させるとき、その変化量はつねに、その微小なエネルギーに等しい。

量子ビット[Qubitsまたは Quantum bits]
量子情報の最小単位。

索引

*日本語版の刊行にあたり、原著をもとに内容・構成を変更しております(編集部)

あ

か

さ

た

な

は

ま

や

ら

わ

ジョアン・ベイカー ——— Joanne Baker
ケンブリッジ大学で物理学を学び、1995年にシドニー大学で博士号を取得。『サイエンス』誌で物理科学分野の編集を担当しており、専門は宇宙と地球科学。

[監訳] 和田純夫 ——— わだ・すみお
東京大学理学部物理学科卒業、同大学大学院理学系研究科修了(物理学専攻)・理学博士。文部省研究奨励員、ケンブリッジ大学キャベンディッシュ研究所研究員、ボローニャ大学国立原子物理学研究所研究員を経て、現在、東京大学大学院総合文化研究科専任講師。主な著書に『物理講義のききどころ(全6巻)』、『高校物理のききどころ(全3巻)』(共著)、『一般教養としての物理学入門』(以上、岩波書店)、『量子力学が語る世界像』、『プリンキピアを読む』(以上、ブルーバックス)、『はじめて読む物理学の歴史』(共著、ベレ出版)などがある。

[翻訳] 西田美緒子 ——— にしだ・みおこ
津田塾大学英文学科卒業。主な訳書に『音楽する脳』(W・ベンゾン著 角川書店)、「オックスフォード科学の肖像」シリーズ(O・ギンガリッチ編 大月書店)から『メンデル』『マリー・キュリー』ほか、『ナタリー・アンジェが魅せる ビューティフル・サイエンス・ワールド』(ナタリー・アンジェ著 近代科学社)、『FBI捜査官が教える「しぐさ」の心理学』(J・ナヴァロ著 河出書房新社)などがある。

知ってる? シリーズ
人生に必要な 物理 50

2010年3月31日初版発行

著者 ——— ジョアン・ベイカー
監訳 ——— 和田純夫
翻訳 ——— 西田美緒子

発行者 ——— 千葉秀一
発行所 ——— 株式会社 近代科学社
〒162-0843 東京都新宿区市谷田町2-7-15
TEL 03-3260-6161 振替 00160-5-7625
http://www.kindaikagaku.co.jp

装丁・本文デザイン ——— 川上成夫+宮坂佳枝
キャラクターイラスト ——— ヨシヤス

印刷・製本 ——— 三秀舎

 ISBN978-4-7649-5006-1
定価はカバーに表示してあります。